Stefan Ibold **Flachdachrichtlinie – Kommentar eines Sachverständigen**

Flachdachrichtlinie

Kommentar eines Sachverständigen

Stefan Ibold

ist Dachdeckermeister, öffentlich bestellter und vereidigter Sachverständiger für das Dachdeckerhandwerk mit einem Planungsbüro für Dach-, Wand- und Abdichtungstechnik

Rudolf Müller

Bibliografische Information der Deutschen Bibliothek
Die Deutsche Bibliothek verzeichnet diese Publikation in der Deutschen Nationalbibliografie; detaillierte bibliografische Daten sind im Internet über http://dnb.ddb.de abrufbar.

1. Auflage 2009

Maßgebend für das Anwenden von Normen ist deren Fassung mit dem neuesten Ausgabedatum, die bei der Beuth Verlag GmbH, Burggrafenstraße 6, 10787 Berlin, erhältlich ist. Maßgebend für das Anwenden von Regelwerken, Richtlinien, Merkblättern, Hinweisen, Verordnungen usw. ist deren Fassung mit dem neuesten Ausgabedatum, die bei der jeweiligen herausgebenden Institution erhältlich ist. Zitate aus Normen, Merkblättern usw. wurden, unabhängig von ihrem Ausgabedatum, in neuer deutscher Rechtschreibung abgedruckt.

Das vorliegende Werk wurde mit größter Sorgfalt erstellt. Verlag und Autor können dennoch für die inhaltliche und technische Fehlerfreiheit, Aktualität und Vollständigkeit des Werkes keine Haftung übernehmen.

Wir freuen uns Ihre Meinung über dieses Fachbuch zu erfahren. Bitte teilen Sie uns Ihre Anregungen, Hinweise oder Fragen per E-Mail: fachmedien.dach@rudolf-mueller.de oder Telefax: (02 21) 54 97 6207 mit.

Lektorat: Claudia Fiedler, Köln
Umschlaggestaltung: Designbüro Lörzer, Köln
Satz: Sylvia Wienpahl, Köln
Druck und Bindearbeiten: Media-Print Informationstechnologie GmbH, Paderborn
Printed in Germany

ISBN: 978-3-481-02594-6

Vorwort

Im Dschungel von Gesetzen und Regeln, von Vorschriften und Verhaltensmaßnahmen wird es immer problematischer, den Überblick zu behalten.

Jeder, der sich im Geschäftsleben tummelt, weiß, dass die große Anzahl von Aufgaben und gesetzlichen Vorschriften zu oft dazu führt, dass das Wesentliche im fachlichen Bereich zu kurz kommt: das Lesen der Fachregeln. Dabei stellen die Fachregeln quasi den Lebensnerv oder den roten Faden für fachgerechte Ausführungen dar. Wer den Vorgaben aus den Fachregeln Folge leistet, kann davon ausgehen, dass seine Leistung den Erwartungen des Kunden und den Anforderungen an die Aufgabe des Gewerks entspricht.

Doch auch hier gibt es häufig Unstimmigkeiten. Nicht nur in der Erwartungshaltung des Kunden zu dem, was er bestellt hat und was ihm geliefert wurde, sondern auch in der Auslegung der Fachregeln und Normen.

Der Sachverständige muss oft helfend eingreifen, um Streitigkeiten zu schlichten, und hat dabei oftmals selber das Problem, dass die Vorgaben in den Fachregeln missverständlich sind.

Eine der oft getätigten Aussagen auf der Baustelle ist: „Das steht so nicht in den Fachregeln." Diese Aussage ist nur bedingt richtig. In vielen Fällen ist nicht nur ein Punkt der Fachregeln von Bedeutung. Allein bei der Erstellung eines regelkonformen Wandanschlusses sind fünf Punkte zu berücksichtigen, die aber nicht alle in der Fachregel für Abdichtungen zu finden sind, sondern die z. B. auch in der Fachregel für Metallarbeiten aufgeführt sind.

Dieses Buch soll dabei helfen, die gültigen Regeln und Normen besser zu verstehen, Unstimmigkeiten oder Missverständnisse auszuräumen, und es soll Anregungen geben, nicht exakt definierte Vorgaben aus dem Regelwerk fachlich richtig zu interpretieren.

Stefan Ibold

Inhalt

1	**Stellung der Fachregel**	9
2	**Modale Hilfsverben und Begriffsdefinitionen**	**11**
3	**Erläuterung der Fachregel für Abdichtungen**	**15**
3.1	Einführung	15
3.2	Geltungsbereich (1.1)	15
3.3	Begriffe (1.2)	17
3.4	Konstruktionsarten (1.3)	26
3.5	Gestaltungs- und Planungshinweise (1.4)	35
3.6	Regel für Abdichtungen nicht genutzter Dächer (2)	49
3.6.1	Beanspruchungen von Dachabdichtungen (2.1)	49
3.6.2	Anwendungskategorien für Dachabdichtungen (2.2)	57
3.6.3	Anforderungen an nicht genutzte Dächer mit Abdichtungen (2.3)	61
3.6.4	Werkstoffe und Anforderungen (2.4)	81
3.6.5	Ausführung (2.5)	93
3.6.6	Sicherungsmaßnahmen (2.6)	140
3.7	Regel für Abdichtungen genutzter Dächer und Flächen (3)	167
3.7.1	Beanspruchungsarten (3.1)	167
3.7.2	Anforderungen an genutzte Dächer und Flächen mit Abdichtungen (3.2)	168
3.7.3	Werkstoffe (3.3)	172
3.7.4	Ausführung der Abdichtung (3.4)	176
3.8	Details (4)	182
3.8.1	Allgemeines (4.1)	182
3.8.2	Klemmkonstruktionen (4.2)	185
3.8.3	Anschlüsse an aufgehende Bauteile (4.3)	192
3.8.4	Anschlüsse an Türen (4.4)	202
3.8.5	Anschlüsse an Durchdringungen (4.5)	206
3.8.6	Dachrandabschlüsse (4.6)	211
3.8.7	Bewegungsfugen (4.7)	215
3.8.8	Dachentwässerung (4.8)	220

3.8.9 Brandschutzmaßnahmen für An- und Abschlüsse bei großflächigen Dächern nach DIN 18234 (4.9) 225

3.9 Pflege und Wartung 229

3.9.1 Allgemeines (5.1)..................................... 229
3.9.2 Voruntersuchungen (5.2) 232
3.9.3 Inspektion (5.3)....................................... 235
3.9.4 Wartung (5.4) 236
3.9.5 Instandsetzung (5.5) 237
3.9.6 Dacherneuerung (5.6)................................. 241

Schlusswort 242

Stichwortverzeichnis.................................. 243

Bildnachweis.. 243

Inserenten
JACKON Insulation GmbH.................................. 14
VEDAG GmbH 2

1 Stellung der Fachregel

Die DIN 18531 als bauaufsichtlich eingeführte Norm spielt in der Fachregel für Abdichtungen eine wichtige Rolle. Sie beinhaltet weitere Angaben, wie nicht genutzte Dächer auszuführen sind. Als neuer und wesentlicher Punkt der vollkommen überarbeiteten Norm muss die Einstufung von Flachdächern in verschiedene Beanspruchungsklassen und Anwendungskategorien gesehen werden. Da die Norm bereits im Jahr 2007 fertiggestellt wurde, könnte man sie als den Vorläufer der neuen Fachregel für Abdichtungen betrachten. Diese übernehmen erstmals die unterschiedlichen Klassifizierungen und verweisen deutlich auf die DIN 18531 im Bereich der nicht genutzten Dachflächen und die DIN 18195-5 für den Bereich der genutzten Dachflächen.

Normen und die Regel rücken also näher zusammen. Die rechtliche Bedeutung der Normen ändert sich dabei allerdings nicht, auch wenn man vermuten könnte, dass sie durch die Verwendung der Fachregel – als geforderter Mindeststandard – automatisch als mit vereinbart gilt. Es ist also unbedingt erforderlich, dass in dem zu schließenden Werkvertrag das Regelwerk einschließlich der dazugehörigen Normen explizit vereinbart wird. Gerade für Ausführungen, bei denen die neuen unterschiedlichen Anwendungskategorien K1 (Standarddach) und K2 (Qualitätsdach) bedeutsam werden, ist es unabdinglich, eine rechtswirksame Vereinbarung über den Standard der Abdichtung zu treffen.

Herstellervorschriften oder Verlegeanleitungen für verschiedene Werkstoffe oder Materialien stellen die Anforderungen des Herstellers an die Verarbeitung dar. Sie gelten im besonderen Maß dann, wenn es für bestimmte Werkstoffe, die bei speziell vereinbarten Ausführungen Verwendung finden sollen, keine oder nur sehr eingeschränkte Regelwerke gibt. Aber auch hier müssen die Grundsätze der Fachregel eingehalten werden. Zunehmend weisen die Hersteller folgerichtig auf eben diesen Umstand hin.

Über allem steht jedoch die vertragliche Vereinbarung. Hier können Ausführungsdetails festgelegt werden, die u. U. den Regelwerken oder Normen ausdrücklich widersprechen. Die Vertragspartner müssen sich jedoch darüber im Klaren sein, dass bei einer vertragskonformen Leistungserbringung, bei der es dann zum Schaden kommt, kein Rechtsmangel vorliegt.

Ein Rechtsmangel liegt regelmäßig dann vor, wenn von der vertraglich vereinbarten Leistung abgewichen wird.

Beispiel

Es wird vertraglich festgelegt, dass ein ca. 4 m^2 großer Balkon gemäß der DIN 18195-5 mit einer Lage Bitumen-Schweißbahn G 200 S4 abgedichtet werden soll.

Der Ausführende hält es für technisch besser, die Abdichtung mit einer Polymerbitumen-Schweißbahn PYE der Anwendungstype DE zu erstellen.

Die gewählte Ausführung ist technisch hochwertiger, stellt aber dennoch aus juristischer Sicht einen Mangel dar, weil sie von der vertraglichen Vereinbarung abweicht. Der Ausführende hat somit eigentlich keinen Anspruch auf Vergütung, zumindest nicht für die Differenz zur höherwertigen Ausführung.

2 Modale Hilfsverben und Begriffsdefinitionen

Modale Hilfsverben

Die Bedeutung der modalen Hilfsverben wird in der Grundregel für Dachdeckungen, Abdichtungen und Außenwandbekleidungen im Abschnitt „3.2 Modale Hilfsverben" wie folgt beschrieben:

Modale Hilfsverben und deren Aussagefähigkeit sind für ein eindeutiges Verständnis des Regelwerks von besonderer Bedeutung.

Der alltägliche Sprachgebrauch nutzt die in der Tabelle 1 der Grundregel enthaltenen modalen Hilfsverben nicht immer in der korrekten und eindeutigen Art. Schon deshalb entstehen im Zusammenhang mit den Aussagen in den Fachregeln einige Ungereimtheiten oder Verständnisschwierigkeiten und daraus resultierend fehlerhafte und u. U. nicht regelkonforme Ausführungen. Es ist von besonderer Bedeutung, die Terminologie der Fachregeln nachvollziehen zu können, um die Fachregeln in der Praxis richtig umzusetzen.

Forderung

Gesetzliche Auflagen, sicherheitstechnische Vorschriften (z. B. Brandschutzbestimmungen), geschlossene Verträge oder auch der sog. innere Zwang, der die Forderungen einer Einheitlichkeit oder Folgerichtigkeit beinhaltet, führen dazu, dass Gebote oder Verbote entstehen. Gebote und Verbote sind unbedingt fordernd, d. h., es gibt keine Ausnahme oder Abweichmöglichkeit. Andernfalls entstünde zwangsweise ein technischer oder juristischer Mangel, etwa bei Abweichungen des vertraglich Vereinbarten.

Die modalen Hilfsverben „muss", „müssen" oder „darf nicht", „dürfen nicht" spiegeln in den einzelnen Punkten der Regel die gewichtigste Reihenfolge der modalen Hilfsverben wider. Hierzu zählen selbstverständlich auch Aussagen wie „ist zu" und „sind zu", auch wenn diese nicht explizit aufgeführt sind.

Als sicherlich häufigste Redewendung in dem Regelwerk werden die bedingt fordernden Verben „soll", „sollen" und „soll nicht", „sollen nicht" verwendet. Mit ihnen wird die Regel, also der Normalfall einer Ausführung, beschrieben. Bedingt fordernd stellt sie eine durch freiwillige Verabredung oder Vereinbarung übernommene Verpflichtung dar, von der nur in begründeten Ausnahmefällen abgewichen werden darf.

Beispiel

In Abschnitt „2.3.1 Dachneigung, Gefälle" heißt es:

(1) Flächen, die für eine Auflage einer Dachabdichtung und/oder den damit zusammenhängenden Schichten vorgesehen sind, **sollen** für die Ableitung des Niederschlagswassers mit Gefälle von mindestens 2 % geplant werden.

(2) Für Dachabdichtungen der Anwendungskategorie K2 **ist** ein Gefälle von mindestens 2 % in der Abdichtungsebene (…) **einzuhalten**.

Wird also in Absatz (1) noch eine Ausnahme („sollen") zugelassen, so gibt es im zweiten Absatz eine solche Ausnahme nicht mehr.

Erlaubnis

Die Fachregeln lassen grundsätzlich auch frei gestalterische Möglichkeiten zu. Als Erlaubnis müssen die modalen Hilfsverben „darf" und „dürfen" oder „muss nicht", „müssen nicht" verstanden werden. Das Regelwerk gibt in bestimmten Fällen Ausführungen frei, bei denen durch ein Gebot von einem Verbot oder einer Regel abgewichen werden darf. Das kann z. B. dann der Fall sein, wenn es sich um gleichwertige Lösungen, die allerdings ebenso den restlichen Anforderungen aus den anerkannten Regeln der Technik genügen müssen, handelt.

Empfehlung

Als Empfehlung oder Richtlinie im Rahmen der Fachregeln werden die modalen Hilfsverben „sollte", „sollten" sowie „sollte nicht" und „sollten nicht" in dieser Reihenfolge angesehen. Auch hier werden gestalterische Möglichkeiten eingeräumt. Grundsätzlich wird hierbei eine Empfehlung aus mehreren Möglichkeiten ausgesprochen, ohne jedoch andere auszuschließen oder zu erwähnen. Wenn auch nicht als Forderung anzusehen, ist dennoch eine bestimmte Angabe erwünscht. Dabei wird u. U. eine Lösung als unpassend betrachtet, aber nicht grundsätzlich verboten.

Im Ranking der modalen Hilfsverben stehen diese an vorletzter Stelle. Daraus kann sich als grundsätzliches Problem ergeben, dass Ausführungen vorgeschlagen und ausgeführt werden, die einen recht breiten Interpretationsspielraum belassen. Hier stoßen oftmals die Erwartungshaltung des Bestellers und die des Ausführenden aufeinander. Insofern kann nur der Rat gegeben werden, sich sehr genau an Vereinbarungen oder das Regelwerk zu halten, um schon reine Rechtsmängel auszuschließen. Im Zweifel sollte die hochwertigere Ausführung gewählt werden.

An letzter Stelle der Hierarchie stehen die modalen Hilfsverben „kann", „können", „kann nicht" und „können nicht". Sie haben einen unverbindlichen Charakter. In der Tabelle 1 der Grundregel für Dachdeckungen, Abdichtungen und Außenwandbekleidungen wird dieser Bereich wie folgt definiert:

Vorliegen einer physischen Fähigkeit (die Hand kann eine bestimmte Kraft ausüben), einer physikalischen Möglichkeit (ein Balken kann eine Belastung tragen), einer ideellen Möglichkeit (eine Voraussetzung kann bestimmte Folgen haben, eine Feststellung kann schon überholt sein, wenn …).

Beispiel

Ein Stahlträger **kann** die Belastung der Konstruktion tragen, Holzbalken **können** das **nicht**.

Begriffsdefinitionen

Auch bei den Definitionen oder Begriffsbestimmungen meint der Volksmund sehr häufig etwas anderes, als es der Fachmann tut.

Immer wieder wird z. B. der Begriff „Isolierung" verwendet. Was aber genau ist damit gemeint?

Die Internetplattform Wikipedia gibt dazu nachfolgende Erläuterungen:

Beispiel

„Isolierung

Als Isolierung oder Isolation bezeichnet man Vorrichtungen zur Trennung von Sachen oder Personen und den Vorgang des Trennens selbst. Das zugrunde liegende Verb isolieren wurde im 18. Jahrhundert aus dem französischen „isoler“ entlehnt. Dieses aus dem italienischen „isolare“, einer Ableitung von „isola“ („Insel“), aus lateinisch „insula“. Die zugrunde liegende Bedeutung meint also Trennung bzw. Vereinzelung (...)

In der Technik wird unter Isolierung oder Isolation eine Einrichtung zur Verhinderung des Durchgangs von Stoff oder Energie verstanden:

- Bauwerksisolierung, Maßnahmen wie Anstriche, die das Eindringen von Nässe (Wasser) verhindern, siehe fachsprachlich: Bauwerksabdichtung
- Wärmeisolierung von Bauwerken und Gebäuden, siehe fachsprachlich: Wärmedämmung (...)“.

Der Begriff „Bauwerksabdichtung“ beinhaltet keine Abdichtung von Dächern. Dachabdichtungen sind der obere Abschluss von Gebäuden auf flachen oder auch auf geneigten Konstruktionen, während Bauwerksabdichtungen Anschlüsse von Gebäudeteilen zum Schutz des Bauwerks gegen Feuchtigkeit oder Wasser darstellen. Sie unterscheiden sich also in der Art der Anforderungen. Auch sind Bauwerksabdichtungen nicht grundsätzlicher Gegenstand der Fachregel für Dächer mit Abdichtungen. Sie sind Bestandteil der DIN 18195. Allerdings wird die DIN 18195 mit in die Fachregel für Abdichtungen einbezogen.

Eindeutige Terminologie

Planer, Besteller und Ausführende müssen sich also derselben Terminologie bedienen, um eindeutig zu beschreiben, was erwartet werden kann und was nicht.

Damit sie das können, sind nicht nur die modalen Hilfsverben von großer Bedeutung. In der Fachregel für Abdichtungen wird gleich zu Beginn der Regel in Abschnitt „1.2.1 Allgemeines“ festgelegt:

Zusätzlich zu den Begriffen aus anderen Regelwerksteilen („Grundregel für Dachdeckungen, Abdichtungen und Außenwandbekleidung“) gelten für Dach- und Bauwerksabdichtungen folgende Definitionen: (...)

Daran anschließend werden wichtige Begriffe definiert.

Die modalen Hilfsverben, Begriffsbestimmungen und Definitionen werden dadurch an Gewicht gewinnen, dass die Fachregel für Abdichtungen – die Flachdachrichtlinie – zukünftig grundsätzlich zwei verschiedene Ausführungskategorien, die K1 und die K2, vorgibt.

Nur wer die Forderungen richtig lesen und verstehen kann, ist in der Lage, den Erwartungen und Anforderungen gerecht zu werden.

Es ist sehr wahrscheinlich, dass eine Vielzahl von gerichtsgegenständlichen Streitfällen um diese Anwendungskategorien die Zukunft prägen wird, da die Erwartungshaltung des Verbrauchers sich überwiegend an höherer Qualität orientieren wird, die der Ausführenden wohl eher am technisch Notwendigen.

3 Erläuterung der Fachregel für Abdichtungen

3.1 Einführung

Allgemeines

Die Flachdachrichtlinie ist in fünf Kapitel untergliedert.

Im ersten Kapitel „Allgemeine Regeln“ werden zunächst die grundsätzlichen Punkte, wie z. B. der Geltungsbereich der Regel, behandelt. Das ist insofern von Bedeutung, weil bereits hier der Gültigkeitsbereich klar beschrieben wird. Schon hier lehnt sich das Regelwerk im Aufbau an die DIN an. Die Fachregel stellt klar, dass für nicht genutzte Dächer neben der Fachregel selber auch die Regelungen der DIN 18531 „Abdichtungen für nicht genutzte Dächer“ zu beachten sind. Diese unbedingte Forderung verpflichtet Planer, Ausführende und Sachverständige nunmehr, sich den Forderungen der Norm und der Fachregel zu unterwerfen. Eine solche Kombination gab es in der eindeutigen Form bislang nicht.

Die neue Fachregel äußert sich ausführlicher zum Bereich der genutzten Dachflächen. War bisher lediglich ein sehr allgemein gehaltener Hinweis auf die ergänzenden oder abgrenzenden Ausführungen der DIN 18195 gegeben, so gibt sie jetzt sehr umfangreiche Beispiele für die Gültigkeit der Regel in Verbindung mit der DIN 18195. Wurde bislang noch am Beispiel des Balkons erklärt, dass eine Abdichtung eines Balkons eigentlich in den Bereich der DIN 18195-5 gehört, aber dennoch alternativ nach der Fachregel für Dächer mit Abdichtungen erstellt werden konnte, so wird jetzt deutlich gemacht, dass neben der Fachregel auch die Regelungen der DIN 18195 zu beachten sind.

Wo ist der Unterschied?

Vereinfacht gesagt: In der alten Regel konnte zwischen der Ausführung nach der DIN 18195 oder nach Fachregel ausgewählt werden. Neben vielen kleineren Unterschieden in der Art der daraus folgenden Abdichtungen gab es plötzlich einen wesentlichen Unterschied: Wenn eine Abdichtung nach DIN erfolgen sollte, dann war eine Abdichtung mit einer Lage Bitumenbahn mit einer Gewebeeinlage normgerecht ausreichend. Die Flachdachrichtlinie forderte hingegen mindestens zwei Lagen.

3.2 Geltungsbereich

Geltungsbereich

In dem neuen Text heißt es:

1.1 Geltungsbereich

(2) Regel für Abdichtungen genutzter Dächer

Diese Regel gilt für die Planung und Ausführung von Abdichtungen genutzter Dach- und Deckenflächen gegen nicht drückendes Wasser, z. B. Balkone,

Terrassen, intensive Dachbegrünung und genutzte Deckenflächen im Freien mit allen für die Funktionsfähigkeit des Abdichtungsaufbaus erforderlichen Schichten sowohl bei Neubauten als auch bei Erneuerung der Abdichtung. Für diese Bauwerksabdichtungen sind neben der Fachregel auch die Regelungen der DIN 18195 – Bauwerksabdichtungen – zu beachten.

Der Fachregel wird durch die Reihenfolge der Aufzählung dabei eine größere Bedeutung beigemessen als der DIN. Zunächst müssen die Anforderungen der Fachregel berücksichtigt werden und anschließend zusätzliche aus der Norm, soweit weiter gehend vorhanden.

Im Geltungsbereich der Fachregel wurde bisher beschrieben, dass die Fachregel auch für intensive Dachbegrünungen mit einer Wasser-Anstauhöhe bis 100 mm gilt. Anstauhöhen, die oberhalb von 100 mm geplant wurden, unterlagen somit der DIN 18195. Die Höhenbegrenzung ist aus der Neufassung des Geltungsbereichs der Regel herausgenommen worden. Es stellt sich sofort die Frage, ob nunmehr intensive Dachbegrünungen mit einer Anstauhöhe von > 100 mm nach den Flachdachrichtlinien geplant und auch ausgeführt werden dürfen.

Bei einer Wasser-Anstauhöhe von ≥ 100 mm wird ein hydrostatischer Druck auf die Abdichtung ausgeübt, was dann letztlich dazu führt, dass die Planung und Ausführung von intensiven Dachbegrünungen doch wieder in den Bereich der DIN 18195-6 „von außen drückendes Wasser“ fällt. Die Einschränkung der Anstauhöhe findet man in der Regel für Abdichtungen genutzter Dächer im Abschnitt „3.1 Beanspruchungsarten“.

Die Gültigkeit der Fachregel wird noch weiter eingeschränkt. Sie gilt nicht bei Unterdächern, die als regensicheres oder wasserdichtes Unterdach bei den entsprechenden Anforderungen aus der Regel für Dächer mit Dachdeckungen erstellt werden müssen.

Ebenfalls keine Gültigkeit hat die Fachregel bei Abdichtungen gegen Bodenfeuchtigkeit und nicht stauendes Sickerwasser. Hier greift wieder die DIN 18195 in ihrem Teil 4. Wirksam wird die DIN 18195 mit dem Teil 6 für den Bereich aufstauendes Sickerwasser sowie gegen von außen drückendes Wasser. Die Fachregel für Abdichtungen kann hier nicht angewendet werden.

Keine Anwendung der Fachregel ist für von innen drückendes Wasser vorgesehen, wie es beim Becken- und Behälterbau vorkommt.

Die Abdichtung von Fahrbahnen – auch von Parkdecks und vergleichbaren befahrenen Flächen – und Brücken, die zu öffentlichen Straßen und Schienenwegen gehören, Deponien, Erdbauwerken und bergmännisch erstellten Tunneln wird ebenso wenig nach der Fachregel für Abdichtungen erstellt, wie es bei mineralischen und flexiblen Dichtungsschlämmen im Verbund mit Fliesenbelägen und mit kunststoffmodifizierter Bitumen-Dickbeschichtung (KMB) der Fall ist.

3.3 Begriffe

Wie bereits im Kapitel über modale Hilfsverben und Begriffsdefinitionen beschrieben (siehe Seite 11), ist es unabdinglich, dass die Terminologie und Begriffsbestimmung einheitlich genutzt werden, um Missverständnissen vorzubeugen. Deshalb werden in der Fachregel für Dächer mit Abdichtungen weitere und für diese Fachregel spezifische Begriffe definiert.

1.2.1 Allgemeines

Zusätzlich zu den Begriffen aus anderen Regelwerksteilen (Grundregel für Dachdeckungen, Abdichtungen und Außenwandbekleidung) gelten für Dach- und Bauwerksabdichtungen folgende Definitionen:

Abdichtungslage

1.2.2 Abdichtungslage

Flächengebilde aus Abdichtungsstoffen. Eine Abdichtungslage oder mehrere vollflächig untereinander verklebte Abdichtungslagen bilden die Abdichtung.

Die Abdichtungsstoffe müssen ein Flächengebilde darstellen, welches der Logik folgend wasserdicht sein muss. Abdichtungsstoffe können aus Flüssigkunststoffen, wasserdicht verbundenen Kunststoffbahnen oder Bitumenbahnen bestehen. Sind mehrere Abdichtungslagen erforderlich, wie es bei den meisten Dachaufbauten mit Bitumenbahnen der Fall ist, wird erst dann von einer Abdichtung gesprochen, wenn die Bahnen untereinander im Sinne der Fachregel vollflächig untereinander verklebt sind. Ist die Verklebung untereinander nicht ausreichend, liegt eine nicht fachregelkonforme Abdichtung aus zwei einzelnen Lagen Bitumenbahnen (Abdichtungslagen) vor.

Abschottung

1.2.3 Abschottung

Sicherungsmaßnahme, um Wasserunterläufigkeit in verschiedenen Schichten des Dachaufbaus zu verhindern.

Die Wasserunterläufigkeit kann bei vollständig nicht verklebten Dachaufbauten große Probleme bei einer möglichen Leckortung bereiten. Insbesondere bei bekiesten Dachflächen oder bei Dachflächen mit Begrünungen ist eine Abschottung sinnvoll. Hierzu werden die Dachflächen mit definierten Flächengrößen (Abschnitten) vollkommen voneinander getrennt.

Eine solche Trennung oder Abschottung ist bei vollständig verklebten Dachaufbauten, etwa bei Schaumglas mit anschließender Abdichtung aus bituminösen Abdichtungslagen, nicht erforderlich.

Anwendungskategorie

1.2.4 Anwendungskategorie

Zuordnung für Dachabdichtungen, bei der hinsichtlich der Planung und der Bemessung unterschiedliche Anforderungen an Stoffe und Konstruktion gestellt werden.

Dieser Begriff wurde neu in die Fachregel aufgenommen. Hier werden die Anwendungskategorie I als „Standardausführung“ und die Anwendungskategorie II als „Höherwertige Dachkonstruktion“ beschrieben. Diese sind wieder der DIN 18531-1 entnommen, die bereits im November 2005 Gültigkeit erlangt hat. Im weiteren Verlauf dieses Buches wird mehrfach über diese Anwendungskategorien gesprochen.

Auflast

1.2.5 Auflast

Eine Auflast ist die Abdeckung einer Dachabdichtung oder eines Dachaufbaus zur Sicherung gegen Windlasten.

Als Auflast können z. B. eingesetzt werden:

- Kiesschüttungen 16/32 mindestens 50 mm dick,
- Plattenbeläge,
- Rasengittersteine.

(Siehe auch Abschnitt „3.4 Konstruktionsarten“, Seite 26 ff.)

Ausgleichsschicht

1.2.6 Ausgleichsschicht

Die Ausgleichsschicht ist eine Schicht, die Rauigkeiten und Unebenheiten, die im Toleranzbereich des jeweiligen Untergrunds liegen, ausgleichen oder überbrücken kann.

(Siehe auch Abschnitt „3.4 Konstruktionsarten“, Seite 26 ff.)

Beanspruchungsklasse

1.2.7 Beanspruchungsklasse

Zusammenfassung mechanischer und/oder thermischer Beanspruchungsstufen zu kombinierten Beanspruchungen von Dachabdichtungen.

Die Beanspruchungsklassen wurden ebenfalls neu in die Fachregel aufgenommen. Sie korrespondieren eng mit den Anwendungskategorien.

Es wird zwischen der „hohen thermischen Beanspruchung Stufe A“, der „mäßigen thermischen Beanspruchung Stufe B“, der „hohen mechanischen Beanspruchung Stufe I“ und der „mäßigen mechanischen Beanspruchung Stufe II“ unterschieden.

Die Erfordernisse aus der Beanspruchungsklasse fließen in die Anwendungskategorien ein und umgekehrt.

Bewegungsfuge

1.2.8 Bewegungsfuge

Eine Bewegungsfuge ist eine Trennung zweier Bauwerksteile oder Bauteile, die ihnen unterschiedliche Bewegungen ermöglicht.

Eine Bewegungsfuge (auch oft als Dehnungsfuge bezeichnet, was inhaltlich nicht ganz stimmig ist) ergibt sich z. B. dort, wo zwei verschiedene Konstruktionsarten der Unterkonstruktion zusammentreffen, etwa eine Unterlage aus Stahltrapezblechen, die an eine Betonunterlage grenzt. Sie entsteht sehr häufig dort, wo zwei Gebäude aneinandergebaut sind (eine solche Fuge bezeichnet man auch als Bauwerksfuge). Nicht zu verwechseln ist die Bewegungsfuge mit der Arbeitsfuge, die etwa beim Betonieren von sog. weißen Wannen entstehen kann.

Dachabdichtung

1.2.9 Dachabdichtung

Eine Dachabdichtung ist ein flächiges Bauteil zum Schutz eines Bauwerks gegen Niederschlagswasser. Sie besteht aus einer über die gesamte Dachfläche reichenden, wasserundurchlässigen Schicht. Zur Dachabdichtung gehören auch Anschlüsse, Abschlüsse, Durchdringungen und Fugenausbildungen.

Eine Dachabdichtung kann aus einer oder mehreren Abdichtungslagen bestehen.

(Siehe auch Abschnitte „1.2.2 Abdichtungslage“, und „3.4 Konstruktionsarten“, Seite 17, 26 ff.)

Dachaufbau

1.2.10 Dachaufbau

Unter einem Dachaufbau versteht man die Folge der einzelnen Funktionsschichten, deren Art und Anordnung von der jeweiligen Konstruktionsart und Beanspruchung abhängig ist.

Zu den Funktionsschichten gehören z.B. die Unterlage, Trennlage, Dampfsperre, Wärmedämmung, Abdichtung und die Auflast. Je nach Nutzung des Gebäudes oder der Dachfläche entstehen unterschiedliche Beanspruchungsklassen (siehe auch Abschnitt „1.2.7 Beanspruchungsklasse“). Die Konstruktionsarten werden im Zusammenhang mit Abschnitt „1.3 Konstruktionsarten“ im Abschnitt 3.4 ab Seite 26 beschrieben.

Dachbegrünung

1.2.11 Dachbegrünung

Eine Dachbegrünung ist die Bepflanzung einer Dachfläche und stellt einen ökologischen Oberflächenschutz dar. Man unterscheidet zwischen Extensiv- und Intensivbegrünung.

Der Unterschied zwischen einer Extensivbegrünung und einer Intensivbegrünung wird in den Abschnitten 1.2.18 und 1.2.22 ausgeführt.

Extensiv- und Intensivbegrünungen bei Dachflächen verbessern den Abflussbeiwert im Rahmen der Dachflächenentwässerung und stellen einen guten sommerlichen Hitzeschutz dar.

Dacherneuerung

1.2.12 Dacherneuerung

Dacherneuerung ist der vollständige Neuaufbau eines alten Daches mit Abdichtung unter Abriss des bisherigen Schichtenaufbaus.

Diese Begriffsbestimmung wird u. a. deshalb notwendig, weil die Energieeinsparverordnung (EnEV) bei der Erneuerung von Flachdächern folgende Forderungen aufstellt:

„Soweit bei beheizten oder gekühlten Räumen Flachdächer

a) ersetzt, erstmalig eingebaut

oder in der Weise erneuert werden, dass

b) die Dachhaut bzw. außenseitige Bekleidungen oder Verschalungen ersetzt oder neu aufgebaut werden,

c) innenseitige Bekleidungen oder Verschalungen aufgebracht oder erneuert werden,

d) Dämmschichten eingebaut werden,

sind die Anforderungen nach Tabelle 1 Zeile 4b einzuhalten.“

[EnEV 2007, Anlage 3 (zu den §§ 8, 9 Abs. 2 und 3, § 18 Abs. 2) Punkt 4.2 Flachdächer]

Die Anforderung aus d) beinhaltet den maximal zulässigen U-Wert bei Flachdächern.

Bei einer Dacherneuerung im Sinne der Definition der Fachregel ist eine Anpassung der Wärmedämmung gemäß der Energieeinsparverordnung erforderlich.

Dachhaut

Der Begriff „Dachhaut" ist in den Regelwerken nicht definiert. In der Umgangssprache werden alle nicht tragenden Bauteile eines Daches, hier des Flachdaches, also all die Schichten oberhalb und einschließlich der Dampfsperre, zur Dachhaut gezählt.

Wird nun die Dachhaut ersetzt, ist darunter ein vollständiger Rückbau zu verstehen. Wird die Dachhaut neu aufgebaut, so kann hierunter verstanden werden, dass, wenn eine für sich unabhängige Abdichtung im Sinne der Fachregel auf einem vorhandenen Dachaufbau angeordnet wird, die Forderungen der EnEV ebenfalls Gültigkeit haben. Wird hingegen eine weitere Abdichtungslage, die im Sinne der Fachregel keine Dachabdichtung darstellt, aufgebracht, ist die Forderung der EnEV nach einer Ergänzung der Wärmedämmung nicht gültig.

Folgende Beispiele verdeutlichen diesen Zusammenhang:

Beispiele

1 Vorhandene Dachabdichtung aus Bitumenbahnen: Verlegung eines Trennvlieses und einer neuen Abdichtungslage aus PVC-P-weich-Bahnen = die Forderungen der EnEV müssen eingehalten werden.

2 Vorhandene Dachabdichtung aus PVC-P-weich-Bahnen: Verlegung eines Trennvlieses und einer neuen Abdichtungslage aus PVC-P-weich-Bahnen = die Forderungen der EnEV müssen eingehalten werden.

3 Vorhandene Dachabdichtung aus Bitumenbahnen: Reinigen des Untergrunds und Versehen mit einem Voranstrich als Haftbrücke, vollflächiges Aufbringen einer zusätzlichen Lage als Oberlage mit der Qualität DO = die Forderungen der EnEV haben keine Gültigkeit, da diese Bahn nicht als einlagige Abdichtung zugelassen ist.

(Siehe auch Abschnitte „1.2.23 Instandhaltung", „1.2.24 Instandsetzung" und „1.2.36 Wartung".)

Dampfdruckausgleichsschicht

1.2.13 Dampfdruckausgleichsschicht

Die Dampfdruckausgleichsschicht ist eine zusammenhängende Luftschicht im Flächenbereich unter der Dachabdichtung zum Ausgleich des Wasserdampfdrucks aus eingebauter und/oder eindiffundierter Feuchtigkeit.

(Siehe auch Abschnitt „3.4 Konstruktionsarten", Seite 26 ff.)

Dampfsperre

1.2.14 Dampfsperre

Die Funktionsschicht Dampfsperre umfasst eine diffusionshemmende Schicht mit einem für die Funktion des Dachaufbaus ausreichenden Sperrwert.

Im Zusammenhang mit „Dampfsperre" fällt häufig der Begriff „Dampfbremse". Diesen Begriff gibt es in der Bauphysik nicht. Umgangssprachlich wird er bei Funktionsschichten verwendet, die einen Sperrwert (sd-Wert) von 0,5–1.500 m haben.

Es ist bauphysikalisch richtiger, zu sagen: Dampfsperren mit einem geringen Sperrwert/sd-Wert von „X“ m.

(Siehe auch Abschnitte „1.2.26 Luftdichtheit“ und „3.4 Konstruktionsarten“, Seite 23 f., 26 ff.)

Durchdringung

1.2.15 Durchdringung

Ein Bauteil, das die Abdichtung durchdringt, z. B. Rohrleitung, Geländerstütze, Ablauf.

Eine Durchdringung bezeichnet im Grunde alles, was durch eine Dachfläche geführt wird und umfassend wasserdicht mit der Dachabdichtung verbunden werden muss. Im Rahmen der Brandschutzmaßnahmen nach DIN 18234 unterscheidet man zwischen kleinen, mittleren und großen Durchdringungen.

Eigenschaftsklasse

1.2.16 Eigenschaftsklasse

Abstufungen thermischer und mechanischer Produkteigenschaften, denen die Abdichtungsprodukte aufgrund ihrer spezifischen Stoffeigenschaften zugeordnet werden können.

Es gibt vier Eigenschaftsklassen bei Abdichtungsbahnen für Dachabdichtungen:

- Eigenschaftsklasse „E1“: Widerstand gegen hohe thermische Beanspruchung in Kombination mit einem hohen mechanischen Widerstand,
- Eigenschaftsklasse „E2“: Widerstand gegen mäßige thermische Beanspruchung in Kombination mit einem hohen mechanischen Widerstand,
- Eigenschaftsklasse „E3“: Widerstand gegen hohe thermische Beanspruchung in Kombination mit einem mäßigen mechanischen Widerstand,
- Eigenschaftsklasse „E4“: Widerstand gegen mäßige thermische Beanspruchung in Kombination mit einem mäßigen mechanischen Widerstand.

(Siehe auch Tabelle 1: „Eigenschaftsklassen der Abdichtungsbahnen für Dachabdichtungen“ im Produktdatenblatt für Bitumenbahnen.)

Es dürfen je nach Anwendungskategorie und Beanspruchungsklasse, z. B. bei Dachabdichtungen mit Polymerbitumenbahnen der Anwendungskategorie K2 in allen Beanspruchungsklassen bei einer zweilagigen Abdichtung als obere Lage, nur Bahnen verwendet werden, die dem Anwendungstyp DO/E1 entsprechen.

(Siehe auch Tabelle 4: „Bemessung von Dachabdichtungen aus Bitumen- und Polymerbitumenbahnen“ in der Fachregel für Abdichtungen.)

Einbauteil

1.2.17 Einbauteil

Dies ist ein neu eingeführter Begriff im Rahmen der Fachregel. Er beschreibt ein Hilfsmittel zur Herstellung eines wasserdichten Anschlusses an Durchdringungen, bei Übergängen oder bei Abschlüssen, wie es ein Klebeflansch, eine Manschette, eine Klemmschiene oder eine Los- und Festflansch-Konstruktion sein kann.

Extensivbegrünung

1.2.18 Extensivbegrünung

Auch dieser Begriff ist erstmals im Regelwerk definiert. Charakteristisch für eine extensive Begrünung sind die geringe Aufbauhöhe und das geringe Gewicht. Sie wird als naturnahe Vegetationsform beschrieben, die sich weitgehend selbst erhält, weiterentwickelt und sich an die jeweiligen Standortbedingungen anpasst.

Dennoch muss eine Birke oder größere Staude, die durch unkontrollierten Wildwuchs auf einer extensiv begrünten Dachfläche ansiedelt, entfernt werden, denn Gehölze und Bäume erfordern allein wegen der auftretenden Windlasten einen dickeren Schichtenaufbau. Es kann festgestellt werden, dass Pflanzen einer extensiven Begrünung theoretisch auf Flächen einer intensiven Begrünung ansiedeln dürfen, umgekehrt ist dieses nicht zulässig.

Genutztes Dach
Genutzte Fläche

1.2.19 Genutzte Dächer und Flächen

Genutzte Dächer und Flächen sind für den Aufenthalt von Personen oder für intensive Begrünung vorgesehen.

Nicht mehr enthalten ist der Zusatz „(...) oder für die Nutzung durch Verkehr (...)".

Dieser Zusatz musste gestrichen werden, da im Abschnitt 1.1 der Neufassung darauf hingewiesen wird, dass die Regel nicht für Abdichtungen von Parkdecks und vergleichbaren befahrenen Flächen und bei Fahrbahnen auf Brücken gilt.

Haftbrücke

1.2.20 Haftbrücke

Sie ist eine Schicht zur Verbesserung der Klebehaftung. Primer, lösungsmittelhaltiger Bitumen-Voranstrich und Bitumen-Voranstrich mit Wasser als Emulgator können als Haftbrücke fungieren.

Inspektion

1.2.21 Inspektion

Die Inspektion ist eine Maßnahme zur Feststellung und Beurteilung des Ist-Zustands. Sie umfasst die Kontrolle des Daches mit der Aufnahme des Zustands der Dachabdichtung, der An- und Abschlüsse sowie der Durchdringungen.

Dieser Punkt wird im Zusammenhang mit Kapitel „5 Pflege und Wartung" im Abschnitt 3.9 näher behandelt (siehe Seite 234).

Intensivbegrünung

1.2.22 Intensivbegrünung

Wie die Extensivbegrünung ist die Intensivbegrünung erstmalig Bestandteil in den Definitionen der Fachregel. Im Gegensatz zur extensiven Begrünung umfassen intensive Begrünungen *Pflanzungen von Stauden, Gehölzen und Rasenflächen, im Einzelfall auch Bäume. Die verwendeten Pflanzen stellen hohe Ansprüche an den vegetationstechnischen Schichtenaufbau. Diese Begrünungsart erfordert einen dickeren Schichtenaufbau und ist nur durch eine intensive Pflege dauerhaft zu erhalten.*

Durch die Abgrenzung der beiden Begrünungsarten ist eine eindeutige Zuordnung mit den damit notwendigen Maßnahmen gegeben.

Instandhaltung

1.2.23 Instandhaltung

Wie bereits in der alten Fachregel für Dachabdichtungen beschreibt dieser Punkt Folgendes:

Unter Instandhaltung werden sowohl Maßnahmen zur Feststellung und Beurteilung des Ist-Zustands als auch Maßnahmen zur Bewahrung und Wiederherstellung des Soll-Zustands der Dachabdichtung und des Dachaufbaus, einschließlich der An- und Abschlüsse sowie der Durchdringungen, verstanden.

Die Maßnahmen beinhalten:

- *Inspektion*
- *Wartung*
- *Instandsetzung.*

Die Instandhaltung schließt auch die Abstimmung der Instandhaltungsziele und die Festlegung entsprechender Instandhaltungsstrategien ein.

Die Instandhaltung beinhaltet mehr Punkte als die reine Inspektion einer Dachfläche. Den Bereichen Inspektion, Wartung, Instandsetzung und Instandhaltung ist in der Fachregel ein eigenes Kapitel 5 gewidmet.

Instandsetzung

1.2.24 Instandsetzung

Zur Instandsetzung gehören Maßnahmen zur Wiederherstellung des Soll-Zustands. Dazu kann im Einzelfall eine teilflächige oder auch eine komplette Erneuerung von Schichten oder Teilen zählen.

Hier muss der Ausführende beachten, dass er im Fall einer Erneuerung von Schichten, deren Fläche die Größenangaben der EnEV überschreitet, die Forderungen der Energieeinsparverordnung beachten muss. Dabei zählt die Summe einzelner Teilflächen, die auf einer Dachfläche erneuert werden. Die Größenangabe ist bisher mit 20 % der Bauteilfläche angegeben. Es gibt Bestrebungen, diesen Wert auf 10 % zu begrenzen.

Kaschierung

1.2.25 Kaschierung

Bahnen, die werkseitig auf Dämmstoffe, oder Stoffe wie z. B. Vliese oder Gewebe, die auf Abdichtungsbahnen unter- oder oberseitig aufgebracht sind.

Rolldämmbahnen und Klappdämmbahnen haben eine oberseitige Kaschierung, die ggf. als Lage der Abdichtung gezählt werden kann.

Einige Kunststoffbahnen haben unterseitig eine Kaschierung mit Vliesen, um z. B. einer chemischen Unverträglichkeit wie bei Polystyrolen und PCV-P-weich-Bahnen vorzubeugen.

Luftdichtheit

1.2.26 Luftdichtheit

Beschaffenheit von Konstruktionen zur Vermeidung von Wärmeverlusten durch unkontrollierten Luftaustausch und zur Vermeidung von Tauwasserbildung infolge von Konvektion feuchter Luft.

Auch dieser Begriff wird erstmals im Regelwerk definiert. Der Luftdichtheit kommt eine sehr wichtige Aufgabe zu. Rein technisch betrachtet wäre ein unkontrollierter Wärmeverlust noch hinnehmbar. Ein unkontrolliertes

Eindringen von feuchtwarmer Luft in einen Dachaufbau infolge Konvektion führt unweigerlich zu großen Schäden. Im Abschnitt „3.4 Konstruktionsarten" wird auf die Luftdichtheitsschicht weiter eingegangen (siehe Seite 26 ff.).

Nicht genutzte Dachfläche

1.2.27 Nicht genutzte Dachfläche

Eine nicht genutzte Dachfläche ist nicht für den dauernden Aufenthalt von Personen, die Nutzung durch Verkehr oder für intensive Begrünung vorgesehen. Sie wird nur zum Zwecke der Pflege und Wartung und allgemeinen Instandhaltung betreten.

In Verbindung mit dem Abschnitt „1.2.19 Genutzte Dächer und Flächen" gibt es durchaus Erklärungsbedarf. Beschreibt der Abschnitt 1.2.27, dass nicht genutzte Dachflächen nicht für die Nutzung durch Verkehr geeignet sind, gibt es gerade hier ein Problem: Wie sieht es z. B. mit einer Dachfläche aus, auf der technische Geräte zum Einsatz kommen, die ständiger Wartung unterliegen? Dabei müssen u. U. schwere und mittelschwere Austauschteile über die Dachfläche zu den Geräten transportiert werden, da eine andere Zuwegung nicht vorhanden ist.

Oberflächenschutz

1.2.28 Oberflächenschutz

Ein Oberflächenschutz ist die Abdeckung einer Dachabdichtung zum Schutz vor mechanischer, thermischer und/oder atmosphärischer Beanspruchung.

Es stellt sich hier die Frage, ob im Grunde all das, was oberhalb einer Dachabdichtung angeordnet wird, eine Art Oberflächenschutz ist. Prinzipiell ist das zu bejahen. Plattenbeläge, Kiesschüttungen oder Begrünungen stellen einen wirksamen Oberflächenschutz dar.

Schleppstreifen

1.2.29 Schleppstreifen

Streifenförmige Trennlagen aus geeigneten Stoffen zur Sicherstellung einer unverklebten Zone.

Der Schleppstreifen sorgt dafür, dass Spannungen, die z. B. durch thermische Längenänderungen bei eingeklebten Blechen entstehen können, nicht auf sehr engem und schmalem Raum von der nachfolgenden Abdichtungslage aufgenommen werden müssen. Durch die Anordnung eines Schleppstreifens verbreitert sich die Möglichkeit zum Spannungsabbau in der Abdichtungslage um die Breite des Schleppstreifens.

Schleppstreifen sind überwiegend bei bituminösen Dachabdichtungen im Einsatz, besonders in den Bereichen bei metallischen An- und Abschlüssen und bei Anschlüssen der Abdichtung, z. B. an Lichtkuppel-Aufsatzkränzen.

Schutzlage

1.2.30 Schutzlage

Die Schutzlage ist eine oberhalb der Abdichtung angeordnete flächig verlegte Lage zum Schutz vor mechanischen Einwirkungen. Eine Schutzlage zählt nicht als Abdichtungslage.

Eine Schutzlage kann z. B. aus einer PE-Folie bestehen, die auf der Abdichtung als Schutz oder Trennung zu einer nachfolgenden Kiesschüttung angeordnet ist.

Schutzmaßnahme

1.2.31 Schutzmaßnahme

Unter einer Schutzmaßnahme versteht man einen vorübergehenden Schutz der Dachabdichtung oder einer anderen Funktionsschicht während der Bauausführung.

Eine solche Maßnahme kann u. a. aus Gummigranulatmatten (Bautenschutzmatten) bestehen.

Schutzmaßnahmen sorgen regelmäßig im Zusammenhang mit der VOB für Zündstoff. In der DIN 1961, als Bestandteil der VOB-B, wird im § 4 Ausführung Abschnitt 5 gesagt, dass der Auftragnehmer die von ihm ausgeführten Leistungen bis zur Abnahme vor Beschädigungen zu schützen hat. Der Auftraggeber kann verlangen, dass der Auftragnehmer sie auch vor Winterschäden und/oder Grundwasser schützen muss.

Ist die technische Seite der Schutzmaßnahme geklärt, ist es die Vergütung der Leistung, die häufig zu Streitigkeiten führt, denn nach VOB hat der Auftragnehmer die Leistungen unter eigener Verantwortung nach dem Vertrag auszuführen. Dabei sind die anerkannten Regeln der Technik ebenso zu beachten wie die behördlichen Bestimmungen. ABER: Der § 2 Nr. 6 sagt, dass der Auftragnehmer Anspruch auf besondere Vergütung hat, wenn eine im Vertrag nicht vorgesehene Leistung gefordert wird. Das gilt allerdings nur dann, wenn der Auftragnehmer den Anspruch vor Beginn der Ausführung bei dem Auftraggeber geltend macht.

Ein Schutz gegen Niederschlagswasser, mit dem normalerweise gerechnet werden muss und das beseitigt werden muss, bevor die Arbeiten weitergeführt werden können, ist im Sinne der DIN 18299 eine Nebenleistung, die nicht extra vergütet wird. Eine zu vergütende besondere Maßnahme wäre eine besondere Maßnahme gegen Witterungsschäden, Hochwasser und Grundwasser.

Schutzschicht

1.2.32 Schutzschicht

Ein Bauteil zum dauernden Schutz einer Abdichtung gegen mechanische und thermische Beanspruchung.

Grundsätzlich wird ein Oberflächenschutz wohl die Funktion einer Schutzschicht übernehmen können, da die Anforderung hier weiter gehend, nämlich auf die atmosphärischen Störungen, ausgedehnt ist. Auch die Dauerhaftigkeit ist mit einem Oberflächenschutz durchaus gewährleistet.

Das Wort „Schicht“ zeigt aber, dass die Dicke des Schutzes eine Rolle spielen muss. So kann z. B. ein heller Anstrich die Aufgabe des Schutzes gegen thermische Beanspruchung übernehmen und wegen der geringeren thermischen Belastung damit auch die möglichen thermischen Längenänderungen, z. B. im Anschlussbereich, verringern (mechanischer Schutz). Aber er bietet keinen zusätzlichen Widerstand oder Schutz gegen Hagel als atmosphärische Beanspruchung.

Trennschicht/-lage

1.2.33 Trennschicht/-lage

Die Trennschicht oder Trennlage ist eine Schicht oder Lage zur flächigen oder teilflächigen Trennung der Abdichtung oder der Dampfsperre zu Bauteilen oder Schichten, um

- *die Eigenbeweglichkeit der Dachabdichtung bei Temperaturschwankungen zu ermöglichen,*
- *die Übertragung von Bewegungen und Spannungen aus den darunterliegenden Schichten zu vermindern und*
- *den Kontakt chemisch unverträglicher Werkstoffe zu verhindern.*

Eine Trennschicht oder Trennlage kann in einem Dachabdichtungsaufbau mehrfach erforderlich sein.

Der Abschnitt „3.4 Konstruktionsarten" enthält hierzu weiter gehende Erläuterungen (siehe Seite 26 ff.).

Überdeckung Überlappung

1.2.34 Überdeckung, Überlappung

Der Bereich, in dem zwei Bahnen einer Abdichtungslage zur Herstellung von Nähten und Stößen übereinanderliegen.

Die Bahnen überdecken und/oder überlappen im Sinne der Fachregel nur dann, wenn sie aus **einer** Abdichtungslage an den Nähten oder Stößen übereinanderliegen. Keine Überdeckung oder Überlappung wird hergestellt, wenn Bahnen der nachfolgenden Abdichtungslage auf der ersten Abdichtungslage angeordnet werden.

Unterlage Untergrund

1.2.35 Unterlage/Untergrund

Unterlage und Untergrund werden im Abschnitt „3.4 Konstruktionsarten" weiter beschrieben (siehe Seite 26 ff.).

Wartung

1.2.36 Wartung

Die Wartung ist eine Maßnahme zur Bewahrung des Soll-Zustands. Sie beinhaltet die Aufrechterhaltung der Funktionsfähigkeit der Dachabdichtung, der An- und Abschlüsse sowie der Durchdringungen.

Dieser Punkt wird im Zusammenhang mit Kapitel „5 Pflege und Wartung" im Abschnitt 3.9 näher behandelt (siehe Seite 235 f.).

3.4 Konstruktionsarten

Konstruktionsart

Grundsätzlich werden in der Fachregel zwei Konstruktionsarten bei genutzten und nicht genutzten Dächern mit Abdichtungen unterschieden: die nicht belüftete und die belüftete. Mehr nicht! Ältere oder regionale Bezeichnungen sollten nicht mehr angewandt werden.

Bei nicht belüfteten Dächern gibt es noch den Dachaufbau als Umkehrdach. Hier ist eine geeignete Wärmedämmung oberhalb der Dachabdichtung angeordnet.

Beide Konstruktionsarten können gemäß Abschnitt „1.3 Konstruktionsarten" die nachfolgenden Funktionsschichten haben (Aufbau von unten nach oben):

Unterlage

Unterlage

Die Unterlage hat die Aufgabe, die Abdichtung aufzunehmen. Sie kann bei nicht gedämmten Dächern aus einer Tragkonstruktion, z. B. aus Stahl oder Beton oder Schalungen aus Holz oder Holzwerkstoffen, bestehen. Bei Dächern mit Wärmedämmung ist die Unterlage die Wärmedämmung. Vorhandene Abdichtungen können ebenfalls als Unterlage dienen. Die Fachregel fordert weiterhin, dass die zur Anwendung kommenden Werkstoffe auf die Unterlage abgestimmt sein müssen. Es muss also in allen Fällen beachtet werden, dass es zu keinen Materialunverträglichkeiten zwischen der Unterlage und der nachfolgenden Abdichtung kommt.

Beispiel

Oberhalb einer vorhandenen bituminösen Abdichtung darf eine nicht bitumenverträgliche PVC-weich-Bahn nicht ohne weitere Maßnahmen, wie z. B. ausreichend dimensionierte Trennvliese, verlegt werden, da durch das Bitumen die PVC-Bahn zerstört würde.

Haftbrücke

Haftbrücke

Die Haftbrücke ist eine Schicht, die die Klebehaftung verbessern soll. Das können z. B. ein lösungsmittelhaltiger Bitumen-Voranstrich sein oder ein bituminöser Voranstrich mit Wasser als Emulgator (Bitumenemulsion), wie er in Innenräumen eingesetzt werden darf und sollte.

Ausgleichsschicht/Trennschicht/-lage

Ausgleichsschicht

Ausgleichsschichten werden grundsätzlich dort benötigt, wo eine im Toleranzbereich liegende Rauigkeit oder Unebenheit des Untergrunds vorliegt. Die Ausgleichsschicht soll ausgleichen und überbrücken, um Schäden an der nachfolgenden Schicht zu vermeiden. Eine Ausgleichsschicht kann z. B. bei einer Sanierung einer alten und rauen Betondecke, in der u. U. kleinere Steinchen aus der Oberfläche ragen, erforderlich sein.

Trennschicht
Trennlage

Anders verhält es sich bei der Trennschicht oder -lage. Sie soll zu einer flächigen oder teilflächigen Trennung zwischen einzelnen Schichten, etwa der Trennung zwischen der Unterkonstruktion und der Dampfsperre oder der Abdichtung oder zwischen der Wärmedämmung und der Abdichtung, führen.

Eine Trennung muss immer dann erfolgen, wenn der Untergrund Eigenbewegungen, z. B. bei Temperaturschwankungen, auf die Abdichtung übertragen würde. In der Folge könnte die Abdichtung durch Materialermüdung zerstört werden.

Auf Holz und Holzwerkstoffen soll grundsätzlich eine Trennschicht verlegt werden, weil Holz und Holzwerkstoffe durch das Quell- und Schwindverhalten Längenänderungen unterliegen, die sich nachteilig auf die nachfolgende Schicht auswirken würden.

Hinweis

Trennschichten tragen auch dafür Sorge, dass direkte Kontakte zwischen chemisch unverträglichen Werkstoffen ausgeschlossen werden. Als Beispiel sei hier eine Abdichtung aus PVC-P-weich-Bahnen oberhalb einer Tragkonstruktion oder Unterlage genannt, auf der Reste von bituminösen Stoffen vorhanden sind.

Als Trennschichten sind u. a. geeignet:

- Lochglasvlies-Bitumenbahnen,
- Bitumen-Dachdichtungsbahnen,
- Rohglasvliese,
- Kunststoffvliese,
- Schaumstoffmatten.

Gemäß der Fachregel für Abdichtungen kann die Trenn- und Ausgleichschicht auch durch eine lose Verlegung oder teilflächige Verklebung der nachfolgenden Lagen hergestellt werden.

Luftdichtheitsschicht

Luftdichtheitsschicht

Auch wenn leider immer noch das Gegenteil behauptet wird, ist die Luftdichtheitsschicht auf der warmen Seite der Wärmedämmung eine der elementarsten Funktionsschichten innerhalb eines Dachaufbaus.

Es ist nicht nur erforderlich, die Verschwendung von Primärenergie zu vermeiden, was ja die Folge von unkontrollierten Wärmeverlusten wäre, sondern es ist von sehr großer Bedeutung, schädlichen Tauwasserausfall in der Konstruktion zu verhindern.

Schäden, die durch Konvektion innerhalb einer Konstruktion entstehen, stellen sich erheblich schneller ein und umfangreicher dar, als es bei der Diffusion der Fall ist.

Konvektion

Der Unterschied zwischen Konvektion und Diffusion ist folgender:

Bei der Konvektion, die in einer Dachkonstruktion zu einem Schaden führt, entsteht, vereinfacht gesagt, ein Luftstrom von der warmen Raumluft im Gebäude in Richtung zur kalten Luft außerhalb der Gebäudehülle. Würde dieser Luftstrom aus sehr trockener Luft bestehen, läge hier lediglich ein unkontrollierter Wärmeverlust vor, der aber noch nicht zu einem Schaden führen würde. Bei der Konvektion können aber auch Festkörper mitgenommen werden. Diese Festkörper sind kleine Wassertropfen (auch in einem gasförmigen Zustand). Mit abnehmender Temperatur innerhalb der Konstruktion kann die sich abkühlende Luft die in ihr enthaltene Feuchtigkeit nicht mehr halten und Tauwasser fällt aus.

Diffusion

Diffusion bedeutet für den Flachdachaufbau, dass sich zwei unterschiedliche Konzentrationen von Luftfeuchtigkeit in Verbindung mit unterschiedlichen Temperaturen, die durch eine Schicht getrennt sind, ausgleichen bzw. vermischen, bis ein Gleichstand erreicht ist. Dieser Ausgleich findet auch bei porösen Werkstoffen statt, die die Konzentrationen trennen. Um nun zu verhindern, dass sich schädliche Mengen von Feuchtigkeit von der warmen Seite durch die Unterkonstruktion in die kalte Seite ausgleichen, also diffundieren, wird eine Dampfsperre eingesetzt. Sinnvollerweise übernimmt diese Dampfsperre gleichzeitig die Aufgabe der Luftdichtheitsschicht.

Durch einen 1 mm breiten und 1 m langen Riss einer Dampfsperre mit einem sd-Wert von 100 m kann bis zu 10.000-mal mehr Feuchtigkeit transportiert werden (Konvektion), als durch eine Fläche von 1 m^2 der gleichen Bahn diffundieren könnte (vereinfachte Darstellung).

Dampfsperre

Dampfsperre

Die Dampfsperre soll, wie bereits oben beschrieben, verhindern, dass durch Diffusion schädliche Mengen Feuchtigkeit in die Dachkonstruktion gelangen und als Tauwasser ausfallen (siehe Seite 28).

Tauwasser

Ab wann sind Tauwassermengen schädlich?

Grundsätzlich muss gesagt werden, dass die ausfallende Menge niemals größer sein darf als die, die wieder austrocknen kann.

Wenn Tauwasser ausfällt und rechnerisch wieder austrocknen könnte, gleichzeitig aber eine Menge von 1 kg pro m^2 bei kapillar aufnahmefähigen mineralischen Untergründen (Beton oder Mauerwerk) überschritten wird, dann ist die ausfallende Menge zu groß und wirkt nachhaltig schädigend.

Entsteht Tauwasser an Grenzflächen bei Schichten, die keine oder sehr wenig kapillare Aufnahmefähigkeit besitzen, wie es etwa bei Mineralwolle und PE-Folien der Fall ist, dann muss die Menge auf 0,5 kg/m^2 begrenzt werden.

Bei Holzbauteilen gibt es im Sinne der DIN 68800-2 eine Sonderregelung. Hier darf die ausfallende Tauwassermenge bei Grenzflächen zwischen Schichten mit geringer oder keiner kapillarer Aufnahmefähigkeit maximal 1 kg/m^2 betragen. Voraussetzung ist es aber, dass die wieder abtrocknende Menge 5-mal größer ist als die, die ausfallen kann.

Weiter muss bei Holz und Holzwerkstoffen beachtet werden, dass der massebezogene Feuchtegehalt bei Holz um maximal 5 % und bei Holzwerkstoffen um maximal 3 % ansteigen darf.

Es gibt Fälle, bei denen nach den Berechnungen im Glaserverfahren in zwei oder mehr Schichten Tauwasser ausfällt. Hierbei werden die ausfallenden Mengen addiert, d. h., die maximal zulässige Menge ist die Summe der Einzelmengen.

Gemäß der DIN 4108-3 (Wärmeschutz im Hochbau) wird eine Schicht als diffusionshemmend (dampfbremsend) bezeichnet, wenn deren sd-Wert (Wasserdampfdiffusionswiderstand = Dicke des Materials $\times$ μ) $> 0{,}5$ m beträgt. Üblicherweise werden Dampfsperren mit einem sd-Wert von $\geq 2{,}5$ m verbaut. Als „dampfdicht“ gelten Schichten mit einem sd-Wert ab 1.500 m.

Als Dampfsperren sind nach der Fachregel geeignet:

- Bitumen-Dampfsperrbahnen mit Metallbandeinlage,
- Bitumen-Dachbahnen,
- Bitumen-Dachdichtungsbahnen,
- Bitumen-Schweißbahnen,

- Kunststoff-Dampfsperrbahnen,
- Kunststoffbahnen,
- Elastomerbahnen,
- Verbundfolien.

Sogenannte Dampfbremspapiere, wie sie bei ökologischen Bauweisen im Bereich der geneigten Dächer häufiger Anwendung finden, sind demnach für den Bereich für Dächer mit Abdichtungen nicht als geeignet einzustufen.

Wärmedämmung

Wärmedämmung

Luft ist ein bekanntermaßen schlechter Wärmeleiter. Das Funktionsprinzip einer Wärmedämmung kann vereinfacht so beschrieben werden: Ab einer Luftschichtdicke von ca. 6 mm entsteht eine Eigenkonvektion in der Luftschicht. Der Wärmedurchlasswiderstand von 0,11 ($m^2 \cdot K/W$) verschlechtert sich dabei. Bereits ab einer Schichtdicke von 15 mm wird nur noch ein Wert von 0,16 ($m^2 \cdot K/W$) erreicht. Die Werte beziehen sich auf eine Luftschicht, nicht belüftet und mit einem Wärmestrom nach oben, bei einer maximalen Neigung von 60°, wie es bei flachen Dächern oder flach geneigten Dächern der Fall ist.

Ziel muss es also sein, die Eigenkonvektion der Luft zu stoppen. Dabei wird die Luft sozusagen in kleinen Kammern „gefangen". Je nach erforderlichem Einsatzzweck des Wärmedämmstoffes kann das auf unterschiedliche Weise geschehen.

Polystyrol besteht aus einem perlenförmigen glasähnlichen Granulat (polymerisiertes Styrol, dessen Grundlage Erdöl ist), das mittels Wasserdampf in mehreren Schritten aufgeschäumt wird. Es entstehen kleine Kammern, in denen die Luft eingeschlossen und daran gehindert wird, die Wärme von der warmen Seite an die kalte abzugeben.

Bei Mineralfasern oder -wollen verhindert die Struktur des Materials die Wärmeübertragung, weil auch hier die Luft daran gehindert wird, zu strömen.

Als Wärmedämmstoffe werden Werkstoffe eingesetzt, deren Wärmeleitfähigkeit einen Wert von 0,05 $W/m \cdot K$ nicht überschreiten sollte, da ansonsten enorme Schichtdicken bei den Bauteilen erreicht würden.

U-Wert

Der U-Wert einer Wärmedämmung (nicht der eines vollständigen Dachaufbaus) errechnet sich wie folgt:

Dicke der Wärmedämmung, gemessen in Meter (m), dividiert durch die Wärmeleitgruppe ($W/m \cdot K$) = Wärmedurchlasswiderstand ($R = m^2 \cdot K/W$);

1 : Wärmedurchlasswiderstand ($R = m^2 \cdot K/W$) = U-Wert ($W/m^2 \cdot K$).

Der U-Wert eines Bauteils errechnet sich aus der Summe der Übergangswiderstände und der Wärmedurchlasswiderstände der Bauteilschichten als R_{ges}; $1/R_{ges} = U$ ($W/m^2 \cdot K$).

Hinweis

Beachte: Gemäß der Energieeinsparverordnung 2009 (EnEV) ist der U-Wert bei Flachdächern in der Sanierung auf 0,20 $W/m^2 \cdot K$ begrenzt.

Als Wärmedämmstoffe sind nach der Fachregel geeignet:

- Polystyrol-Partikelschaum EPS,
- Polystyrol-Extruderschaum XPS,
- Polyurethan-Hartschaum PUR/PIR,
- Phenolharz-Hartschaum PF,
- Mineralwoll-Dämmstoff MW,
- Schaumglas CG,
- Platten aus expandiertem Perlite EPB,
- Holzfaserdämmstoffe WW,
- Schüttungen aus expandierten bituminierten Mineralien.

Für den Einsatzzweck von Wärmedämmstoffen oberhalb der tragenden Unterkonstruktion werden Wärmedämmstoffe der Anwendungstypen (nach DIN 4108-10)

DAA = Außendämmungen von Dach und/oder Decken unter Abdichtungen,
DUK = Außendämmungen oberhalb der Abdichtungen (Umkehrdächer)

verwendet.

Diese Angaben müssen in Kombination mit der Druckbelastbarkeit nach DIN 4108-10 betrachtet werden. Je nach Einsatzzweck müssen die Wärmedämmstoffe mit einer Bezeichnung

- dh (für hohe Belastbarkeit),
- ds (sehr hohe Belastbarkeit),
- dx (extrem hohe Belastbarkeit)

gekennzeichnet sein.

(Siehe auch Tabelle 10 der Fachregel für Dächer mit Abdichtungen.)

Selbstverständlich darf ein Material, das für eine höhere Belastung ausgelegt ist, auch bei einer Konstruktion mit geringerer Belastung verbaut werden.

Belüfteter Dachraum

Belüfteter Dachraum

Diese Konstruktionsart ist wohl in erster Linie in der Sanierung anzutreffen. Üblicherweise ist eine untere Schale, auf der die Wärmedämmung angeordnet ist, und eine obere Schale als Tragschale/Unterlage für die Abdichtung angeordnet. Zwischen der Oberkante der Wärmedämmung und der Unterkante der Tragkonstruktion der Abdichtung verbleibt ein Luftraum. Durch ausreichend dimensionierte Öffnungen in den Dachrandbereichen soll erreicht werden, dass evtl. eindiffundierte feuchtwarme Luft mittels Winddruck sicher aus der Konstruktion geleitet wird.

Viele dieser Konstruktionen haben sich im Laufe der Zeit als schadenanfällig herausgestellt. Der Grund liegt überwiegend darin, dass kein ausreichender Druck vorhanden ist, der die Luft im Zwischenraum austauschen könnte. Eine Ursache dafür ist der Abbau des Winddrucks durch Bewuchs auf dem Grundstück oder eine nachträgliche Nachbarbebauung. Als Folge verbleibt Feuchtigkeit in der Konstruktion und kann, wenn mehr ausfällt als verdunsten kann, summiert zu erheblichen Schäden an der zumeist aus Holz bestehenden Unterkonstruktion führen.

Weiterhin können Durchdringungen, wie etwa ein Schacht einer Lichtkuppel oder Kamine, den Luftstrom erheblich vermindern.

Aber es gibt noch größere Gefahren. Wird oder ist eine Schicht auf der warmen Seite der Wärmedämmung nicht luftdicht ausgeführt, sind erhebliche Schäden zu erwarten. Wenn z. B. auf der Luvseite (windzugewandte Seite) ein Druck von 50 Pascal (ca. 6 Bft Windstärke – entspricht dem Druck, der bei Blower-Door-Tests angewendet wird) herrscht, entsteht auf der Leeseite (windabgewandte Seite) ein Unterdruck. Kommt nun durch verengte Öffnungen oder durch behindernde Gegenstände oder Bauteile innerhalb der Konstruktion kein ausreichender Druck auf der Leeseite an, versucht die Natur, den Druck auszugleichen. Die „fehlende Luft" wird aus dem Gebäudeinneren gesogen. Dabei gelangt weit mehr Feuchtigkeit in die Konstruktion, als es ohnehin durch Konvektion geschehen wäre.

Nachteile haben belüftete Konstruktionen auch deshalb, weil sie energetisch aufwendiger zu sanieren sind. In den überwiegenden Fällen ist es nicht ausreichend, die seitlichen Lüftungsöffnungen zu verschließen und den ursprünglichen Luftraum mit Dämmmaterial aufzufüllen.

Dampfdruckausgleichsschicht/Trennlage

Dampfdruckausgleichsschicht

Dampfdruckausgleichsschichten können dann erforderlich werden, wenn die Gefahr besteht, dass Feuchtigkeit in einem Schichtenbereich unterhalb der Dachabdichtung eingebaut wurde oder durch Diffusion in den Aufbau gelangen kann. Die Dampfdruckausgleichsschicht wird als zusammenhängende Luftschicht erstellt. Das kann durch punktweises Aufschweißen oder Kleben einer nachfolgenden Schicht, z. B. bei Sanierungen, geschehen. Einige Bitumenbahnen-Hersteller bieten gelochte Bahnen an, die lose verlegt werden. Durch das Aufschweißen oder Aufkleben der nachfolgenden Schicht wird nur der Teil mit dem Untergrund verschweißt/verklebt, der im Bereich eines Lochs ist. Die Größe und Anordnung der Löcher ergibt, dass die statischen Anforderungen gegen Abheben der Abdichtung im Sinne der DIN 1055-4 im Flächenbereich, auf Nachweis auch im Rand- und Eckbereich, erfüllt werden.

Wärmedämmstoffe, die an der Oberseite Kanäle aufweisen, sind jedoch nicht in einem nicht belüfteten und gedämmten Dachaufbau zulässig.

Trennlage

Eine Trennlage kann u. U. auch die Funktion einer Dampfdruckausgleichsschicht übernehmen. Allerdings wird die Trennlage regelmäßig dann notwendig, wenn Materialunverträglichkeiten zwischen dem Wärmedämmstoff und der Abdichtung oder zwischen einer vorhandenen und einer neuen Abdichtung vorliegen.

Bei Neuerstellungen und Sanierungen, bei denen die Wärmedämmung aus Polystyrolen EPS besteht und die Abdichtung aus PVC-P-weich-Bahnen erstellt werden soll, ist eine Trennschicht unbedingt erforderlich.

Ohne eine trennende Vlieseinlage würden die Treibgase des Dämmstoffes eine Weichmacherwanderung des PVC anregen. Die Folge ist eine sehr rasche Versprödung der PVC-P-Bahn.

Einer der häufigsten Anwendungsbereiche, der allerdings ebenso häufig „vergessen" wird, ist die erforderliche Trennschicht bei Abdichtungen, die auf einer Wärmedämmung, bestehend aus Polystyrol-Extruderschaum (XPS), verlegt werden sollen. Diese Platten unterliegen einer sehr großen thermischen Längenänderung. Bei Abdichtungen, bei denen die Möglichkeit der Verklebung mit dem Untergrund besteht, ist eine dauerhafte Trennung zwischen den XPS-Platten und der Abdichtung zwingend erforderlich.

Dachabdichtung

Dachabdichtung

Im Gegensatz zu einer Dachdeckung, die regensicher ist, muss eine Dachabdichtung wasserdicht sein. Das bedeutet, dass Überdeckungen oder Überlappungen, also Nähte und Stöße, der einzelnen Bahnen ebenfalls wasserdicht ausgeführt werden müssen. Das wird durch Verkleben mit entsprechenden Klebstoffen, Verschweißen mit Heißluft oder Quellschweißmitteln, Nahtdichtbändern, Vulkanisation (Hot Bonding), offener Flamme oder Verkleben mit Bitumen erreicht. In einigen Fällen können auch Schweißnähte bei Edelstahlabdichtungen zur Anwendung kommen.

Eine Dachabdichtung besteht aus einer Lage, z. B. Kunststoffbahnen, oder mehreren dann vollflächig untereinander verklebten Abdichtungslagen.

Darüber hinaus muss die Schicht bis zu der Oberkante der An- und Abschlüsse – auch bei Durchdringungen – wasserdicht ausgeführt sein. Der obere Abschluss von Anschlüssen braucht hingegen nur regensicher ausgebildet zu werden.

Beispiel

Die Dachfläche einer Garage (Dachneigung 2°), die direkt an ein Wohnhaus anschließt und auf der eine extensive Dachbegrünung vorgesehen ist, muss in der Dachfläche wasserdicht ausgeführt werden. Der Anschluss an das Gebäude muss eine Mindesthöhe von 150 mm über Oberkante des späteren Belags haben und bis zu dieser Höhe ebenfalls wasserdicht ausgeführt werden.

Der Anschluss soll an seiner Oberkante mechanisch gegen Abrutschen gesichert werden. Vielfach wird hier ein Aluminium-Press-Profil mit eingelegter Kittschnur eingesetzt. Zusätzlich wird eine Versiegelungsmasse angeordnet. Der Übergang des Aluminium-Press-Profils an das aufgehende Bauwerk ist lediglich als regensicher zu bezeichnen.

Ausführungsart

Grundsätzlich werden fünf Arten der Ausführung von Dachabdichtungen unterschieden:

- mit Bitumenbahnen und Polymerbitumenbahnen (mehrlagig),
- mit Polymerbitumenbahnen (einlagig und/oder mehrlagig),
- Kunststoffbahnen (einlagig),
- Elastomerbahnen (einlagig),
- Flüssigabdichtungen (einlagig),

oft auch pauschaliert als bituminöse Abdichtung, Kunststoff-Abdichtung oder Abdichtung mit Flüssigkunststoffen bezeichnet.

Da es eine große Vielfalt und Anzahl möglicher Materialien und deren Kombinationen gibt, wird dieses Thema in einem separaten Abschnitt behandelt (siehe u. a. Seite 86 oder Abschnitt 2.4.5 der Fachregel Abdichtungen).

Wurzelschutz/Schutzlage/Schutzschicht

Je nach Nutzung der Dachfläche muss ein Wurzelschutz, eine Schutzlage oder eine Schutzschicht vorgesehen werden.

Wurzelschutz

Ein Wurzelschutz ist bei einer extensiven oder intensiven Dachbegrünung erforderlich. Dieser muss den Anforderungen der Forschungsgesellschaft Landschaftsentwicklung und Landschaftsbau e. V. (FLL) genügen.

Es gibt Bitumenbahnen, z. B. Bahnen mit einer Trägereinlage aus Kupferbändern oder Metallverbundeinlagen, die diese Anforderungen erfüllen. Diese dürfen ausschließlich bei begrünten Dachflächen eingesetzt werden.

Der überwiegende Teil der Kunststoffbahnen und Flüssigkunststoffe erfüllt die Anforderungen ohnehin.

Schutzlage

Die Schutzlage wird oberhalb der Abdichtung angeordnet. Sie ist flächig und soll die Abdichtung ausschließlich vor mechanischer Beschädigung schützen. Eine Schutzlage zählt nicht als Abdichtungslage.

Eine Schutzlage besteht z. B. aus einer Gummigranulatmatte.

Schutzschicht

Auch die Schutzschicht wird oberhalb der Abdichtung angeordnet. Im Unterschied zur Schutzlage übernimmt die Schutzschicht nicht ausschließlich den dauernden Schutz gegen mechanische Beschädigungen, sondern zusätzlich auch noch den dauerhaften Schutz gegen thermische Beanspruchungen. Eine Schutzschicht kann z. B. eine Kiesschüttung oder Beplattung sein oder ein heller Anstrich gegen thermische Beanspruchung.

Oberflächenschutz/Auflast/Dachbegrünung/Nutzschicht

Oberflächenschutz

Die Fachregel unterscheidet bei dem Oberflächenschutz zwischen einem Oberflächenschutz mit leichter Schutzwirkung und einem schweren Oberflächenschutz.

Bei Oberlagen bestehend aus Elastomerbitumenbahnen (PYE) ist eine Bestreuung der Oberseite mit Splitt, Granulat oder einer anderen geeigneten Beschichtung unbedingt erforderlich. Bei Plastomerbitumenbahnen kann ein solcher Oberflächenschutz angeordnet werden.

Bei streich-, roll- oder spritzbaren Stoffen, die als Oberflächenschutz eingesetzt werden, muss die Materialverträglichkeit mit der zu beschichtenden Fläche gewährleistet sein.

Der Oberflächenschutz mit hoher Schutzwirkung kann durch eine Kiesschüttung erreicht werden. Dachflächen mit einer Kiesschüttung werden im Sinne der Brandschutzvorschriften auch als harte Bedachungen beschrieben. Das gilt auch für Plattenbeläge. Formsteine, Rasengittersteine, die extensive Dachbegrünung und das Umkehrdach werden ebenso als Oberflächenschutz mit hoher Schutzwirkung eingestuft.

Auflast

Mit Ausnahme der XPS-Platten des Umkehrdaches können alle vorgenannten Stoffe auch als Auflast genutzt werden. Bei extensiven Dachbegrünungen ist ein statischer Nachweis dann zu erbringen, wenn eine Auflast gemäß DIN 1055-4 gefordert ist.

3.5 Gestaltungs- und Planungshinweise

In der Neufassung der Flachdachrichtlinie findet sich ein neuer Absatz, der schnell überlesen werden kann, aber für die Ausführenden eine wichtige Unterstützung darstellt.

Witterungsverhältnis

1.4 Gestaltungs- und Planungshinweise

(1) Dachabdichtungen dürfen bei Witterungsverhältnissen, die sich nachteilig auf die zu erbringende Leistung auswirken können, nur ausgeführt werden, wenn durch besondere Maßnahmen nachteilige Auswirkungen verhindert werden. Solche Witterungsverhältnisse sind z. B. Temperaturen unter +5 °C, Nässe, Schnee und Eis oder starker Wind. Diese Maßnahmen sind unter Berücksichtigung der Gegebenheiten zum Ausführungszeitpunkt in Abhängigkeit der zu verwendenden Materialien zu planen und als besondere Leistung vorzusehen.

Die Fachregel für Dächer mit Abdichtungen übernimmt nahezu wortwörtlich den Text der DIN 18338 aus der VOB-C.

Die DIN erläutert lediglich die ungünstigen Witterungsverhältnisse, die nachteilige Auswirkungen auf die Abdichtung haben können.

Die Flachdachrichtlinie geht einen erheblichen Schritt weiter. Sie fordert nunmehr, dass schon während der Planungsphase die zukünftigen zu erwartenden Witterungsverhältnisse geplant und berücksichtigt werden müssen.

Der Planer (das kann auch der später Ausführende sein) muss also in Zukunft die zu erwartenden Witterungsverhältnisse in der Planungsphase berücksichtigen. Er muss folglich wissen, dass es in einer Frostperiode technisch wenig sinnvoll ist, z. B. eine Dachbahn mit ausschließlicher Metallbandeinlage als Dampfsperre im Klebverfahren aufbringen zu lassen. Es muss ihm bewusst sein, dass u. U. teurere Produkte in einer aufwendigeren Verlegung verwendet werden müssen. Alternativ sind besondere Maßnahmen zu ergreifen.

Der Hinweis „und als besondere Leistung vorzusehen“ ist dabei von entscheidender Bedeutung.

VOB

Waren die Auftragnehmer auch und gerade bei nicht öffentlichen Auftraggebern bislang daran interessiert, dass die VOB in den Teilen B (DIN 1961 Allgemeine Vertragsbedingungen) und C (Allgemeine technische Vertragsbedingungen für Bauleistungen) wirksam vereinbart wurde, so wird sich das zukünftig immer schwieriger darstellen. Der Gesetzgeber und die gängige Rechtsprechung betrachten die VOB bei nicht öffentlichen Auftraggebern als nicht mehr vereinbarungsfähig (siehe BGH-Urteil vom 24.07.2008 – VII ZR 55/07). Vereinfacht dargestellt hat der BGH festgestellt, dass die VOB ohne Beteiligung von Verbrauchervertretern aus privater Ebene, aber mit Beteiligung aller anderen interessierten Parteien erstellt wurde. Somit, so der BGH, wäre der private Verbraucher einseitig benachteiligt. Es gibt insgesamt

Bestrebungen, die VOB gänzlich aufzuheben und dem BGB (Bürgerliches Gesetzbuch) zuzugliedern.

Zudem ergab sich sehr häufig das Problem, dass die VOB zwar vermeintlich vereinbart wurde, die Rechtswirksamkeit jedoch durch unzulässige Veränderungen in wesentlichen Teilen aufgehoben wurde. Damit war die Vereinbarung der VOB unwirksam.

Einer der häufigsten Fehler waren Änderungen wie diese:

„Gewährleistung gemäß VOB, jedoch verlängert nach BGB auf fünf Jahre."

Die Gewährleistungsfrist ist ein wesentlicher Bestandteil der VOB. Eine Änderung der Frist unter dem Hinweis auf das BGB führte dazu, dass die Vereinbarung der VOB im Ganzen regelmäßig unwirksam war und das BGB Gültigkeit erlangte. Da die DIN 18338 zwar Bestandteil der VOB-C ist, aber als Ausführungsgrundlage explizit vereinbart werden muss, konnten die Ausführungen unter **Punkt 4 „Nebenleistungen, Besondere Leistungen"** keine Berücksichtigung finden.

Besondere Leistung

Das hatte natürlich auch Konsequenzen für eine Ausführung von Leistungen in einer Jahreszeit, die von schlechtem Wetter geprägt ist. Wurde es nämlich während der Bauarbeiten erforderlich, besondere Maßnahmen gegen eine nachteilige Auswirkung zu ergreifen, konnten diese Maßnahmen nach den Fachregeln nicht als besondere Maßnahmen eingestuft werden. Die Anerkennung und Entgeltung dieser besonderen Maßnahmen wurde sehr häufig streitig gestellt.

Die Fachregel hebt nunmehr die besonderen Leistungen durch ihre Erwähnung in den Status der anerkannten Regeln der Technik. Mithin kann festgestellt werden, dass auch ohne die VOB zukünftig besondere Maßnahmen entgeltet werden müssen, wenn im Vorfeld vertragliche Vereinbarungen getroffen wurden. Der Dachbauhandwerker sollte vor der Ausführung der besonderen Leistungen immer die Notwendigkeit der Maßnahme anzeigen und die Ausführung schriftlich bestätigen lassen.

Ist der Planer auch der Ausführende, stellt sich die Frage, ob er bei bekanntem Ausführungszeitraum der Leistungen dann einen Anspruch auf Entgeltung der besonderen Maßnahmen hat, wenn er es versäumt hat, eine u. U. höherwertige Ausführung zu planen und zu berücksichtigen, diese während der Ausführung jedoch notwendig wird. Die VOB schreibt zwar im Teil B, hier im § 2 Satz 8(2), dass Leistungen dann auch ohne Nachtrag erbracht werden können, wenn diese notwendig sind, um die Leistung insgesamt mangelfrei zu erstellen und die Leistung im mutmaßlichen Willen des Bauherrn liegt. Allerdings stellt das keinen Freibrief für den Handwerker aus. Im oben beschriebenen Fall wird der Handwerker wohl keinen Anspruch auf eine Entgeltung haben. Der Auftraggeber wird ihm das Versäumnis als Eigenverschulden auslegen. Dem Dachbauhandwerker kann nur dringend empfohlen werden, in seinen Angeboten die besonderen Maßnahmen oder aufwendigeren Leistungen zu berücksichtigen und/oder kenntlich zu machen. Auch sollte der Dachbauhandwerker dem Auftraggeber immer ein entsprechendes Nachtragsangebot unterbreiten und bestätigen lassen, unabhängig davon, durch welche Ursache oder durch wessen Schuld eine

Bauverzögerung eintritt. Versäumt er dieses, kann und wird die Entgeltung der Leistungen verwehrt werden.

Dachaufbau

(2) Die Voraussetzungen für eine fachgerechte Anordnung und Ausführung des Dachaufbaus sind bereits bei der Planung der Dachkonstruktion zu schaffen. Die Schichtenfolge eines Dachaufbaus, die Art der Abdichtung und ihre Bemessung sind von der Art der Tragkonstruktion, von der Beanspruchung und der Nutzung des Bauwerks sowie von der jeweiligen Unterlage abhängig. Die Wechselwirkung zwischen Dachabdichtung und den darunterliegenden Schichten sowie die Beanspruchung der Dachabdichtung (siehe Abschnitt 2.1) ist zu berücksichtigen.

Dieser Absatz war schon in der Vorgängerfassung der Fachregel vorhanden. Allerdings wurde in den neuen Absatz 2 der alte Absatz 3 integriert. Neu ist der Hinweis auf den Abschnitt 2.1. Trotzdem wird sehr deutlich hervorgehoben, dass fast **alle Details** der Ausführung vor Beginn der Leistungserbringung geplant werden müssen. Dazu gehören selbstverständlich auch die Festlegung von Anschluss- und Abschlusshöhen, die Anzahl und Anordnung von Dachabläufen, die Art und Anzahl von Durchdringungen, die Art und Anzahl von Befestigungen, evtl. erforderliche Trennlagen oder Auflasten, Sicherungsmaßnahmen etc.

Nachfolgend werden zwei negative Beispiele einer fehlerhaften Schichtenfolge dargestellt.

Beispiele

1 Bei der Abdichtung eines Kühlhauses wurde folgende Schichtenfolge gewählt (von unten nach oben):

- Tragkonstruktion aus Holz und Holzwerkstoffen,
- Trennschicht aus einem Glasvlies,
- Dampfsperre, bestehend aus einer PE-Folie, sd-Wert < 50 m, Nähte und Stöße unverklebt,
- Wärmedämmung, 120 mm Mineralwolle WLG 040 W/m · K,
- PVC-P-weich-Bahn, D = 1,5 mm, sd-Wert 30 m, mechanisch mit ausschließlich metallischen Befestigungsmitteln befestigt.

2 Bei der Abdichtung einer Sauna einschließlich der Duschräume wurde folgende Schichtenfolge gewählt (von unten nach oben):

- innere Bekleidung mit Nut- und Federbrettern,
- Dampfsperre, als feuchteadaptive Dampfsperre, sd-Wert von 2,5 – 10 m,
- Zwischensparrendämmung aus Mineralwolle, D = 160 mm, WLG 040 W/m · K,
- Schalung aus Holz oder Holzwerkstoffen,
- Trennschicht aus Polyesterfaservlies,
- Abdichtung aus zwei Lagen Polymerbitumen-Schweißbahnen.

Was sind die größten Fehler bei den oben beschriebenen Planungen?

Im ersten Beispiel ist eine Tragkonstruktion aus Holz und Holzwerkstoffen geplant. Darüber ist regelkonform eine Trennlage angeordnet. Bauphysikalisch vollkommen fehlerhaft ist die Anordnung einer Dampfsperre, die zudem einen Sperrwert von < 50 m hat und deren Nähte und Stöße unverklebt bleiben. Die nachfolgende Wärmedämmung ist aufgrund ihrer Dicke in Verbindung mit der Wärmeleitgruppe nicht ausreichend. Die Abdichtung aus einer PVC-P-weich-Bahn mit einem so geringen sd-Wert ist bauphysikalisch ungeeignet.

Es wird sich folgendes Schadensbild einstellen:

Das Kühlhaus ist im Inneren ständig kühler als die Außenluft, die es umgibt. Der Wärmestrom und die Diffusionsbestrebungen werden ausschließlich von außen nach innen erfolgen. Die Abdichtung bietet keinen ausreichenden sd-Wert, der verhindert, dass Wasserdampf in schädlichen Mengen durch sie diffundiert und in dem Schichtenaufbau als Tauwasser ausfällt. Dieses geschieht insbesondere an den metallischen Befestigungsmitteln, was dazu führt, dass die Holzkonstruktion Schaden nimmt. Durch die nicht verklebten Nähte und Stöße der Dampfsperre wird, so es nicht bereits gefroren ist, das Tauwasser an die Holzkonstruktion gelangen und diese schädigen.

Hier hätte die Abdichtung auf der Außenseite der Dachkonstruktion zugleich die Dampfsperre sein müssen.

Im zweiten Beispiel ist hingegen der Wärmestrom von dem Innenraum zur Außenseite vorhanden.

Selbst in den warmen Sommermonaten muss davon ausgegangen werden, dass das Dampfdruckgefälle ebenfalls von innen nach außen abnimmt.

Wasserdampf in der hier vorliegenden Menge (Innentemperaturen > 25–30 °C, relative Luftfeuchtigkeit nicht selten über 75 %) kann von den modernen feuchteadaptiven Dampfsperren nicht ausreichend aus der nachfolgenden Konstruktion abgehalten werden. Die außen angeordnete Abdichtung aus Polymerbitumen-Schweißbahnen hat einen erheblich höheren sd-Wert als die Dampfsperre. Hier wird Tauwasser innerhalb der Konstruktion ausfallen. Da das Dampfdruckgefälle sich auch im Sommer nicht oder nur an sehr wenigen Tagen ändern wird, ist eine Rücktrocknung ausgefallenen Tauwassers nicht oder nur sehr eingeschränkt möglich.

Die Beispiele sind sehr extrem. Sie zeigen aber, dass bei der Planung und der Ausführung trotz des Einsatzes regelkonformer Materialien erhebliche Schäden auftreten können.

Nutzung

Im Fall der Nutzung des Gebäudes ist aber nicht nur die Nutzung des Gebäudeinneren gemeint. Die Fachregel beschreibt hier auch eine mögliche Beanspruchung und Nutzung der abzudichtenden Dachfläche, etwa als extensiv begrünte Dachfläche, Dachterrasse oder als einfach oder schwer zugängliche Dachfläche.

Anwendungskategorie

Aus Beanspruchung und Nutzung der abzudichtenden Dachfläche ergeben sich die verschiedenen Anwendungskategorien.

(3) Bei nicht genutzten Dächern kann eine Standardausführung nach der Anwendungskategorie K1 oder eine höherwertige Ausführung K2 gewählt werden. Diese Anwendungskategorien sind vom Bauherrn/Planer festzulegen. Die entsprechenden Anforderungen für den Dachaufbau und die Details sind zu beachten.

Dass eine höherwertige Ausführung gewählt werden kann, ist eigentlich selbstverständlich. Es muss allerdings den Beteiligten klar sein, dass eine qualitativ höherwertige Ausführung immer explizit vereinbart werden muss. Ist keine Vereinbarung getroffen worden, hat der Besteller lediglich den Anspruch auf eine Ausführung mittlerer Qualität und Güte.

Eine pikante Forderung ist die, nach der die Bauherren die Anforderungskategorien festlegen müssen.

Dies ist der Fall, weil einerseits dem Bauherrn wie im Fall der VOB „unterstellt" wird, dass er als Baulaie nicht Details aus dem Vertragsrecht und den gültigen Bauvorschriften kennen kann und muss, andererseits, weil ihm in wesentlichen Punkten Aufgaben überlassen werden, denen er aus rein technischer Sicht nicht gewachsen ist.

Die Festlegung der Anwendungskategorie durch den Bauherrn setzt voraus, dass der Bauherr sich auch über die Konsequenzen seines Handelns im Klaren ist. Was passiert aber, wenn der private Auftraggeber z. B. im Fall einer Sanierung eine falsche, zu niedrige Kategorie annimmt und weitergibt?

Wenn der Auftragnehmer nicht gewusst haben kann, welche Nutzung des Bauwerks nach der Sanierung vorliegt, könnte man annehmen, dass er keine Repressalien zu befürchten hat. Was ist aber, wenn er es gewusst hat oder zumindest hätte vermuten können? Hätte er Bedenken gegen die Ausführung anmelden müssen? Wer ist in diesem Fall nachweispflichtig?

Tipp

Im Vorfeld sollte immer eine Einigung über die möglichen Ausführungsvarianten erzielt werden. Dabei sollte der Auftragnehmer von sich aus aktiv den Auftraggeber informieren. Bei Bedenken muss er diese schriftlich und formgerecht anmelden. Die Nachweispflicht liegt zwar zunächst bei demjenigen, der Ansprüche stellt. Allerdings zeigt die Erfahrung, dass gerade den privaten Auftraggebern bei gerichtlichen Auseinandersetzungen eher eine Unwissenheit oder Unbedarftheit angerechnet wird.

Besonderes im Fall einer Sanierung von Dachflächen muss der Planer/Bauherr und/oder der später Ausführende sich der Kombination von Konstruktion und Nutzung des Gebäudes oder der Dachfläche bewusst werden, da hier sehr viele Einschränkungen aus baulichen Gegebenheiten vorliegen. Insbesondere bei einer geänderten Nutzung eines bestehenden Gebäudes, der zukünftigen Nutzung der Dachfläche (z. B. deren Zuwegungsmöglichkeit) und des sich daraus ergebenen Anforderungsprofils ist eine genaue Planung erforderlich.

Tipp

Die Planungen und Vereinbarungen sollten unbedingt schriftlich bestätigt werden.

Der Hinweis, dass ein erforderliches Gefälle und die Dachentwässerung nach den neuen Abschnitten 2.3.1 und 2.3.5 zu planen sind, wurde nicht geändert.

Geändert wurde auch der nachfolgende Absatz 5 nur dahin gehend, dass die Verweise der aktuellen Nummerierung angepasst wurden.

Abdichtungsanschluss

(5) Die Anschlusshöhe der Abdichtung muss im Hinblick auf Spritzwasser und Überflutungsschutz an aufgehenden Bauteilen, Durchdringungen und Dachrandabschlüssen nach Abschnitt 4.3 bis 4.6 geplant werden.

Redaktionell überarbeitet wurde der Absatz 6.

(6) Türen als Zugänge zu Dachflächen und genutzten Flächen müssen im Bereich der Türschwellen und Türpfosten für einen einwandfreien Abdichtungsanschluss geeignet sein.

Anschlüsse an Türen und Tür-/Fensterelementen stellen in den überwiegenden Fällen den Ausführenden vor große Probleme. Neben den erforderlichen Anschlusshöhen und den Möglichkeiten, wie diese Probleme gelöst werden können (siehe Abschnitt „4.4 Anschlüsse an Türen“), stellt sich zunächst die Frage, auf was sich die Forderung nach der Eignung für einen einwandfreien Abdichtungsanschluss bezieht.

Hier ist gemeint, dass schon in der Planungsphase z. B. Materialverträglichenkeiten oder -unverträglichkeiten zwischen dem Türelement und der Dachabdichtung geprüft werden müssen. Es muss auch berücksichtigt werden, dass zumindest die Möglichkeit einer ausreichenden Verklebung oder mechanischen Fixierung vorliegt. Lediglich 20 mm Kleberand bei einer Abdichtung mit Flüssigkunststoffen an ein Türelement sind zu gering. Entwässerungsöffnungen in den Fensterrahmen, die innerhalb oder sogar unterhalb der Anschlussmöglichkeit liegen, sind fehlerhaft und ungeeignet. Rollladenführungsschienen, die nicht abgenommen werden können, wodurch der Anschluss nicht hinter der Führungsschiene gelegt werden kann, sind ungeeignet. Ausführungen, die knapp unterhalb erstellt werden, reißen regelmäßig ab und führen zu nachhaltigen Schäden sowohl im Gebäudeinneren als auch im Dachaufbau.

Neu im Abschnitt „1.4 Gestaltungs- und Planungshinweise“ ist folgender Absatz:

Durchdringung

(7) Der Abstand von Durchdringungen untereinander (von Flanschaußenkante zu Flanschaußenkante) und zu anderen Bauteilen, z. B. Bewegungsfugen, An- und Abschlüssen, soll mindestens 0,30 m betragen (...).

Der Hinweis ist an sich nicht neu. Erstmals ist er aber in der Form so in den Vordergrund gestellt worden. Und das ist auch erforderlich. Fehlplanungen bei der Anordnung von Durchdringungen führen zu erheblichen Problemen bei einer fachgerechten Abdichtung, auch wenn dem Ausführenden seitens der Industrie immer neue Werkstoffe zur Verfügung gestellt werden.

Abb. 1: Zu viele Durchdringungen auf engem Raum

Allerdings bietet es sich an, bei eng aneinanderliegenden Durchdringungen diese einzuhausen und „geschlossen" über die Dachabdichtung zu führen und fachgerecht anzuschließen (Abb. 1).

Neu ist der Absatz 8. Hier wird zusätzlich zum Absatz 7 „Durchdringungen" im Bereich der Dachdetails auf den erforderlichen Abstand zwischen verschiedenen Aufkantungen hingewiesen. Eine solche Fläche sollte nicht schmaler als 0,30 m sein, da andernfalls eine fachgerechte Abdichtung oder fachgerechte Anschlüsse nicht herzustellen und ggf. zu warten sind.

Beide Punkte sind allerdings nur Empfehlungen, von denen in begründeten Ausnahmefällen abgewichen werden darf.

Mindesthöhenabstand

Bislang gab es keine Forderung nach der Mindesthöhe, auf der Aggregate, Anlagen, wie z. B. Rohre mit einem großen Durchmesser, Kabelschächte etc., oberhalb der Dachabdichtung angeordnet werden. Im Absatz 9 wird dieser Abstand zur unbedingten Forderung. Demnach sind Aggregate und Anlagen *(…) so anzuordnen, dass ein ausreichender Abstand für Ausführung, Wartung und Pflege zwischen Anlage und Abdichtung vorhanden ist. Dabei sollte der Mindesthöhenabstand über Oberflächenbelag 0,50 m betragen.* Aus einer unbedingten Forderung wird im zweiten Satz lediglich eine Empfehlung (der Mindesthöhenabstand), deren Einhaltung unter bestimmten Voraussetzungen nicht erforderlich ist.

Im Grunde kann der Ausführende vom Planer nicht verlangen, dass im Bestand vorhandene Rohrleitungen oder Aggregate rückgebaut und den Forderungen gemäß angepasst werden. Bliebe eine solche Anlage mit einer geringeren Höhe bestehen, dann wäre bei einer unbedingten Forderung von mindestens 0,50 m Höhenabstand eine Abdichtung unterhalb der Anlage bei Unterschreitung dieses Wertes nicht fachgerecht auszuführen. Anders ist das bei der Planung von neuen Gebäuden und deren notwendigen Anlagen bzw. bei der Neuerstellung derartiger Anlagen auf bestehenden Dachflächen.

Die Empfehlung ist in der Art zu sehen, dass bei einer sehr schmalen Überführung von Anlagenteilen etwa 0,30–0,40 cm Abstand zu der Oberkante der Dachabdichtung ausreichend sein können, um eine fachgerechte Dachabdichtung unterhalb ausführen zu können. Je breiter aber eine solche Anlage oder Überführung gestaltet ist, desto größer sollte der Mindesthöhenabstand gewählt werden.

Bewegungsfuge

Völlig überarbeitet wurden die Absätze 7 und 8 der Vorgängerfassung von 2001. Im Absatz 10 der neuen Fachregel werden nunmehr zwei Typen von Bewegungsfugen beschrieben.

(10) Die Anordnung der Bewegungsfugen, die zu erwartenden Größen und die Richtung der Bewegungen sind vom Planer anzugeben. Je nach Art und Größe der Bewegungen ist zwischen Fugen des Typs I und Fugen des Typs II zu unterscheiden (siehe Abschnitt 4.7.1 und 4.7.2). Für Bewegungsfugen, die unmittelbar im Bereich von Wandanschlüssen oder Randaufkantungen angeordnet werden, sind geeignete konstruktive Maßnahmen, z. B. Hilfskonstruktionen, notwendig.

Auf die genauere Definition von Bewegungsfugen des Typs I und des Typs II wird in Abschnitt „3.8.7 Bewegungsfugen" dieses Buches eingegangen (siehe Seite 214). Verkürzt dargestellt werden Fugen wie folgt unterschieden:

- Fugen mit langsamen und einmaligen oder selten wiederholten Bewegungsabläufen (Typ I),
- Fugen mit schnellen und häufig wiederholten Bewegungsabläufen (Typ II).

Entscheidend ist in diesem Absatz die Veränderung zu der alten Fachregel. Dort wurde klar beschrieben, dass Bewegungsfugen nicht unmittelbar in den Bereichen von Wandanschlüssen angeordnet werden sollen. Nur wenn das unvermeidbar war, wurden gemäß der alten Fachregel geeignete konstruktive Maßnahmen notwendig. Von dieser Empfehlung weicht die neue Fachregel deutlich ab. Sie gibt jetzt vor, dass, wenn eine Bewegungsfuge, unabhängig des Typs, im Bereich von Wandanschlüssen oder Randaufkantungen angeordnet wird, eine geeignete konstruktive Maßnahme zu treffen ist. Die Vermeidung einer solchen Bewegungsfuge im An- und Abschlussbereich wird in der alten Form nicht mehr gefordert.

Diese Änderung ist praxisnah, denn vielfach wurden und werden Bewegungsfugen optisch in dem Bereich von Abgrenzungen einzelner Bauteile kaschiert. Eine solche Kaschierung war bislang nur in Ausnahmefällen regelkonform, was wiederum zu teilweise schwierig zu lösenden Ausführungen führte.

Freie Zugänglichkeit

Eine weitere, neu eingebrachte Forderung ist im Absatz 11 beschrieben. Erstmals wird in diesem Punkt als eindeutige Forderung die freie Zugänglichkeit von An- und Abschlüssen zu Wartungszwecken aufgestellt.

Das ist ebenso konsequent wie nachvollziehbar. Die Erfahrung zeigt, dass Anschlüsse an aufgehende Bauteile und/oder Durchdringungen eher problembehaftet sind, als es die Dachfläche selber ist. Die Qualität moderner Abdichtungen kann einer eventuell möglichen kleineren mechanischen Belastung problemlos standhalten.

Allerdings stellt sich die Frage, wie ein Anschlussbereich, der hinter einer Fassadenbekleidung angeordnet ist, zu Wartungszwecken „freigehalten“ werden kann.

Die Frage stellt sich noch deutlicher, wenn in der Fachregel für Abdichtungen genutzter Dächer und Flächen im Abschnitt „3.4 Ausführung der Abdichtung“ unbedingt gefordert wird:

(6) An allen An- und Abschlüssen und Durchdringungen ist die Abdichtung gegen mechanische Beschädigung z. B. mit Abdeck- oder Schutzblechen zu schützen.

Also müssen die Schutzmaßnahmen relativ einfach abnehmbar oder rückzubauen sein. Das wären sie bei Fassaden aber nur dann, wenn es großformatige Bekleidungen sind, die auf einer lattenförmigen Unterkonstruktion befestigt würden. Bei Fassadenbekleidungen, die z. B. auf einer flächigen Unterkonstruktion (Holzschalung) angeordnet sind, etwa eine Bekleidung mit Schiefer, müsste die Fassade oberhalb der Oberkante des Anschlusses am Mauerwerk enden. Der dadurch verbleibende Spalt bis zu der Oberkante des Belages müsste mit einer abnehmbaren Bekleidung geschlossen werden.

Bei Wärmedämmverbundsystemen muss der Anschluss vor dem System hochgezogen werden. Der erforderliche regensichere Übergang wird mittels einer Z-Folie oder eines Z-Profils durch das Dämmsystem von der Wand, dem Mauerwerk, bis zur Vorderkante des Putzes geführt. Dort muss das Profil den oberen Abschluss des Anschlusses ausreichend und regensicher überdecken (siehe auch Abb. 4.2 der Fachregel). Der sichtbare und aus Bitumenbahnen bestehende Bereich des Anschlusses muss anschließend mit dem oben beschriebenen Schutz- oder Abdeckblech versehen werden. Anschlüsse, die ausschließlich aus der Fläche heraus hinter dem Wärmedämmverbundsystem hochgeführt werden, sind nach strenger Lesart der Fachregel nicht zulässig, da sie zwar geschützt sind, aber nicht mehr leicht zugänglich.

Wärmeschutz

Der Absatz 12 beinhaltet den Verweis auf das „Merkblatt Wärmeschutz bei Dach und Wand“. In dem wird beschrieben, wie die Bemessung und Ausführung einschließlich der Anschlussdetails der bauphysikalischen Funktionsschichten, also der Dampfsperre, Luftdichtheitsschicht, Wärmedämmung und ggf. der Belüftung, durch den Planer zu berücksichtigen bzw. zu planen sind. Es wird herausgestellt, dass diese Schichten die wesentlichen Bestandteile des Feuchte- und Wärmeschutzes sind.

Im Zuge der Energieeinsparverordnungen, in denen in immer kürzeren Zeitabständen neue und verschärfte Forderungen nach Senkung des Primärenergieverbrauchs aufgestellt werden, gewinnt das Merkblatt zunehmend an Bedeutung. Dem Planer muss auch bei anscheinend einfachen Dachkonstruktionen bewusst sein, dass schon kleinere Änderungen in dem Gesamtsystem nachhaltige und vor allem nachteilige Auswirkungen in bauphysikalischer Hinsicht haben können.

Bauphysik bei Dachbegrünung

Der Absatz 13 geht kurz auf die bauphysikalischen Probleme bei Dächern mit Begrünungen ein.

Wurde in seinem Vorläufer, dem Absatz 10, nur allgemein auf die Bauphysik bei Dachbegrünungen eingegangen, so wird hier erstmals ein eindeutiger Vorschlag zum sd-Wert für eine Dampfsperre bei Anstaubewässerungen oder bei Dächern mit geplanter Wasserrückhaltung gemacht bzw. ein bewährter sd-Wert (1.500 m) angegeben.

Der sd-Wert 1.500 m bedeutet praktisch „dampfdicht". Das ist insofern wichtig, als dass die Abdichtung – unabhängig von ihrem eigenen Sperrwert – bedingt durch das auf ihr stehende Wasser ebenfalls dampfdicht wird. Bei diesem vorgeschlagenen sd-Wert wird davon ausgegangen, dass kein Tauwasser innerhalb der beiden diffusionsdichten Schichten ausfallen kann, wenn kein Wasserdampf durch Diffusion in der kalten Jahreszeit aus dem Gebäudeinneren in den Schichtenaufbau gelangen kann und in der warmen Jahreszeit nicht durch eine mögliche Umkehrdiffusion von außen in den Aufbau diffundiert. Dabei muss vorausgesetzt werden, dass die Luftdichtheit uneingeschränkt funktioniert und keine Luft in den Schichtenaufbau konvertieren kann.

Dachsicherung

Die Vorgängerfassung von 2001 beinhaltet in den beiden Absätzen 11 und 12 die Lastenannahme bei Dächern mit Abdichtungen. Die Neufassung fasst durch eine Neuformulierung beide Absätze im Absatz 14 zusammen.

(14) Zur Sicherung von Dächern mit Abdichtungen gegen Abheben durch Windkräfte sind die Maßnahmen zur Aufnahme vertikaler Kräfte in Abschnitt 2.6.3 sowie die Angaben aus Anhang I zu beachten. Wenn von diesen Anforderungen abgewichen wird, ist stets ein Einzelnachweis nach DIN 1055-4 zu erbringen.

Der Abschnitt 2.6.3 beinhaltet die Maßnahmen zur Aufnahme vertikaler Kräfte (Windsogsicherung) und beschreibt u. a., wie der Anhang I anzuwenden ist. Weiterhin werden die verschiedenen Möglichkeiten aufgeführt, mit denen eine Windsogsicherung zu erstellen ist. Der Anhang I stellt die Berechnungsmethoden vor. Mithilfe des Anhangs I kann ein Einzelnachweis erstellt werden.

Absturzsicherung

Im Absatz 15 wird Folgendes ausgeführt:

(15) Um Pflege, Wartung und Instandsetzungsarbeiten vornehmen zu können, sollen bei Dächern mit Abdichtung bereits bei der Planung Maßnahmen zur Absturzsicherung, z. B. Anschlagpunkte, vorgesehen werden. Dabei sind die bauaufsichtlichen Anforderungen der Länder zu berücksichtigen.

Dass Dachflächen mit Abdichtungen regelmäßig gewartet und/oder gepflegt werden müssen, ist bekannt, aber nicht Gegenstand dieses Absatzes. Er zielt vielmehr auf die Notwendigkeit von Absicherungsmaßnahmen gegen Abstürzen im Dachrandbereich oder Durchbrechen z. B. bei Lichtkuppeln oder Lichtbändern.

Maßnahmen, die dem Sinn der jeweiligen Landesbauordnung und den Vorschriften der Bauberufsgenossenschaften entsprechen, sollen während der Planungsphase berücksichtigt werden. So ist es für den Arbeitsablauf bei der Erstellung einer Dachabdichtung sinnvoller, eine Absturzsicherung (z. B. mit sog. Securanten) während der Bauphase der Eindeckung der Dachkonstruktionen mit Trapezblechen einzubauen als im Nachhinein, wo geeignete Punkte für den Einbauort gesucht werden müssen (Bereich von Auflagern).

Wenn Klimageräte, die einer ständigen Wartung unterliegen, auf Dächern mit Abdichtungen angeordnet werden, sind die Zuwegungen zu diesen Anlagen entsprechend zu sichern. Wird bereits während der Planung die Art der Sicherung festgelegt und damit der gesicherte Weg, der zu der Anlage führt, kann zugleich auch der Schichtenaufbau für diesen Bereich entsprechend geplant und ausgebildet werden.

Brandschutz

Auch der nachfolgende Absatz 16 befasst sich mit Anforderungen aus den Landesbauordnungen.

(16) Dächer mit Abdichtungen müssen in der Regel entsprechend den Bestimmungen der Landesbauordnungen widerstandsfähig gegen Flugfeuer und strahlende Wärme sein (harte Bedachung). Bei Bedachungen mit einem allgemeinen bauaufsichtlichen Prüfzeugnis oder mit Klassifizierung B_{roof}(t1) nach DIN EN 13501-5 als Nachweis der harten Bedachung muss der geplante Dachaufbau mit den Angaben im Prüfzeugnis bzw. im Klassifizierungsbericht übereinstimmen. Ein Nachweis ist nicht erforderlich, wenn der Dachaufbau nach DIN 4102-4 z. B. vollständig mit einer mindestens 50 mm dicken Schüttung aus Kies 16/32 bedeckt ist. Bei begrünten Dächern sind die jeweiligen Brandschutzanforderungen der Länder zu beachten.

Bitumen ist ohne weiteren Schutz oder ohne Zusätze als brennbar in der Klassifizierung E gemäß der DIN EN 13501-1 einzustufen. Die frühere Bezeichnung war Klasse B (normal entflammbar). Die Klasse E bedeutet, dass es bei Bitumenbahnen zum sog. Flash-over kommen kann. Flash-over ist die Bezeichnung für den Umstand, dass ein Werkstoff nach einem bestimmten Zeitraum vollständig zu brennen beginnt. Daneben gibt es noch weitere Unterklassen für Rauch (s1, s2 und s3) und für brennendes Abtropfen (d0, d1 und d2), welche auf den Verpackungen angegeben sein müssen. Die Brand-Parallelerscheinungen, also die Erscheinungen, die sich bei einem Brand an dem Werkstoff gleichzeitig einstellen, beschränken sich bei der Klassifizierung E auf -s3 d0, -s3 d2 und -d2.

Brand-Parallelerscheinung

Dabei beinhalten die Brand-Parallelerscheinungen Folgendes:

s1 = keine Sichtbehinderung durch Rauchentwicklung,

s2 = Sichtbehinderung durch Rauchentwicklung,

s3 = starke Sichtbehinderung durch Rauchentwicklung,

d0 = kein brennendes Abtropfen oder Abfallen,

d1 = brennendes Abtropfen oder Abfallen während maximal 10 Sekunden (während eines zehnminütigen Tests),

d2 = brennendes Abtropfen oder Abfallen länger als 10 Sekunden (während eines zehnminütigen Tests).

Um die Ausweitung eines Brandes zu verhindern, muss dafür Sorge getragen werden, dass z. B. bei Funkenflug, bei dem sich glimmende Teile auf einer Dachfläche eines benachbarten Gebäudes mit einer Abdichtung aus

Bitumenbahnen absenken, die Dachfläche nicht ebenfalls in Brand gesetzt wird. Es muss also entweder die Oberfläche, die Oberlage oder der gesamte Schichtenaufbau widerstandsfähig sein. Bei Bitumenbahnen wird das z. B. überwiegend durch mineralische oder keramische Bestreuungen erreicht. Bei bestimmten, in den jeweiligen Landesbauordnungen beschriebenen, Gebäuden oder Gebäudetypen kann auch alternativ oder zusätzlich eine Kiesschüttung aus mindestens 50 mm 16/32er-Körnung erforderlich werden. Auch Plattenbeläge erfüllen diese Anforderungen.

Um die Brandlast zu verringern, können als Unterlagen Wärmedämmstoffe aus nicht brennbaren Materialien, etwa Mineralwolle, angeordnet werden. Solche Forderungen können auch für Teilflächen, z. B. im Bereich von Brandwänden, durch die LBO aufgestellt werden.

Die Prüfung auf harte Bedachung wird gemäß DIN 4102-7 durchgeführt und in der DIN EN 13501 als Bezeichnung (t1) übernommen.

Harte Bedachung

Es gibt Hersteller von Bitumenbahnen, die jede ihrer Oberlagen (DE, DO) auf den Status „harte Bedachung“ prüfen lassen. Dieser Umstand wird indirekt beworben.

Beispiel

Bei einer öffentlichen Ausschreibung zum Neubau eines großen Schulgebäudes wurde seitens des Kreis-Bauamtes schon in der Ausschreibung die Forderung für die Ausführung als „harte Bedachung“ ohne Kiesschüttung beschrieben. Da das zuständige Bauamt die Definition und das Prüfungsverfahren gemäß DIN 4102-7 sehr eng auslegte, kam für die Ausführung als Oberlage letztlich nur ein Anbieter in Frage. Alle übrigen Hersteller hatten nicht explizit für jedes Produkt, welches als Oberlage eingesetzt werden konnte und durfte, ein Prüfungsverfahren durchgeführt, was letztlich zu der Ablehnung durch das Bauamt führte.

Die Ablehnung wurde erst nach dem Einsatz eines Gremiums aufgehoben, welches sich aus Vertretern aus der Industrie, des Brandschutzbeauftragten des zuständigen Kreises sowie Vertretern des Bauamtes und der Anbieter zusammensetzte. Es konnte nachgewiesen werden, dass die geringfügigen Modifizierungen und/oder Veränderungen in der Zusammensetzung des Bitumens in Verbindung mit möglichen geringen Veränderungen bei den Trägereinlagen, die den Unterschied in der Qualität der Produkte ausmachten, sich nicht nachteilig auf das Brandverhalten gegenüber dem ursprünglich geprüften Material auswirken würden.

Tipp

Jeder Planer und Anbieter sollte sich den Status als „harte Bedachung“ im Zweifel durch den Hersteller und durch die zuständige Behörde bescheinigen lassen. Kommen nach einem Brand Zweifel an der Eignung auf, erlischt u. U. der Versicherungsschutz und strafrechtliche Konsequenzen wären eine weitere Folge.

Auch im Absatz 17 geht es um den Brandschutz. Da dieser sehr umfangreich ist, wird er an dieser Stelle in drei Abschnitte unterteilt.

(17) Bei großflächigen Dächern können in Abhängigkeit des Brandschutzkonzeptes z. B. die Regelungen der DIN 18234 „Baulicher Brandschutz großflächiger Dächer, Brandbeanspruchung von unten“ für die Ausführung eingeplant werden. Dies gilt insbesondere für Dächer nach der Industriebau-

richtlinie. Diese fordert, dass Bedachungen (bestehend aus Unterkonstruktion, Dampfsperre, Wärmedämmung und Dachabdichtung) von Brandabschnitten mit einer Dachfläche von mehr als 2.500 m² so auszuführen sind, dass eine Brandweiterleitung innerhalb eines Brandabschnitts oder eines Brandbekämpfungsabschnitts über das Dach behindert wird.

Brandschutzkonzept

Gemäß der Musterindustriebaurichtlinie gelten Dachflächen ab einer Größe von 2.500 m² als großflächig. Für Gebäude dieser Größenordnung werden Brandschutzkonzepte erstellt. Sie beinhalten u. a. Löschwege für die Feuerwehr, Rettungs- und Fluchtwege, Rauchgas- und Wärmeabzugsanlagen (RWA) etc. Bei solchen Dachflächen ist aber auch die oben angeführte DIN 18234 zu beachten. In dieser ist der Brandschutz von großflächigen Dächern von unten geregelt.

„Brennbare Dampfsperren wie z. B. bei Dächern mit tragender Dachschale aus Stahltrapezprofilen mit Abdichtung müssen mindestens normal entflammbar (Baustoffklasse B2 nach DIN 4102-1) sein. Ihr Heizwert darf 10.500 KJ/m² nicht übersteigen."

Insgesamt ist die Brandlast so gering wie möglich zu halten. Übliche bituminöse Dampfsperren wie eine G 200 S4 + AL haben einen etwa dreimal höheren Brandwert im Vergleich zu einer geeigneten Dampfsperre aus Polyethylen. Ausnahmen können einige kaltselbstklebende Bahnen bilden, deren Brandlast mit < 10.500 KJ/m² angegeben wird. Der höhere Brandwert bei den normalen bituminösen Dampfsperren führt beim Flash-over zu intensiverem und länger anhaltendem Feuer. Auch die gefürchtete Brandweiterleitung wird nachteilig forciert.

Die Forderung gilt als erfüllt bei Dächern,

- *die nach DIN 18234-1 geprüft und ausgeführt sind bzw. den in DIN 18234-2 aufgeführten Dachaufbauten entsprechen,*
- *mit tragender Unterkonstruktion aus mineralischen Baustoffen (Beton oder Porenbeton),*
- *mit Bedachungen (Dachaufbauten) aus nicht brennbaren Stoffen.*

Mineralische Unterlagen für Dampfsperren entsprechen, wie Beton und Porenbeton, der Brandschutzklasse A1 (nicht brennbar). Bei einem Brand im Gebäudeinneren kann die Dampfsperre nicht durch eine starke Hitzeentwicklung von unten entzündet werden. Ein brennendes Abtropfen ist nicht möglich. Deshalb gilt die Forderung als erfüllt.

Dachaufbauten, die vollständig aus nicht brennbaren Stoffen bestehen, sind in der Praxis eher selten anzutreffen. Eine Möglichkeit wäre der nachfolgende Aufbau, der allerdings nicht unter bauphysikalischen Aspekten betrachtet werden kann.

Beispiel

Konstruktion von innen nach außen:

- Stahlunterkonstruktion,
- Stahltrapezbleche,
- mineralische Wärmedämmungen,
- Abdichtungen/Bahnen, die nach DIN 4102-4 als „gegen Flugfeuer und strahlende Wärme widerstandsfähige Bedachung" gelten.

Abb. 2: Profilfüller aus Mineralwolle verhindern die Brandweiterleitung.

Brandweiterleitung

An allen Durchdringungen, Anschlüssen und Abschlüssen sind konstruktive Maßnahmen gegen die Brandweiterleitung z. B. nach DIN 18234-3 zu planen. Insbesondere an den Anschlussstellen von Durchdringungen von profilierten flächigen Baustoffen und belüfteten Dächern gilt es, den Eintritt von Flammen in den Profil- oder Dachhohlraum zu verhindern. Die in DIN 18234-4 aufgeführten Durchdringungen, Anschlüsse und Abschlüsse erfüllen die Anforderung ohne Brandprüfung (siehe Abschnitt 4.9).

(Siehe Abschnitt „4.9 Brandschutzmaßnahmen für An- und Abschlüsse bei großflächigen Dächern nach DIN 18234“) (Abb. 2).

Diese Forderung ist sehr eindeutig. Gerade bei Dachkonstruktionen mit Stahltrapezblechen sind Durchdringungen gern „vergessene“ Bereiche. Das nachfolgende fiktive Beispiel soll verdeutlichen, was passieren kann und weshalb die Forderung – konsequenterweise auch bei kleineren Dachflächen – so wichtig ist.

Beispiel

Eine Lagerhalle hat eine Länge von 50 m und eine Breite von 50 m. Der Dachaufbau besteht aus:

- Stahltrapezblechen,
- PE-Folie als Dampfsperre,
- Polystyrol-Dämmstoff, D = 80 mm,
- Dachabdichtung aus einer mehrlagigen bituminösen Abdichtung, mechanisch befestigt.

In der Halle wurde vor einer Nutzungsänderung über einen langen Zeitraum Altpapier gelagert und für das Recycling zerkleinert und aufbereitet. Die Halle wurde verkauft und in kleinere Abschnitte unterteilt. Die Trennwände reichen bis unter die Stahltrapezdeckung. Inzwischen lagern hier in einem Teil der Halle Weihnachtskerzen. Aufgrund eines technischen Defekts an einer Elektroleitung entsteht bei den Kerzen und deren Verpackung ein leichter Schwelbrand. Das Wachs schmilzt, entzündet sich aber zunächst nicht, bis es explosionsartig aufflammt.

Um an die Entstehungsstelle des Brandes zu gelangen, werden die Tore der anschließenden abgeteilten Räume geöffnet. Völlig unerwartet beginnt es in ca. 40 m Entfernung vom Brandherd ebenfalls in der Dachkonstruktion zu brennen.

Als Ursache wird ausgemacht, dass die Anschlussbereiche der Trapezbleche zu den Außenwänden und die im Bereich von Lichtkuppeln nicht geschlossen worden waren. Staubpartikel aus der Papierverarbeitung konnten sich über einen langen Zeitraum in den Tiefsicken der Stahltrapezbleche ansammeln. Durch die explosionsartige Flammenentwicklung konnte sich das Staub-Gas-Gemisch (Gas aus dem Schmelzvorgang des Wachses) entzünden und wurde durch die Tiefsicken in den Bereich geleitet, in den durch das Öffnen der Außentore neuer Sauerstoff eintreten konnte. Die PE-Folienverbund-Dampfsperre schmolz, die Flammen gelangten an das Polystyrol, welches ebenfalls zu schmelzen begann.

Polystyrol gilt als schwer entflammbar (alte Bezeichnung B1) und tropft normalerweise nicht brennend ab. Erst bei dauernder Zufuhr durch eine Fremdflamme in Verbindung mit einer Temperatur von ca. 350 °C verbrennt es vollständig. In einem solchen Fall könnte sich hier der Brand auch durch das Schichtenpaket fressen und die Dachabdichtung von unten nach oben in Brand setzen.

Wären die Öffnungen der Trapezbleche im Bereich der Wände und der Lichtkuppeln von Anbeginn verschlossen gewesen, hätte eine solch rasche Brandausbreitung nicht stattfinden können.

Der Absatz 18 befasst sich mit dem Schichtenaufbau extensiver und intensiver Dachbegrünungen, für die die Richtlinien für die Planung, Ausführung und Pflege der Forschungsgesellschaft Landschaftsentwicklung Landschaftsbau e. V. (FLL) gelten.

3.6 Regel für Abdichtungen nicht genutzter Dächer

Eine der wesentlichsten Neuerungen der Flachdachrichtlinie ist die Gliederung in die beiden Teile „nicht genutzte Dächer“ und „genutzte Dächer“.

Unter nicht genutzten Dachflächen versteht man solche, die nicht für den dauernden Aufenthalt von Personen, die Nutzung von Verkehr oder für eine intensive Begrünung vorgesehen sind. Derartige Dachflächen werden üblicherweise lediglich zur Pflege und zu Wartungszwecken/Instandhaltung betreten.

3.6.1 Beanspruchungen von Dachabdichtungen

Beanspruchung

Auf die Abdichtung können verschiedene Beanspruchungen einwirken. Unter anderem sind das Feuchte, mechanische und thermische Beanspruchungen. Aber auch die Beanspruchung durch Wurzelwachstum muss berücksichtigt werden. Weiter gehende Maßnahmen müssen dann getroffen werden, wenn beispielsweise chemische Einwirkungen, etwa bei Industriebauten oder bei Dachflächen, über die möglicherweise tausalzbelastetes Wasser gelangen kann, schädigend auf die Abdichtung einwirken können.

Solche Belastungen sind vom Planer zu erkennen, weiterführende Maßnahmen sind von ihm festzulegen.

Feuchte

2.1.1 Feuchte

Die Dachabdichtung muss den Einwirkungen von Niederschlägen sowie der Beanspruchung aus vorübergehend stehendem Wasser standhalten. Außerdem sind die Funktionsschichten des Dachaufbaus auf eventuell vorhandene Baufeuchte und die zu erwartende Nutzungsfeuchte abzustimmen.

Abdichtungslagen für flache oder flachgeneigte Dächer müssen wasserdicht sein. Um zu ermitteln, welche Bahnen dieser Anforderung Genüge tun, werden sie über einen Zeitraum von 24 Stunden einem Wasserdruck von 1 bar (~ 10 N/cm^2) ausgesetzt (siehe auch die ehemaligen nationalen Normen DIN 52130 und DIN 52131). Polymerbitumen-Dichtungsbahnen werden mit 2 bar (~ 20 N/cm^2) und Kunststoff-Dichtungsbahnen aus Polyisobutylen (PIB) mit 3 bar über einen Zeitraum von 6 Stunden geprüft. PVC-P-Bahnen werden mit 4 bar über einen Zeitraum von 72 Stunden geprüft. Diese Anforderung gilt für bituminöse Abdichtungslagen gleichermaßen wie für Kunststoffbahnen und Flüssigkunststoffe. Nur so kann gewährleistet werden, dass Niederschlagwasser oder vorübergehend stehendes Wasser nicht in die Konstruktion oder in den Dachaufbau eindringen und zu Schäden führen kann. Dabei darf nicht unbeachtet bleiben, dass z. B. bei Stahlbetonkonstruktionen Baufeuchte anfällt, der dann die Dampfsperre standhalten muss.

Oxidationsbitumen oder Polymerbitumen würden der Feuchtigkeit ohne Weiteres standhalten. Allerdings würde ausschließlich Bitumen ohne Trägereinlagen, wie bei einem Deckanstrich, keinerlei mechanischen Beanspruchungen Widerstand leisten können. Mechanische Beanspruchungen ergeben sich bei Dachabdichtungen zwangsläufig. Schwingungen des gesamten Dachaufbaus, insbesondere bei Unterkonstruktionen aus Stahltrapezprofilen, sind unvermeidbar.

Mechanische Beanspruchung

2.1.2 Mechanische Beanspruchung

Dachabdichtungen müssen den planmäßigen Formänderungen der Tragkonstruktion und der Stoffe des Dachschichtenaufbaus, z. B. Längenänderungen und Bewegungen im Bereich der Stoßfugen von Dämmplatten, standhalten (…).

Die Fachregel unterscheidet zwei Arten der mechanischen Beanspruchung:

- hohe mechanische Beanspruchung (Stufe I),
- mäßige mechanische Beanspruchung (Stufe II).

Beanspruchung Stufe I

Eine hohe mechanische Beanspruchung der Stufe I liegt regelmäßig dann vor, wenn mindestens eine der in Abschnitt 2.1.2.1 der Fachregel aufgeführten Beanspruchungsbedingungen vorliegt:

Beanspruchungen aus dem Untergrund und/oder der Tragkonstruktion der Dachabdichtung, z. B. bei:

- *Element- und plattenförmigen Untergründen, wie Betonfertigteilen, Betondielen (wenn sie nicht mit Maßnahmen zur Querkraftübertragung versehen sind, durch die unterschiedliche Verformungen der Einzelelemente sowohl an den Längs- als auch an den Querfugen vermieden werden)*

Beispiel

Wenn bei aneinandergestellten Betonfertigteilgaragen die Deckenplatten nicht gegenseitig verformungssicher miteinander verbunden sind, ergibt sich eine hohe Beanspruchung.

Im Fall von Sanierungen älterer Industriehallen sind Konstruktionen bekannt, bei denen eine Stahlbetonskelettbauweise das Tragwerk darstellt. Als Unterkonstruktion für die Abdichtung wurden hier häufig einzelne Bimsbetondielen nebeneinander verlegt. Üblicherweise wurden diese Einzelelemente zwar gegen Abheben und Verschieben gesichert, aber nicht miteinander verbunden.

Harter Dämmstoff

– *Harten Dämmstoffen (XPS), soweit diese Fugen aufweisen, deren Bewegungen sich auf die Abdichtung auswirken können*

XPS-Wärmedämmplatten (extrudiertes Polystyrol) unterliegen erheblichen temperaturbedingten Längenänderungen. Im Bereich der Plattenfugen können dabei enorme Kräfte aufgebaut werden, die bei einer Verklebung der Abdichtung mit der Platte dazu führen, dass auch selbst als reißfest geltende Trägereinlagen der hohen mechanischen Beanspruchung nicht dauerhaft widerstehen können und reißen.

Stahltrapezprofil

– *Tragkonstruktionen aus Stahltrapezprofilen*

Die Formgebung der Stahltrapezprofile erlauben Spannweiten von bis zu 7 m, ggf. auch größere. Es liegt in der Natur der Dinge, dass durch Windeinwirkung, hier dem Winddruck und -sog, Dachaufbauten mit Stahltrapezprofilen in Schwingung versetzt werden. Diese Schwingungen werden an den einzelnen Auflagern der Profile in die Unterkonstruktion abgeleitet. So ergeben sich bei den Auflagern, die zwischen den einzelnen Feldern liegen, im Fall der Durchbiegung der Felder Hochpunkte, die die Dachabdichtung auf erheblichen Zug beanspruchen.

Holz

– *Schalungen aus Holz oder Holzwerkstoffen als Untergrund für die Abdichtung*

Holzwerkstoffplatte

Holzwerkstoffplatten, insbesondere Spanplatten bei einer Dicke von 22 mm, lassen ohne rechnerischen Nachweis Spannweiten von 1 m (Achsmaß) von Auflagerpunkten zu. Ähnlich wie bei den Stahltrapezprofilen führen Durchbiegungen in den Feldern zu Zugspannungen an den Auflagehochpunkten.

Holz und Holzwerkstoffe unterliegen zudem noch dem Quell- und Schwindverhalten, das sich durch Veränderung der Luftfeuchtigkeit ergibt.

Mechanische Befestigung

Beanspruchungen durch mechanische Befestigung der Dachabdichtung

Die Belastung durch Windsog wirkt nicht ausschließlich senkrecht zur Unterkonstruktion. Da überwiegend Teilbereiche betroffen sind, entstehen zusätzlich quer oder parallel einwirkende Kräfte. Schrumpf, etwa Kalanderschrumpf bei PVC-P-weich-Bahnen, führt zu einer hohen mechanischen Beanspruchung.

Beanspruchungen infolge weicher Unterlage, z. B. bei Dämmstoffen aus Mineralwolle

Abb. 3: Hageleinschlagstelle

Hier können unplanmäßige Punktbelastungen zum Eindrücken der Abdichtung in die Wärmedämmung führen. Auch dabei entstehen hohe mechanische Beanspruchungen.

Beanspruchungen durch Arbeiten auf der Dachabdichtung z. B. bei Extensivbegrünung sowie häufig zu Inspektion oder Wartung von technischen Anlagen begangenen Dachflächen oder -bereichen

Dieser Punkt ist durchaus kritisch in Hinsicht auf die Einstufung als nicht genutzte Dachfläche zu betrachten.

Beispiel

Auf dem Objektdach sind die Zu- und Fortluftvorrichtungen sowie die Steuereinheit einer Klimaanlage angeordnet. Aus hygienischen Gründen sind große Filter in kurzen und regelmäßigen Zeitabständen zu erneuern oder zu wechseln. Da Teile der Anlage ein nicht unerhebliches Gewicht haben, wird regelmäßig eine Sackkarre eingesetzt. Die Zuwegung erfolgt über eine Beplattung.

Hier können regelmäßig so hohe mechanische Beanspruchungen auftreten, dass es u. U. sinnvoll sein kann, eine solche Dachabdichtung analog den Anforderungen an eine genutzte Dachabdichtung auszuführen.

Hagelschlag

Beanspruchungen durch mechanische Einwirkungen während der Nutzungsdauer insbesondere durch Hagelschlag bei ungeschützten Flächen und Anschlüssen

Diese besondere Problematik tritt erfahrungsgemäß in erster Linie bei lose verlegten Kunststoffbahnen auf. Schäden durch Hagelschlag erkennt man an dem sichelförmigen Einriss auf der Oberfläche des Materials. Das Material wird durch ein großes Hagelkorn, welches mit hoher Geschwindigkeit auf die Oberfläche trifft, mechanisch einer hohen Belastung auf sehr kleinem Raum ausgesetzt, die durch das rasche Abkühlen in dem Aufschlagbereich durch thermische Beanspruchung verstärkt wird. Die Dicke des Materials und eine fehlende Trägereinlage führen zu folgender Erscheinung (Abb. 3).

Bei Bahnen mit innen liegender Einlage wurden derartige Schäden nicht beobachtet.

Bei bituminösen Abdichtungen, die Polymerbitumen-Oberlagen haben, sind Schäden durch Hagelschlag nur sehr vereinzelt bekannt.

Altdächer, deren bestehende Dachabdichtung unmittelbar als Untergrund für die neue Dachabdichtung dienen soll.

Die Sanierung von Dachflächen mit Dachabdichtungen stellt eine besondere Herausforderung dar. Oftmals ist der genaue Schichtenaufbau und der exakte Aufbau der Unterkonstruktion/Tragschale nicht bekannt. Deswegen ist es aus Sicherheitsgründen empfehlenswert, von einer hohen mechanischen Belastung auszugehen.

Allerdings ist die Forderung in der Art zu verstehen, dass bei einer Sanierung, bei der die Tragkonstruktion bekannt ist (z. B. Stahltrapezprofile oder Holzschalung), diese selbstverständlich als ursprünglicher Untergrund gilt. Damit gelten automatisch die vorstehenden Beanspruchungsbedingungen.

Beanspruchung Stufe II

2.1.2.2 Mäßige mechanische Beanspruchungen (Stufe II)

Eine Dachabdichtung kann als mäßig mechanisch eingestuft werden, wenn keine der in Punkt 2.1.2.1 beschriebenen Beanspruchungsbedingungen vorliegt.

Dabei ist es selbstverständlich möglich, trotzdem die Anforderungen an die Dachabdichtung entsprechend der Stufe I zu berücksichtigen. Eine Abstufung von Stufe I in Stufe II ist hingegen nicht möglich.

Thermische Beanspruchung

2.1.3 Thermische Beanspruchung

Auch bei der thermischen Beanspruchung unterscheidet die Fachregel neuerdings zwei Stufen: die Stufe A (thermisch hoch beansprucht) und Stufe B (thermisch mäßig beansprucht). Dachabdichtungen unterliegen einem Temperaturbereich von –20 °C bis +80 °C. Gerade in den jahreszeitlichen Übergängen können die Schwankungen innerhalb eines sehr kurzen Zeitraumes hoch ausfallen. Diesen Belastungen muss der gesamte Dachaufbau gewachsen sein.

Beanspruchung Stufe A

(2) Als thermisch hoch beansprucht (Stufe A) gelten Dachabdichtungen ohne Oberflächenschutz oder mit leichtem Oberflächenschutz (z. B. Bestreuung oder Schutzanstrich), die infolgedessen witterungsbedingt starken thermischen Wechselbeanspruchungen ausgesetzt sind.

Beispiel

Ausführung der Stufe A:

1. Dachabdichtung einer Müllsortierhalle

Die Unterkonstruktion besteht aus Stahltrapezprofilen. Die eingebaute 80 mm dicke Polystyrol-Wärmedämmung als Klappbahn mit einer V 13, fein besandet, kaschiert, dient lediglich als ebene Unterlage für die Dachabdichtung aus Bitumen-Dachdichtungsbahnen. Die Zufahrtstore der Halle sind häufig bis ständig geöffnet.

Bei einem mit Heißbitumen 85/25 verklebten Dachaufbau besteht die Gefahr, dass das Bitumen so weit abkühlt, dass es die Spannungen durch die schnellen thermischen Längenänderungen der Stahltrapezprofile im Gegensatz zu der Wärmedämmung nicht mehr aufnehmen kann. Gerät die Unterkonstruktion dann in Schwingung, ist ein Schaden nicht mehr abzuwenden. Geeignet wäre hier eine lose Verlegung mit mechanischer Befestigung.

2. Dachabdichtungen einer Shedd-Dach-Konstruktion

Üblicherweise werden Shedd-Dächer im Industriebau geplant. Dabei werden die Seiten mit den Abdichtungen bewusst nach Süden oder Westen ausgerichtet, damit das auf der gegenüberliegenden Seite einfallende Licht möglichst gleichmäßig und ohne übermäßige Hitzeentwicklung das Gebäude ausleuchten kann.

Durch die Neigung der Dachfläche heizen sich die Abdichtungen schneller und intensiver auf, als es bei leicht geneigten Konstruktionen der Fall ist. Durch das sehr hohe Aufheizen der Bahnen neigt Bitumen dann zum Abrutschen. Hier muss nicht nur eine höhere Standsicherheit des Bitumens gewährleistet sein, sondern es müssen zusätzlich mechanische Fixierungen gegen das Abrutschen eingesetzt werden. Insbesondere die Oberlage muss der hohen Oberflächentemperatur standhalten. Bei Bitumenbahnen minderer Qualität wird die bei Elastomerbitumen (PYE) notwendige Bestreuung sehr schnell abrutschen. Geeignet wäre hier eine Plastomerbitumenbahn (PYP), deren Oberfläche bestreut sein kann, aber nicht muss.

Merksatz

Für den unterschiedlichen Einsatz von PYE und PYP:

PY*E-lch* für den geeigneten Einsatz in kühleren Gegenden;
PY*P-almen* für den Einsatz bei hohen zu erwartenden Temperaturen.

Auch ungeschützte Dachränder oder Anschlüsse an der Nord- oder Westseite von Dachflächen müssen erhöhten thermischen Beanspruchungen standhalten.

Beanspruchung Stufe B

(3) Als thermisch mäßig beansprucht (Stufe B) gelten Dachabdichtungen unter einer Kiesschüttung, Umkehrdächer und extensiv begrünte Dächer, bei denen keine starken Aufheizungen, schnelle Temperaturänderungen oder direkte Witterungsbeanspruchungen auftreten.

Ein schwerer Oberflächenschutz führt also dazu, dass ein Dachaufbau als mäßig thermisch beansprucht einzustufen ist. Allerdings muss bei Sondernutzungen von Gebäuden, wie bei der oben angeführten Müllsortierhalle, immer auch die Beanspruchung der Unterkonstruktion berücksichtigt werden.

Eine Kiesschüttung auf der Dachfläche führt dazu, dass diese als thermisch mäßig beansprucht eingestuft werden kann. Es sollte aber nicht vergessen werden, dass trotzdem die An- und Abschlüsse ggf. als hoch beansprucht geplant werden müssen.

Helle, nachträglich angeordnete Anstriche oder Beschichtungen von Dachabdichtungen können dazu führen, dass die Temperaturunterschiede an der Oberfläche und im Dachaufbau etwas geringer werden. Anstriche stellen allerdings im Sinne der Fachregel keinen dauerhaften Schutz dar. Deshalb ist eine Umstufung aus der Stufe A in die Stufe B als unzulässig zu betrachten.

Eine Umstufung könnte dann vorgenommen werden, wenn eine nachträgliche Wärmedämmung aus extrudiertem Polystyrol als Umkehrdach angeordnet wird. In diesem Fall muss aber berücksichtigt werden, dass eine Auflast erforderlich wird, die verhindert, dass die Dämmplatten auftreiben

Abb. 4: Unfreiwillige Dachbegrünung

können. Die Auflast führt an sich schon dazu, dass eine Umstufung vorgenommen werden könnte.

Eine Grauzone stellen zusätzliche Wärmedämmungen aus Ortschäumen dar. Die Erfahrung zeigt, dass derartige Dämm-Maßnahmen nur dann als nachhaltig anzusehen sind, wenn sie in regelmäßigen, sich verkürzenden Abständen einer intensiven Wartung unterzogen werden. Ortschäume brauchen ein Coating als UV-Schutz, das regelmäßig erneuert werden muss. Wird die Wartung unterlassen, treten schnell und umfangreich Schäden auf, die dazu führen, dass der Ortschaum wieder abgetragen wird. Dadurch wäre der Status als dauerhafte Schutzschicht nicht gegeben. Erst wenn sichergestellt werden kann, dass eine regelmäßige Wartung erfolgt, könnte von einer dauerhaften Maßnahme gesprochen werden.

Beanspruchung durch Wurzelwachstum

2.1.4 Beanspruchung durch Wurzelwachstum

Bei Begrünung treten Beanspruchungen durch Wurzelwachstum auf.

Die Fachregel geht in diesem Bereich sehr schnell über den Punkt Wurzelwachstum hinweg.

Es muss aber deutlich gemacht werden, dass Wurzelwachstum nicht nur bei geplanten Begrünungen auftreten kann. Wildwuchs von kleinen Büschen und Bäumen, sehr häufig Birken, sind auf Flachdächern leider keine Seltenheit (Abb. 4).

Birken sind genügsam und ihre Wurzeln folgen der vorhandenen Feuchtigkeit. Sie dringen auch durch kleinere Undichtheiten wie Risse in der Abdichtung in das Schichtenpaket ein. Durch das rasche Wachstum zerstören die Wurzeln die Dachabdichtung sehr schnell.

Weitere Ausführungen siehe Abschnitt „Pflege und Wartung“ der Fachregel Abdichtungen.

Sonstige Beanspruchung

2.1.5 Sonstige Beanspruchung

Sonstige Beanspruchungen für Dachabdichtungen können sein:

- *kombinierte und wechselnde Einwirkungen von UV-Strahlung und Ozon,*
- *chemische Beanspruchungen,*
- *biologische Beanspruchungen z. B. durch Mikroorganismen und Algen.*

UV-Strahlung

UV-Strahlung schädigt normales Oxidationsbitumen, es wird spröde und reißt, was dazu führt, dass die Trägereinlagen ebenfalls zerreißen. Auch „veredeltes“ Bitumen wie Elastomerbitumen ist nicht dauerhaft UV-beständig. Deshalb sind Oberlagen aus Elastomerbitumen grundsätzlich als bestreute Bahnen einzusetzen, es sei denn, es kommt ein schwerer Oberflächenschutz zur Ausführung.

Plastomerbitumenbahnen hingegen benötigen auch ohne weiteren Oberflächenschutz keine Bestreuung. Sie sind durch die chemische Änderung/Ergänzung auch langfristig UV-beständig.

Bei Kunststoff-Bahnen gibt es vor allem bei den PVC-P-weich-Bahnen Unterschiede. Einige Hersteller bieten extra Bahnen für den Einsatzzweck unterhalb einer Auflast an, da diese Bahnen zwar länger ohne Schaden einer langanhaltenden Durchfeuchtung der Oberseite standhalten können, nicht aber dauerhaft UV-beständig sind. EPDM- und PIB-Bahnen sind üblicherweise nachhaltig UV-beständig.

Chemische Beanspruchung

Chemische Beanspruchungen entstehen z. B. dort, wo Dachabdichtungen von Lackierereien, galvanischen Betrieben, teilweise Düngemittelfabriken über Dachentlüfter mit schadstoffhaltiger Luft Kontakt bekommen. Probleme kann es aber auch in der Nähe von Kaminen geben, aus denen die Verbrennungsluft einer schlecht eingestellten Ölheizung abgeführt wird.

Biologische Beanspruchung

Zu den biologischen Beanspruchungen zählen neben dem Wurzelwachstum auch noch wurzellose Organismen, die bei einer Dachabdichtung erhebliche Schäden verursachen können.

Eines der bekanntesten Erscheinungsbilder ist der sog. Mud-Curling-Effekt. Bei einer bestreuten Bitumenbahn sieht die Bestreuung nach relativ kurzer Zeit aus wie die Hautoberfläche eines Krokodils, mit Riefen und Furchen.

Dieser Effekt entsteht, wenn in einer Pfütze auf dem Dach eine sehr starke Algenbildung, z. B. Fadenalgen oder Rotalgen, stattfindet. Trocknet die Pfütze aus, krallen sich die ebenfalls vertrockneten Reste der Algen an der Bestreuung fest. Die Bestreuungspartikel werden durch den Schrumpf während des Trocknens aus der Oberfläche herausgerissen. Das Bitumen liegt ungeschützt und die UV-Strahlung führt zu einer verstärkten Rissbildung. Reste von abgestorbenen Pflanzen unterstützen oder verursachen ebenfalls diesen Effekt.

Schäden ähnlicher Art wurden aber auch bei Kunststoffbahnen beobachtet. Auch deren Oberfläche kann durch Verkrustungen von abgestorbenen Pflanzen oder anderen Mikroorganismen verspröden und letztlich im Laufe der

Zeit reißen. Je geringer die Schichtdicke, desto eher werden sich Schäden einstellen, da bei den Bahnen u. a. durch die UV-Belastung ständig ein Teil der Schichten abgetragen wird.

Außerdem kommt es bei der Zersetzung der abgestorbenen Algen zu einer Schwefelwasserstoff-Bildung (H_2S), einer Säure. Diese Belastung ist aber äußerst gering. Eine extreme Bildung würde sich unweigerlich durch einen sehr unangenehmen Geruch kenntlich machen, wie es bei biologisch „umgekippten“ Gewässern zu beobachten ist.

Beanspruchungsklasse

Aus den vorbeschriebenen Beanspruchungen resultieren die in der Fachregel neu aufgenommenen Beanspruchungsklassen. Die Klassen werden gemäß DIN 18531-1 in 4 Kategorien unterteilt.

In Abschnitt 2.1.6 besagt die Fachregel, dass die im Einzellfall zutreffende Beanspruchungsklasse vom Planer festzulegen ist. Die jeweilige Dachabdichtung ist darauf abzustimmen. In Tabelle 1 der Fachregel für Abdichtungen werden die Beanspruchungsklassen wie folgt eingeteilt:

Tabelle 1: Beanspruchungsklassen für Dachabdichtungen

Beanspruchungsstufen	hohe mechanische Beanspruchung Stufe I	mäßige mechanische Beanspruchung Stufe II
hohe thermische Beanspruchung Stufe A	IA	IIA
mäßige thermische Beanspruchung Stufe B	IB	IIB

Wie schon häufiger und eindringlich beschrieben, z. B. bei den Anwendungskategorien (Seite 39), wird der Planer sehr viel intensiver, umfangreicher und wesentlich früher gefordert. Das ist insbesondere dann der Fall, wenn Sanierungen von Dächern mit Abdichtungen zur Ausführung kommen sollen.

Der Planer, der gerade im Fall einer Sanierung oftmals der Dachdeckermeister ist, muss sich bewusst sein, welche Beanspruchungen in welcher Form auf die Dachabdichtung einwirken können. Er muss die vorhandenen Beanspruchungsstufen erkennen und beurteilen. Daraus ergibt sich ein Dachschichtenaufbau gemäß den notwendigen Beanspruchungsklassen.

Tipp

Bei schlecht einzuschätzenden Beanspruchungsstufen oder unklarer zukünftiger Nutzung der Dachabdichtung und/oder des Gebäudes sollte immer die nächsthöhere Beanspruchungsklasse gewählt werden.

3.6.2 Anwendungskategorien für Dachabdichtungen

Neben den unterschiedlichen Beanspruchungsklassen für Dachabdichtungen unterscheidet die DIN 18531-1, ebenso wie die Flachdachrichtlinie, die Dächer mit Abdichtungen je nach geplantem Anwendungszweck in zwei Kategorien.

Anwendungskategorie K1

2.2 Anwendungskategorien für Dachabdichtungen

(2) Anwendungskategorie K1 (Standard-Dachkonstruktion)

Dachabdichtungen, an die übliche Anforderungen gestellt werden, sind der Anwendungskategorie K1 zuzuordnen. Die Anwendungskategorie K1 stellt die Mindestanforderung an Dachabdichtungen dar.

Anwendungskategorie K2

(3) Anwendungskategorie K2 (höherwertige Dachkonstruktion)

Bei Dachabdichtungen, die der Anwendungskategorie K2 entsprechen, sind eine erhöhte Zuverlässigkeit, eine längere Nutzungsdauer und/oder ein geringerer Instandhaltungsaufwand zu erwarten. Abdichtungen der Anwendungskategorie K2 erfordern nicht nur höhere Anforderungen an die Planung des Gefälles, die Anordnung der Entwässerungselemente und die Detailgestaltung, sondern auch erhöhte Anforderungen an die zu verwendenden Stoffe und den Systemaufbau. Dachabdichtungen, an die durch Planer/Bauherren (z. B. aufgrund höherwertiger Gebäudenutzung, Hochhäuser, Dächer mit erschwertem Zugang) erhöhte Anforderungen gestellt werden, sollten nach der Kategorie K2 geplant und ausgeführt werden.

Um die Bedeutung der Anwendungskategorien richtig einzuordnen, ist eine Forderung aus der DIN 18531-1 „4 Anforderungen an die Dachabdichtung" wesentlich:

„Die Eigenschaften von Dachabdichtungen dürfen sich unter den üblichen Einwirkungen und den daraus resultierenden Beanspruchungen, mit denen unter den örtlichen Verhältnissen und bei dem gewählten Abdichtungsaufbau zu rechnen ist, nicht so verändern, dass die Funktion und der Bestand während der Nutzungsdauer der Dachabdichtung beeinträchtigt werden.

Diese Anforderungen werden von einer Dachabdichtung während einer wirtschaftlich angemessenen Nutzungsdauer dann erfüllt, wenn sie nach den Bestimmungen der Normen DIN 18531-1 bis DIN 18531-4 geplant, bemessen, ausgeführt und instand gehalten wird. Weitere Voraussetzungen sind, dass die eine Dachabdichtung tragenden, durchdringenden und begrenzenden Bauwerksteile sach- und abdichtungsgerecht geplant und hergestellt werden."

Wirtschaftlich angemessene Nutzungsdauer

Die Forderung der DIN 18531-1, nach der sich die Eigenschaften während der Nutzungsdauer der Dachabdichtung nicht unter den üblichen Einwirkungen verändern dürfen, gilt selbstverständlich auch für Dächer der Anwendungskategorie K1. Sowohl die Fachregel als auch die Norm sprechen von „üblichen Anforderungen" bzw. „üblichen Einwirkungen".

Die große Bedeutung dieser Formulierungen wird ersichtlich, weil der zweite Absatz der Norm beschreibt: „Diese Anforderungen werden von einer Dachabdichtung während einer wirtschaftlich angemessenen Nutzungsdauer dann erfüllt, wenn sie nach den Bestimmungen der Normen DIN 18531-1 bis DIN 18531-4 geplant, bemessen, ausgeführt und instand gehalten wird."

In der Fachregel für Abdichtungen ist eine „wirtschaftlich angemessene Nutzungsdauer" aber weder beschrieben noch definiert.

In der Grundregel wird im Kapitel „1 Allgemeines“ ausgeführt:

(3) Das Regelwerk sichert bei Einhaltung nach bisherigen Erkenntnissen im Normalfall eine einwandfreie technische Leistung. Bei besonderen Beanspruchungen können weiter gehende oder einschränkende Maßnahmen erforderlich sein.

Die DIN geht hier zwar einen Schritt weiter als die Fachregel für Dächer mit Abdichtungen, aber sie beschreibt ebenso wenig wie die Fachregel einen definierten Zeitraum der wirtschaftlichen Angemessenheit.

Die DIN 18531-1 erklärt zum Thema Nutzungsdauer:

„3.22 Nutzungsdauer

Zeitraum, in dem die von der Dachabdichtung geforderte Leistung hinsichtlich der Dichtigkeit unter den Beanspruchungsbedingungen bei ordnungsgemäßer Wartung erwartet werden kann.

Anmerkung: Die Wirtschaftlichkeit der Nutzungsdauer setzt grundsätzlich voraus, dass maßgebliche Faktoren z. B. Kosten für Entwurf, Bau und Nutzung, Kosten für Nutzungsausfall infolge Versagen, Kosten für Instandhaltung in angemessener Weise berücksichtigt werden.“

Die Grundregel sichert also bei Einhaltung der gültigen Fachregel ohne zeitliche Begrenzung zum Zeitpunkt der Fertigstellung eine einwandfreie technische Leistung zu.

Die Norm erklärt hierzu: „Werden die Ausführungen normkonform ausgeführt, dann hält die Dachabdichtung für den wirtschaftlich angemessenen Nutzungszeitraum.“

Die Aussagen der Norm stiften mehr Verwirrung als nötig. Juristisch ist eine Formulierung wie „der wirtschaftlich angemessenen Nutzungsdauer“ überhaupt nicht greifbar.

Eine wirtschaftlich angemessene Nutzungsdauer wird selbstverständlich während der Planung und Ausführung angestrebt. Die reale Nutzungsdauer kann aber letztlich von der Vorgabe nach unten und auch nach oben abweichen.

Dennoch stellt eine solche Formulierung einen gewissen Rahmen bereit.

Beispiel

Als wirtschaftlich angemessen im Sinne der Planung könnte angenommen werden, dass eine Minimal-Ausführung bei einer Dachsanierung eines Gebäudes, welches in fünf Jahren vollständig abgerissen werden soll, lediglich in der Anordnung einer weiteren Lage einer Dachabdichtung mit einer preiswerten Bitumen-Standard-Bahn besteht. Es wäre wirtschaftlicher Unsinn, ein solches Objekt vollständig und aufwendig zu sanieren.

Ebenso kann planerisch eine wirtschaftlich angemessene Nutzungsdauer von mehreren Jahren angenommen werden, wenn das Gebäude über Jahre hinweg repräsentative Aufgaben übernehmen soll und z. B. aufwendig gestaltete Ausstellungsräume beinhaltet. Hier ist es sicherlich sinnvoll, eine lange

Nutzungsdauer zu planen und die Sanierung oder Neuerstellung entsprechend auszuführen.

Die Betonung liegt immer auf der planerischen Zielsetzung. Sofern keine anders lautenden Vereinbarungen, in denen ein definierter Zeitraum als angemessene wirtschaftliche Nutzungsdauer vorgegeben ist, als Vertragsgrundlage dienen, kann ein Auftragnehmer juristisch nicht belangt werden, wenn seine erstellte Leistung die angeplante Nutzungsdauer nicht erreicht. Das könnte nur dann geschehen, wenn Arglist oder Vorsatz aufseiten des Auftragnehmers vorliegen würden.

Nur so ist auch die Anmerkung in der Beschreibung der Nutzungsdauer in Abschnitt 3.22 verständlich und nachvollziehbar.

Erwartete Nutzungsdauer

Die Norm 18531-4 führt weiterhin aus:

„4.1 Inspektion:

Dachabdichtungen erreichen ihre erwartete Nutzungsdauer nur bei regelmäßiger Inspektion und Wartung. Die Überprüfung der Dachflächen und ihrer An- und Abschlüsse sollte durch eine fachkundige Person erfolgen.

Dazu sollte ein entsprechender Inspektions- und Wartungsvertrag abgeschlossen werden. Inspektionen sollten alle drei bis vier Jahre, bei älteren Dächern gegebenenfalls in kürzeren Zeitabständen erfolgen."

Auch hier muss gesagt werden, dass die „erwartete" Nutzungsdauer nur von der geplanten Nutzungsdauer ausgehen kann. Die tatsächliche Nutzungsdauer kann deutlich geringer aber auch durchaus höher sein.

Längere Nutzungsdauer

In der Anwendungskategorie K2 wird Folgendes weiterführend ausgeführt:

Es „(…) sind eine höhere Zuverlässigkeit, eine <u>längere Nutzungsdauer</u> und/oder ein <u>geringerer Instandhaltungsaufwand</u> zu erwarten."

Der Besteller kann demnach bei einem geringeren Instandhaltungsaufwand – das Intervall könnte z. B. fünf Jahre betragen – zusätzlich noch eine längere Nutzungsdauer erwarten. Wobei auch hier keine Definition der zu erwartenden <u>längeren</u> Nutzungsdauer vorliegt.

Unstreitig kann dennoch festgestellt werden, dass eine detaillierte Planung in Verbindung mit höherwertigen Werkstoffen zu einer Verlängerung der geplanten und vermutlich auch tatsächlichen Nutzungsdauer einer Dachabdichtung führen.

Die Qualität der handwerklich ausgeführten Leistung kann jedoch weder bei der Anwendungskategorie K1 noch bei der Anwendungskategorie K2 als „Standard" oder als „hochwertiger" bezeichnet werden. So muss z. B. das Aufschweißen der Oberlage auf die erste Lage der Dachabdichtung bei der Anwendungskategorie K1 ebenso vollflächig erfolgen wie bei der Anwendungskategorie K2.

Im Rahmen der Fachregel für Abdichtungen kann davon ausgegangen werden, dass es sich bei Dachabdichtungen gemäß der Anwendungskategorie K1 um die üblichen Ausführungen handelt, die als Mindeststandard ohnehin bislang gegolten haben.

Erst die Anwendungskategorie K2 fordert erheblich darüber hinausgehende planerische und ausführungstechnische Leistungen. Es werden damit Dachabdichtungen angesprochen, die auch bislang schon ohne explizite Forderungen üblicherweise höherwertiger ausgeführt wurden. Sowohl die DIN als auch die Norm legen nunmehr die Kriterien fest, nach denen geplant und ausgeführt werden muss. Damit entfallen zukünftig Billiglösungen bei anspruchsvollen Dachkonstruktionen.

Fordern Planer und/oder der Bauherr aufgrund der Gebäudenutzung bei Gebäuden, bei denen die Zugänglichkeit der Dächer erschwert ist, oder bei erhöhter Nutzung der Dachfläche eine insgesamt höherwertige Dachkonstruktion, so **sollte** nach der Anwendungskategorie K2 geplant und ausgeführt werden.

Diese Empfehlung im Sinne der modalen Hilfsverben führt ebenfalls zur Verwirrung.

Es wäre sicherlich regelkonform, wenn der Planer noch über die Forderungen der Fachregel für die Anwendungskategorie K2 hinausgehende Ausführungen plant, dennoch könnte zunächst vermutet werden, dass auch eine geringere Ausführungsqualität als die in der Fachregel dafür vorgesehene geplant werden kann. Diese Vermutung erweist sich als Trugschluss. Wird nämlich seitens des Bestellers unzweifelhaft eine Ausführung der Anwendungskategorie K2 beauftragt, wird die später erstellte Leistung nach deren Kriterien beurteilt. Entspricht die erstellte Leistung nicht vollumfänglich den Forderungen, kann die Gesamtleistung nur noch in die Anwendungskategorie K1 zurückgestuft werden.

Tipp

Die jeweils zu erbringende Leistung bedarf der expliziten Vereinbarung. Wird keine oder nur eine sehr vage Vereinbarung getroffen, so werden Streitigkeiten nicht zu vermeiden sein.

Nachfolgend werden die Anforderungen an nicht genutzte Dächer mit Abdichtungen beschrieben. In diesem Abschnitt der Fachregel wird der Unterschied zwischen den beiden Anwendungskategorien deutlich.

3.6.3 Anforderungen an nicht genutzte Dächer mit Abdichtungen

2.3.1 Dachneigung, Gefälle

(1) Flächen, die für die Auflage einer Dachabdichtung und/oder den damit zusammenhängenden Schichten vorgesehen sind, sollen für die Ableitung des Niederschlagswassers mit Gefälle von mindestens 2 % geplant werden.

Dachneigung

Dieser Absatz ist aus der alten Fachregel übernommen. Schon hier wird beschrieben, dass es kein „Muss" im Sinne der modalen Hilfsverben ist, eine Dachneigung von 2 % zu planen. **Sollen** beschreibt eine freiwillig durch Verabredung oder Vereinbarung beschlossene Verpflichtung, von der nur in begründeten Fällen abgewichen werden darf.

(2) Für Dachabdichtungen der Anwendungskategorie K2 ist ein Gefälle von mindestens 2 % in der Abdichtungsebene und mindestens 1 % im Bereich von Kehlen einzuhalten. Bei der Gefälleplanung müssen Toleranzen und/oder Gegengefälle der Unterlage berücksichtigt werden.

Abb. 5: Pfützen auf einer Rohbetondecke

Gefälle

Erstmalig und unmissverständlich wird hier die unbedingte Forderung nach einem Mindestgefälle aufgestellt. Bei Ausführungen der Anwendungskategorie K2 werden Ausnahmen nicht zugelassen.

Zu beachten ist der Hinweis, dass auch ein Gefälle (1 %) im Bereich von Kehlen einzuhalten ist. Bedingt durch diese Forderung kann es notwendig sein, das Gefälle in der Dachfläche zu erhöhen. Bei weit auseinanderliegenden Dachabläufen, zu denen das Gefälle von den Dachrändern ausgehend erstellt werden soll, verringert sich die Kehlneigung durch die entstehende Kehllänge. Je ungünstiger das Verhältnis des Gebäudes von Länge zu Breite wird und dabei Dachabläufe ausschließlich in der Mitte der Dachfläche angeordnet sind, desto höher muss das Gefälle in der Dachfläche ausgebildet werden.

Einen wesentlichen Punkt beschreibt der Satz „Bei der Planung müssen Toleranzen und/oder Gegengefälle der Unterlage berücksichtigt werden“.

Er besagt nichts anderes, als dass das Gefälle in fertiger Leistung mindestens 2 % in der Dachfläche und mindestens 1 % in der Kehle betragen muss (Abb. 5).

Ebenheitstoleranz

Die DIN 18202 beschreibt die Ebenheitstoleranzen im Hochbau. Danach dürfen ebene Flächen bedingt durch geplante Durchbiegungen oder durch geringfügige Dickenänderungen, wie sie regelmäßig bei Ortbetondecken vorkommen, Toleranzmaße, die zu einem Gegengefälle führen, aufweisen.

Bei einer Rohbetondecke als Unterkonstruktion gilt Tabelle 3 der DIN 18202 „Ebenheitstoleranzen“, hier die Zeile 2 „nichtfertige Oberseiten von Decken (…)“. Als Grenzwerte (in mm) dürfen z. B. bei Messpunktabständen von 1 m derartige Decken einen Unterschied von 8 mm aufweisen. Bei 4 m Messpunktabstand darf der Unterschied schon 12 mm betragen, bei 5 m Messpunktabstand 15 mm und bei 6 m Messpunktabstand und mehr 20 mm.

Beispiel Der Dachablauf ist in der Mitte der Dachfläche vorgesehen. Von der Dachfläche führt ein ungeplantes Gefälle von ca. 0,5 % der Rohbetondecke zu den Dachrändern. Wird die Gefälledämmung hier lediglich mit 2 % geplant und ausgeführt, beträgt die Dachneigung in fertiger Leistung nur noch 1,5 % und ist damit nicht mehr regelkonform im Sinne der Anforderungen der Anwendungskategorie K2. Als Gegenmaßnahmen können ein Gefälleestrich oder ein vergleichbarer Ausgleich in der Unterkonstruktion erstellt werden oder es ist eine Erhöhung der Neigung der Gefälledämmung vorzunehmen.

(3) Wenn Dächer und/oder Dachbereiche mit einem Gefälle unter 2 % geplant und ausgeführt werden, können diese nur der Anwendungskategorie K1 zugeordnet werden. In diesen Fällen sind besondere Maßnahmen erforderlich, um der höheren Beanspruchung in Verbindung mit stehendem Wasser gerecht zu werden. Die Stoffauswahl für die Dachabdichtung ist nach der Bemessungsregel für die Anwendungskategorie K2 vorzunehmen.

Hier wird nunmehr Absatz 1 erklärt. Der Begriff „Sonderkonstruktionen" aus der alten Fachregel wurde ersatzlos gestrichen. Die Forderung nach den besonderen Maßnahmen ist aber geblieben. Sie gilt als erfüllt, wenn Materialien aus der Anwendungskategorie K2 Verwendung finden. Dennoch können Dachflächen dieser Art lediglich den Anforderungen der Anwendungskategorie K1 genügen.

Beispiel Bei einem Gefälle der Dachfläche von 1 % darf eine 1,5 mm dicke PVC-P-weich-Bahn, die nicht bitumenverträglich und homogen ist, nicht verwendet werden. Als besondere Maßnahme ist z. B. die Erhöhung der Dicke auf 1,8 mm vorzunehmen.

Trotzdem führt gerade dieser Punkt regelmäßig zu teilweise langwierigem Streit vor Gericht.

Pfützenbildung

Die Frage, wie viel Pfützenbildung hinzunehmen und was nicht hinzunehmen ist, steht regelmäßig in Beweisbeschlüssen.

Sie ist aber so einfach nicht zu beantworten. Denn nicht nur die Konstruktion darf Maßtoleranzen aufweisen, die Dicke der Wärmedämmung ebenfalls. Dämmplatten, z. B. aus Polystyrol, dürfen bei einer Nenndicke von z. B. 200 mm einen Zuschlag oder Abzug von ±1 %, also 2 mm Dicke aufweisen. Schließlich verbleiben noch die Überlappungen der Bahnen. Wenn sich jede dieser Schichten innerhalb der zulässigen Toleranz bewegt, sich aber in der Gesamtmenge addiert, dann werden plötzlich tiefe Pfützen möglich.

Beispiel Der schlimmste Fall:

Ein Gebäudedach aus Ortbeton hat eine Größe von 7 m × 7 m. Die Dachabläufe sind an zwei gegenüberliegenden Dachrändern angeordnet. Der Abstand zu der Attika beträgt 50 cm. Die Dicke der EPS-Wärmedämmung beträgt 200 mm. Es ist ein Dach nach der Anwendungskategorie K1 geplant.

Die mögliche Tiefe der Pfützenbildung dürfte betragen:

7 m – 0,50 m × 2 = 6 m Abstand der Dachabläufe untereinander. Die Toleranz darf bei 6 m Messpunktabstand 20 mm betragen. Hier würden also

auch ohne eine zulässige Toleranz aus der Dicke der Wärmedämmung u. U. schon 20 mm Wasser in der Mitte des Daches verbleiben. Rechnet man noch die mögliche Toleranz der Dicke der Wärmedämmung hinzu (2 mm ±), dann könnten Pfützen mit einer Tiefe von bis zu 24 mm entstehen, wenn die Dämmplatten in der Mitte der Dachfläche die Minimaldicke aufweisen und die im Randbereich den Maximalwert. Es ist ein Gegengefälle von ca. 0,8 % entstanden.

(4) Auch auf Dachflächen mit einer Dachneigung bis zu 5 % (ca. 3°) können, bedingt durch die Durchbiegung und/oder zulässige Toleranzen in der Ebenheit der Unterlage, der Dicke der Werkstoffe, durch Überlappungen und Verstärkungen, Pfützenbildungen vorkommen.

Dieser Absatz wurde in veränderter Form aus der alten Fachregel übernommen. Bisher hieß es, dass mit einer Pfützenbildung zu rechnen ist. Nunmehr wird ausgeführt, dass Pfützenbildungen vorkommen können.

Beispiel

Obiges Beispiel als Ausführung mit einseitigem Gefälle:

Abstand der Messpunkte = 7 m – 0,50 m = 6,50 m

Geplantes Gefälle = 5 %, was einem Höhenunterschied von 32,5 cm entspricht. Erlaubte Durchbiegung in der Dachfläche = 20 mm; daraus ergibt sich bei höchster Durchbiegung in der Mitte der Dachfläche ein Höhenunterschied von ca. 17,25 cm (= 5,3 %) von der Mitte zum Hochpunkt gemessen und von 15,25 cm (= 4,7 %) von der Mitte bis zum Ablauf. Die Höhe einer Überlappung kann bei Bitumen-Schweißbahnen bis zu 5 mm über Oberkante der nebenliegenden Fläche betragen. Bei einer Dachneigung von 4,7 % (ca. 2,5°) kann es hier zu einer geringen hinzunehmenden Pfützenbildung kommen.

Kann man bei Dachkonstruktionen aus Beton im Normalfall davon ausgehen, dass eine auch etwas tiefere Pfützenbildung statisch keine Beeinträchtigungen hervorruft, so sieht das im Fall einer Konstruktion mit Stahltrapezprofilen vollkommen anders aus. Hier kann ein nicht ausreichendes Gefälle zu massiven statischen Problemen führen. Die Profile können sich aufgrund der unzulässigen dauernden Belastung mehr durchbiegen als zugelassen. Dadurch verstärkt sich die Pfützenbildung weiter und die Gefahr der auch kurzen unzulässigen Belastung steigt (Abb. 6).

Schäden, die von einer Deformierung der Profile bis zum Einsturz reichen, sind vorhersehbar und leider schon eingetreten.

Wasserunterläufigkeit

2.3.2 Maßnahmen gegen Wasserunterläufigkeit

(1) Bei größeren Dachflächen und bei Dachbegrünungen sollten durch planerische Maßnahmen die Auswirkungen von Wasserunterläufigkeit der Dachabdichtung an Leckagen minimiert werden.

Solche Maßnahmen können sein:

- *vollflächig verklebter Dachaufbau,*
- *Abschottungen des Dämmstoffquerschnitts bei Abdichtungen auf wasserdurchlässigen Dämmschichten mit Dampfsperren.*

Abb. 6: Untergrund abgesackt mit Pfützenbildung

(2) Die Lage der Abschottung ist planerisch vorzugeben und zu dokumentieren.

Insbesondere sollten solche Maßnahmen für Dächer der Anwendungskategorie K2 vorgesehen werden.

Hier gibt die Fachregel eine sinnvolle Empfehlung. In der Vorgängerfassung ist von einer Abschottung bei Begrünungen im Abschnitt „4.7.3 Dachbegrünung (6)“ unter Abschnitt „4.7 Oberflächenschutz“ die Rede gewesen. Die Empfehlung, eine Abschottung auch bei großen Dachflächen zu planen und auszuführen, ist neu.

Die wirkungsvollste Art, die Wasserunterläufigkeit zu vermeiden, ist der vollflächig verklebte Schichtenaufbau. Dieses System funktioniert allerdings nur bei wasserundurchlässigen Dämmstoffen wie etwa Schaumglas. Selbst wenn Polystyrol-Dämmstoffe vollflächig aufgeklebt würden, könnte sich eingedrungenes Wasser den Weg über die Fugen suchen und unplanmäßig verteilen. Schaumglas wird sowohl auf dem Untergrund wie auch im Fugenbereich vollflächig in Heißbitumen verlegt. Dadurch werden auch die Fugen wasserdicht. Der nachfolgend ebenfalls vollflächig aufgebrachte Schichtenaufbau sorgt dafür, dass auch zwischen dem Schaumglas und der Oberkante der Dachabdichtung kein Wasser eindringen und sich unplanmäßig verteilen kann.

Abschottung

Abschottungen sollen dazu führen, dass sich eingedrungenes Wasser bei Leckagen nur in bestimmten definierten Bereichen der Dachfläche unkontrolliert ausbreiten kann. Dadurch wird die Leckageortung erheblich vereinfacht. Während die vollflächig verklebten Aufbauten bei Unterkonstruktionen aus Beton oder vergleichbaren flächigen Untergründen die optimale

Wahl ist, sind Abschottungen vorzugsweise bei Konstruktionen in der „Leichtbauweise", wie bei Stahltrapezprofilen, einzusetzen.

Konsequenterweise muss der gesamte Schichtenaufbau einschließlich der Dampfsperre getrennt, also abgeschottet, werden. Die Trennelemente werden in der Dicke der Wärmedämmung aufgebracht und so angeordnet, dass einzelne Wannen entstehen. Die Abdichtung wird ebenfalls im Bereich der Abschottungen getrennt, sodass die Abdichtungsoberfläche zwar durchgehend ist, die Abschnitte für sich aber vollkommen getrennt sind.

Soll auch die Abdichtung insgesamt getrennt werden, so muss berücksichtigt werden, dass die einzelnen entstehenden Dachflächen entwässert werden müssen. Gegebenenfalls sind Notüberläufe für jede Einzelfläche vorzusehen.

Bei der Wahl der Abschottungselemente muss darauf geachtet werden, dass Wärmebrücken vermieden oder minimiert werden. Um bauphysikalischen Problemen durch eine Tauwasserbildung entgegenzuwirken, muss die Dampfsperre zunächst auch unter den Trennelementen durchgeführt werden und diese anschließend separat einfassen. Holz oder Holzwerkstoffe sind bei dieser Art der Verlegung nicht oder nur sehr eingeschränkt geeignet, da evtl. während der Bauphase eingeschlossene Feuchtigkeit nicht ausdiffundieren kann und das Holz oder den Holzwerkstoff beschädigt.

Die Abschottung kann nur dann sinnvoll der schnelleren Leckageortung dienen, wenn die Lage der Trennungen nicht nur geplant, sondern auch so dokumentiert wird, dass die Einzelbereiche in ihrer Lage einwandfrei zu identifizieren sind.

Abschottungen sollten nicht nur als einfache Empfehlung für Dachabdichtungen mit Begrünungen oder bei großen Dachflächen angesehen werden. Eigentlich müsste aus dieser Empfehlung eine Forderung werden. Für die Anwendungskategorie K2 wäre das modale Hilfsverb **sollten** zumindest gegen das modale Hilfsverb **sollen** auszutauschen.

Unterlage
Unterkonstruktion

2.3.3 Unterlage/Unterkonstruktion

2.3.3.1 Allgemeines

(1) Die nachfolgenden Anforderungen können über diejenigen anderer Verordnungen, Normen oder Regelwerke hinausgehen.

Damit macht die Fachregel deutlich, dass ihr hier der höhere Status einzuräumen ist. Verordnungen oder Normen können dem Stand der Technik oder schlicht der Zeit hinterherhinken. Die Ausführungsvorgaben der Fachregel für Abdichtungen gelten auch dann, wenn z. B. in der Fachregel für Metallarbeiten evtl. andere und/oder sich widersprechende Vorgaben beschrieben werden.

(2) Flächen, die für die Aufnahme von Dachabdichtungen oder den damit zusammenhängenden Schichten vorgesehen sind, müssen stetig verlaufen, sauber und frei von Fremdkörpern sein. Bei konstruktiver Möglichkeit wird empfohlen, bereits die Unterlage/Unterkonstruktion im Gefälle auszuführen.

Stetiger Verlauf

Die Formulierung „stetig verlaufen“ bedeutet, dass im Untergrund z. B. keine scharfen Kanten oder Absätze vorhanden sein sollen. Scharfe Kanten können bei Ortbetondecken durch unfachgemäßes Abreiben der Betonoberfläche entstehen. Sie sind auch bei fehlerhaft verlegten Stahltrapezprofilen im Bereich der Überlappungen an den Querstößen beobachtet worden. Absätze können in Bereichen, in denen Porenbeton-Platten aneinanderstoßen, vorhanden sein.

Verunreinigungen der Oberfläche führen zu einer schlechten Haftung. Häufig werden Zementschlemmen auf der Oberseite der Betondecke angetroffen. Selbst ein Bitumen-Voranstrich als Haftgrund reicht nicht aus, den Staub zu binden und damit eine ausreichende Haftung am Untergrund zu erzeugen.

Fremdkörper können z. B. aus der Betondecke herausragende Bewährungseisen sein. Kiesnester mit scharfen Bruchkanten sind ebenso zu vermeiden.

Die Anordnung eines Gefälles bereits in Unterkonstruktionen aus Stahltrapezblechen oder Holz/Holzwerkstoffen ist ein geringer konstruktiver Aufwand und somit in den überwiegenden Fällen kostengünstiger als eine Gefällegebung ausschließlich mit Wärmedämmungen. Bei Unterkonstruktionen aus Beton kann und sollte ein Gefälle-Estrich angeordnet werden. Das erhöhte Gewicht hat allerdings Einfluss auf die Gesamtstatik des Gebäudes und kann zu verstärkenden Maßnahmen führen. In diesem Fall wird es unter wirtschaftlichen Aspekten günstiger sein, das Gefälle mittels der Wärmedämmung herzustellen.

Luftdichtheit

(3) Zur Vermeidung von Konvektionswärmeverlusten und damit verbundenem Tauwasserausfall ist bei Gebäuden mit geheizten Innenräumen ausreichende Luftdichtheit erforderlich (siehe „Merkblatt Wärmeschutz bei Dach und Wand“). Soll die Luftdichtheit durch eine Dampfsperre erreicht werden, sind z. B. bei Stahltrapezprofilen oder Holzschalungen besondere Anforderungen an die Unterkonstruktion, insbesondere an An- und Abschlüssen sowie Durchdringungen zu stellen. Luftdichtheit kann auch durch Maßnahmen auf der Rauminnenseite hergestellt werden.

Die Luftdichtheit wird nicht nur in dem Merkblatt gefordert. Sie ist eine Forderung, die schon 1952 in der DIN 4108 festgeschrieben wurde. Wie schon im Abschnitt „1.3 Konstruktionsarten“ beschrieben, ist schädlicher Tauwasserausfall zu vermeiden. Die Fachregel macht hier zu Recht keinen Unterschied, ob es sich um normal beheizte Gebäude oder um Gebäude mit Temperaturen < 19 °C handelt (siehe EnEV).

Die besonderen Anforderungen im Sinne dieser Regel können bei Stahltrapezprofilen durch sichere und ebene Auflageflächen für die Dampfsperre erfüllt werden. Damit die Dampfsperren nicht abrutschen können, brauchen sie, unabhängig von der Art der Bahn, einen Auflager besonders an den Langseiten, bei denen eine Tiefsicke gegen z. B. die Attika stößt.

Ist keine Attika ausgebildet, so muss die Dampfsperre, die die Luftdichtheit herstellen soll, ggf. um die Stahltrapezprofile oder die Holzschalung herum nach unten auf das Außenmauerwerk oder bis an die Luftdichtheitsebene der Wandfläche geführt werden.

Ortbeton Zementestrich

2.3.3.2 Ortbeton/Zementestriche

Ortbetondecken und Estriche müssen ausreichend erhärtet und oberflächentrocken sein. Die Oberfläche soll frei von Kiesnestern, klaffenden Rissen, Graten und abgerieben sein.

Sind Ortbetondecken oder Estriche nicht ausreichend erhärtet, so können durch unzulässige Belastungen Deformierungen, u. U. mit einer scharfen Kantenbildung, entstehen. Bei mechanischer Befestigung des Dachschichtenpakets wäre die Auszugfestigkeit der Befestigungselemente nicht gegeben. Mangelnde Aushärtung kann auch mit unzureichender Trockenheit der Oberfläche gleichgesetzt werden. Ist die Betondecke oder der Estrich zu feucht, kann ein lösungsmittelhaltiger Bitumenanstrich nicht als Haftbrücke dienen. Wird die Oberfläche bei einem frischen Estrich künstlich getrocknet, etwa mit offener Gasflamme, kann der Estrich „verbrennen" und seine Haltbarkeit wird verringert, er zerbröselt. Bei nicht ausgehärtetem Beton wird zusätzlich die Statik negativ beeinflusst.

Bei klaffenden Rissen besteht die Gefahr, dass die Dampfsperre sich in diese Risse einfügt und dadurch beschädigt wird. Scharfe Kanten und Grate führen zu Zerstörungen der Dampfsperre.

Betonfertigteil

2.3.3.3 Betonfertigteile

(1) Die Fugen zwischen Betonfertigteilen müssen geschlossen oder formstabil abgedeckt sein.

Wird eine Fuge mit einem Streifen aus Metall wie Kupfer oder Edelstahl (Zink könnte zerstört werden) abgedeckt, so ist zusätzlich ein Schleppstreifen einer Bitumenbahn einzusetzen, um die nachfolgende Dampfsperre vor Schäden durch scharfe Kanten zu schützen.

(2) Über Kopf- und Längsfugen großformatiger Platten, bei denen Bewegungen auftreten können, sind mindestens 0,20 m breite Schleppstreifen lose aufzulegen und einseitig zu fixieren.

Wird der Schleppstreifen nicht fixiert, kann er durch die Bewegung der Platten verrutschen. Dadurch kann er die Aufgabe nicht mehr wahrnehmen, entstehende Spannungen in der Dampfsperre gleichmäßiger und auf größeren Raum zu verteilen. Das gilt auch, wenn er beidseitig fixiert wird. Bei Bitumenbahnen würden diese reißen, Metallstreifen würden unzulässig verformt.

Bewegungen können z. B. dort entstehen, wo große Kranbahnen im Gebäudeinneren verlaufen. Durch das Anfahren und Abstoppen der Bahn entstehen Spannungen und evtl. Verwindungen am Gebäude, die auf die einzelnen Betonplatten unterschiedlich übertragen werden.

Dachschalung

2.3.3.4 Dachschalung

(1) Für Dachschalungen sind die „Hinweise Holz und Holzwerkstoffe" zu beachten.

Die „Hinweise Holz und Holzwerkstoffe" sind umfangreich. In der neuen Fachregel für Abdichtungen wird keine direkte Angabe mehr auf die erforderliche Dicke der Dachschalung gemacht. Diese ist aber in den Hinweisen enthalten. Danach beträgt die Nenndicke von Brettschalungen mindestens 24 mm bzw. mindestens 22 mm bei Holzwerkstoffplatten. Der Absatz 3 aus der alten Fachregel, wonach die Bretter nicht breiter als 0,16 cm sein sollten, ist herausgenommen worden. Die „Hinweise Holz und Holzwerkstoffe" enthalten keine Beschreibung einer maximalen Brettbreite.

Bei kunstharzgebundenen Holzspanplatten nach DIN EN 312 ist wie bei OSB-Platten, Sperrholz und Holzfaserplatten unbedingt die Eignung nach der Nutzungsklasse festzustellen.

Spanplatte

Spanplatten werden oftmals bis an ihre Grenzen in der Spannweite ausgelegt, auch wenn der Nachweis nach DIN 1052 rechnerisch als erfüllt gilt.

Die Erfahrung zeigt, dass Spanplatten im Laufe der Zeit zur Ermüdung neigen und beginnen, zwischen den Auflagepunkten durchzuhängen. In der Folge verbleibt bei einer zu gering geplanten Dachneigung Niederschlagswasser auf der Dachfläche. Das Gewicht wird erhöht und die Durchbiegung größer. Kommt hier eine Last, etwa eine übliche Mannlast hinzu, sind Durchbrüche unvermeidbar.

Spanplatten sind vor allem dort problematisch, wo Undichtheiten in der Dachabdichtung oder Fehler in der Luftdichtheitsschicht mit Tauwasserausfall zu kaum erkennbaren Schäden geführt haben. Wurde eine Spanplatte einmal durchnässt, erhält sie trotz einer vollständigen Rücktrocknung nie wieder die ursprüngliche Tragkraft zurück. Gerade bei Sanierungen, bei denen Spanplatten als Unterkonstruktion vorhanden sind, ist eine genaue Inspektion der Dachfläche, nach Möglichkeit auch von der Unterseite, unumgänglich.

Neukonstruktionen sollten immer mit mehr als 3° Gefälle ausgebildet werden.

Vollholzschalung

(2) Wird Vollholzschalung verwendet, so sind gespundete Bretter (Nut und Feder) nach DIN 4072 zu verwenden.

Die DIN 4072 beschreibt Bretter mit Nut und Feder. Auch die „Hinweise Holz und Holzwerkstoffe" enthalten diesen Absatz.

Es handelt sich um eine unbedingte Forderung. Somit sind bei einer Vollholzschalung Schalbretter ohne Nut und Feder nicht (mehr) zugelassen.

Schalungen, die über Nut und Feder verbunden sind, erweisen sich als deutlich stabiler. Die Gefahr, dass einzelne Bretter stark verwinden und dadurch scharfe Kanten erzeugen, ist nicht mehr vorhanden. Bei ausreichend und entsprechend den Hinweisen für Holz und Holzwerkstoffe abgetrockneten Schalbrettern mit Nut und Feder entstehen keine Fugen, in die die Abdichtung oder die Dampfsperre einsacken könnten.

Trennschicht

(3) Über Schalungen aus Holz oder Holzwerkstoffen soll eine Trennschicht angeordnet werden (siehe Abschnitte 2.4.2 und 2.5.2).

Die Trennschicht ist nicht mit der in den Hinweisen Holz und Holzwerkstoffe im Abschnitt „4.2 Vorbeugende bauliche Maßnahmen" geforderten sofortigen Abdeckung gegen Niederschlagswasser zu verwechseln.

In der Vorgängerfassung der Fachregel war eine Trennschicht unbedingt erforderlich. In der Neufassung ist das Vorsehen einer Trennschicht eine Möglichkeit, von der in bestimmten Situationen und nach Vereinbarung abgewichen werden darf.

Die Trennschicht sollte vor allem dann eingesetzt werden, wenn nachfolgende Abdichtungslagen mit der offenen Flamme im Schweißverfahren aufgebracht werden. Gerade im Bereich der Sanierungen mit alten und sehr trockenen Schalungen besteht erhöhte Gefahr, dass die Schalung oder die Konstruktion unterhalb der Schalung, etwa bei Zellulose-Einblasdämmungen, in Brand geraten.

Holzschutzmaßnahme

(4) Maßnahmen für den Holzschutz dürfen den Dachaufbau nicht schädlich beeinflussen.

Schädigungen können dort entstehen, wo Öle oder lösungsmittelhaltige Schutzanstriche bei Holz oder Holzwerkstoffen angewendet wurden. Gelegentlich sind Schäden durch nachträgliches Behandeln von Holz mit Schädlingsbekämpfungsmitteln beobachtet worden.

Stahltrapezprofil

2.3.3.5 Stahltrapezprofile

(1) Stahltrapezprofile müssen den bauaufsichtlichen Vorschriften (DIN 18807) entsprechen. Sie sind nach der „Richtlinie für die Planung und Ausführung von Dach-, Wand- und Deckenkonstruktionen aus Metallprofiltafeln" des Industrieverbandes zur Förderung des Bauens mit Stahlblech für Bausysteme im Metallleichtbau e. V. (siehe Anhang zu „Fachregel für Metallarbeiten im Dachdeckerhandwerk") zu verlegen.

Die DIN 18807 (Stahltrapezbleche im Hochbau) beinhaltet alle notwendigen Kenntnisse zum Einbau von Stahltrapezprofilen. Da der Dachdecker üblicherweise Stahltrapezbleche nicht in Eigenleistung einbaut, wird in den nachfolgenden Abschnitten nicht detailliert auf die DIN eingegangen. Es werden in erster Linie die Problemstellen behandelt, die der Dachdecker als Nachfolgegewerk wissen und beachten muss.

Maximale Durchbiegung

(2) Die maximale Durchbiegung der Stahltrapezprofile darf unter Volllast in der Anwendungskategorie K1 höchstens 1/300 und in der Anwendungskategorie K2 höchstens 1/500 der Stützweite (zwischen den Bindern oder Pfetten) nicht überschreiten. Bei Dachneigungen unter 2 % muss mit Wassersackbildung gerechnet werden. Dachabläufe sollen an Tiefpunkten angeordnet werden.

Die Angaben 1/300 oder 1/500 bedeuten, dass die Durchbiegung den 300. Teil des Abstands zwischen den Auflagepunkten bzw. den 500. Teil betragen darf.

Beispiel

Bei einem Abstand zwischen den Auflagepunkten von 5 m darf die Durchbiegung betragen:

- bei 1/300 = 5 : 300 = 0,017 m = 1,7 cm,
- bei 1/500 = 5 : 500 = 0,01 m = 1 cm.

Warum ist eine solche Vorgabe notwendig?

Die Bleche erhalten ihre Stabilität durch die Formgebung, also durch Kanten. Würden die Profile weiter durchbiegen, bestünde die Gefahr der Deformierung mit der Folge, dass die Tragfähigkeit erheblich reduziert wird.

Durch die Durchbiegung entstehen aber zusätzlich Kräfte, die von der Dachabdichtung insgesamt aufgenommen werden müssen. Je dicker die Wärmedämmung ist, desto mehr muss diese an ihrer Oberkante die anfallende Last aus der Durchbiegung aufnehmen und ableiten. Bei verklebten Aufbauten, sei es mit einem Adhäsivkleber oder mit PUR-Klebern, können bei extremer Durchbiegung die Klebekräfte nicht mehr ausreichen, die Wärmedämmung reißt ab. Bei mechanisch fixierten Aufbauten könnte die Schraubbefestigung aus dem Blech herausgerissen werden. Je geringer die Durchbiegung ist, desto geringer wird die Last im Dachschichtenpaket ausfallen. Aus diesem Grund ist die Forderung nach einer geringeren Durchbiegung bei Dachaufbauten entsprechend der Anwendungskategorie K2 nachvollziehbar und verständlich.

Ein ganz wesentlicher Punkt für den ausführenden Dachdecker als Nachfolgeunternehmer ist es, dass er zumindest augenscheinlich überprüfen sollte, ob die Eindeckung stark wippt oder durchhängt. Weiterhin sollte er unbedingt prüfen, ob sichtbare Schäden, insbesondere Faltungen im Bereich der Kantungen oder Beulen an den Ober- oder Untergurten, vorhanden sind. Derartige Schäden mindern die Tragfähigkeit sehr deutlich.

Im Zweifel sollte er auch überprüfen, ob es sich bei den vorhandenen Blechen um die handelt, die in den statischen Berechnungen angenommen wurden. Gleiches gilt für die Befestigungs- und/oder Verbindungsmittel.

Je nach Hersteller können die Stahltrapezprofile erhebliche Unterschiede in der Tragfähigkeit aufweisen, was in der Art der Kantungen begründet ist.

Im Abschnitt zu „Dachneigung und Gefälle“ (siehe Seite 61) wurde schon eingehend auf die Pfützenbildung bei Dachkonstruktionen mit einer Dachneigung $< 3°$ eingegangen. Die Gefahr einer großen Wassersackbildung im Bereich der Dachfläche ist auch bei einer relativ geringen Neigung noch nicht gegeben. Sie ist immer im Bereich der Traufe bei einer Attika und innen liegender Entwässerung vorhanden. Es sei denn, es ist durch Gefälleplatten für ein ausreichendes Gefälle zu den Dachabläufen gesorgt. Oftmals werden aber aus optischen und aus Kostengründen die Dachabläufe direkt neben einem Auflager der Stahltrapezprofile angeordnet. Da die Stahltrapezprofile bei großen Spannweiten ohnehin schon dazu neigen, dauerhaft durchzubiegen, sammelt sich hier das meiste Wasser. Im Laufe der Zeit wird die Belastung durch Verunreinigungen zunehmen, was zu einer erhöhten Durchbiegung mit einer noch größeren Menge verbleibenden Niederschlagswassers einhergeht.

Tipp

Sieht die Planung „Dachabläufe im Bereich des Auflagers und keine Gefälledämmung im Bereich der Traufe (innen liegende Attika)" vor, dann sollte der Dachdeckerunternehmer unbedingt und rechtlich wirksam Bedenken anmelden.

Als Gegenmaßnahmen können nur die Verlegung der Dachabläufe in die Feldmitte oder aber die zusätzliche Anordnung einer ausreichenden Gefälledämmung angenommen werden.

Blechdicke

(3) Die Blechdicke von Trapezprofilen sollte im Hinblick auf die mechanische Belastung bei Ausführung der Dachabdichtungsarbeiten mindestens 0,88 mm betragen. Bei dünneren Blechen besteht die Gefahr der Deformierung.

Selbstverständlich müssen unzulässige Belastungen während der Bauphase vermieden werden. Umfangreicher Materialtransport ist ebenso zu unterlassen wie umfangreiche Materiallagerung an unzulässigen Orten, wie z. B. die Lagerung von Bitumen-Dachbahnpaletten etwa in der Feldmitte. Lastverteilende Maßnahmen, wie die Auslegung von Bohlen o. Ä., werden viel zu häufig nicht unternommen. So wird beim erforderlichen Höhentransport mit dem Dachdeckerschrägaufzug der Schlitten nicht von Hand entladen, sondern die Bahnen werden einfach abgekippt und ohne Schutzmaßnahmen auf den Stahltrapezprofilen abgeladen. Beulen, Knicke bis hin zu Falten in den Blechen sind die Folge.

Hier müssen deutliche Warnhinweise an die Mitarbeiter gegeben werden.

Die Neufassung der DIN 1055 (Annahme von Lasten) beschreibt, dass in Bereichen, in denen mit einer Schneesackbildung zu rechnen ist (Schneesäcke bilden sich regelmäßig hinter Attiken), von erhöhten Lasten auszugehen ist. In diesem Fall sollte bereits in der Planung berücksichtigt werden, dass je nach Spannweite der Unterkonstruktion dickere Bleche eingesetzt werden. Diese können je nach Größe der Dachfläche zur Dachmitte hin gestaffelt dünner ausgeführt werden.

Obergurt

(4) Die Obergurte von Trapezprofilen müssen sich in einer Ebene befinden. Bei verklebten Dachaufbauten sollen die Höhen benachbarter Obergurte untereinander nicht mehr als 2 mm differieren.

Diese Forderung der Fachregel, speziell für verklebte Dachaufbauten, ist deshalb notwendig, da bei größeren Höhenunterschieden die Verklebungen von starren Dämmstoffschichten wie bei EPS-Dämmstoffen nicht mehr ausreichend gewährleistet ist. Die Dämmstoffe würden hohl liegen oder sogar sperren. Je größer die Maße einer Dämmplatte sind, desto nachteiliger werden sich Unebenheiten bei Trapezprofilen auswirken.

Handelt es sich um mechanisch befestigte Dachabdichtungen, so würden die Dämmplatten unter Spannung eingebaut. Die Folge könnte sein, dass die Dämmplatte bricht oder der Befestiger aus dem Blech herausgerissen wird. Kanten, die durch hochstehende Dämmplatten entstehen, wirken sich bei Dachabdichtungen mit Bitumenbahnen als Grat aus, mit der Gefahr, dass die Trägereinlagen der Spannung auf schmalen Bereichen nicht gewachsen ist und reißt.

Zusätzlich kann es bei hochstehenden Plattenkanten zu unplanmäßigen Pfützenbildungen mit vermehrtem Pflanzenwuchs kommen.

Durchbiegung

(5) Die Durchbiegung der Obergurte quer zur Spannrichtung infolge Eigenlast darf bei verklebten Dachaufbauten maximal 3 mm betragen.

Ähnlich wie im Abschnitt 4 wäre bei einer noch größeren Durchbiegung auch über längere Strecken die Verklebung des Dachaufbaus nicht mehr ausreichend gewährleistet. Es muss zusätzlich berücksichtigt werden, dass durch die Verkehrs- und Mannlasten während der Bauphase die Durchbiegungen weiter erhöht werden. Bereits verlegte Dämmplatten können schnell wieder abreißen, was nicht immer bemerkt werden muss. Dadurch wird die Sturmsicherheit der Abdichtung erheblich gefährdet.

(6) An Ausschnitten für Abläufe und Rohrdurchführungen sind Verstärkungsbleche, Ausbildung gemäß DIN 18807-3, notwendig. Die Schwächung der Profile entsprechend der Lage und der Größe der Ausschnitte ist statisch nachzuweisen, ggf. müssen tragende Auswechslungen vorgesehen werden.

Wie bereits beschrieben, erhalten die Trapezprofile durch ihre Form die Stabilität. Wird nun die Form durch Ausschnitte geschwächt, verliert das Profil auf der ganzen Länge erheblich an Tragkraft. Die Durchbiegung wird unzulässig groß. Um dem entgegenzuwirken, werden zusätzliche, meist feuerverzinkte Stahlbleche in der Form angebracht, dass sie die benachbarten Obergurte mit überbrücken. Durch die entsprechenden Verbindungsmittel, deren statischer Nachweis ebenfalls erbracht werden muss, steift die Konstruktion wieder aus, die Tragfähigkeit ist gegeben.

Profilschwächung

Es muss zunächst aber die Schwächung der Profile nachgewiesen werden, d. h. der Wert, um den die Tragkraft der Stahltrapezprofile in diesem Bereich verringert ist. Danach werden die Verstärkungsbleche dimensioniert.

Reichen Verstärkungsbleche als Maßnahme nicht mehr aus, so sind Wechselkonstruktionen vorzusehen. Diese bestehen z. B. bei Ausschnitten für Lichtkuppeln sehr häufig aus gekanteten Blechen, die nach unten in die Ausschnitte eingebracht werden und die die Trapezbleche aussteifen. Bei Lichtbändern werden üblicherweise selbsttragende Zargen verwendet. Die Blechabkantungen der Zargen sitzen ähnlich wie bei den Ausschnitten für Lichtkuppeln, allerdings mit der Ausrichtung nach oben, weil sie gleichzeitig als Aufnahme für das Lichtband dienen.

Wichtig ist in allen Fällen der statische Nachweis.

Schubfeld

(7) Schubfelder sind statisch wirksame Scheiben, von denen die Gesamtstabilität eines Bauwerks wesentlich abhängig ist. An diesen dürfen keine nachträglichen Veränderungen wie z. B. Einschnitte oder Dachausschnitte ohne statischen Nachweis vorgenommen werden.

Schubfelder werden üblicherweise auf einer Seite, bei großen Objekten auch an beiden Seiten in Spannrichtung angeordnet. Über spezielle Befestigungen und Verbindungsmittel wird erreicht, dass Lasten, die durch Zug und Druck am Gebäude entstehen, aufgenommen und abgetragen werden. Die Lasten können in Längs- und/oder Querrichtung oder diagonal verlaufen. Die

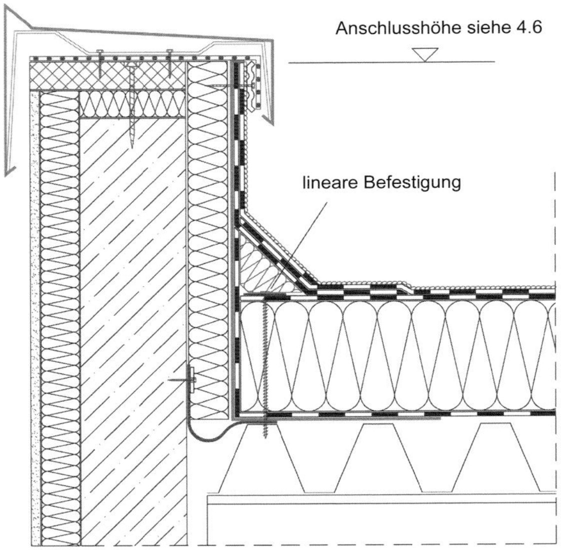

Abb. 7: Beweglicher Dachrandabschluss – Ausführung mit Bitumenbahnen

Scheibe wirkt aussteifend und verhindert das Verdrehen des Gebäudes bzw. der Dachkonstruktion.

Werden nachträglich ohne statischen Nachweis Durchdringungen angeordnet, besteht die erhöhte Gefahr, dass die anfallenden Kräfte nicht sicher abgeleitet werden können. Die Folge können unzulässige Biegungen bis hin zum Einsturz sein.

Bewegung

(8) Im Bereich von An- und Abschlüssen treten zwischen den Flächen und den aufgehenden Bauteilen bzw. Dachrandkonstruktionen unterschiedliche Bewegungen auf. Um nachteilige Auswirkungen auf den Anschlussbereich zu verhindern, sind zusätzliche Auflager oder Aufkantungen, die mit den Stahltrapezprofilen selbst verbunden sind, vom Planer vorzusehen. An den freien Längsrändern der Trapezprofile sind Randversteifungsbleche notwendig.

Die beschriebenen unterschiedlichen Bewegungen entstehen u. a. durch Schwingungen der Trapezprofile und durch thermische Längenänderungen. Um die anfallenden Kräfte nicht auf die Dachabdichtung zu übertragen, sollen bewegliche Anschlüsse erstellt werden. Dabei werden z. B. Bleche aus verzinktem Stahl, die an den Längsseiten der Trapezprofile mindestens zwei Obergurte überbrücken müssen, auf die Trapezbleche gestellt und befestigt. Die Aufkantungen müssen so hoch geführt werden, dass die Anschlusshöhe von 150 mm über Oberkante Belag eingehalten wird. Bei einer Dämmstoffdicke von 20 cm + 10 cm Substrat für eine extensive Dachbegrünung + 15 cm für die ausreichende Anschlusshöhe + 1,5 cm für die Rückkantung ergibt sich allein für diesen Schenkel ein Zuschnitt von fast 50 cm. Um über zwei Obergurte zu reichen, können für den unteren Schenkel weitere 50 cm erforderlich werden (Abb. 7).

Tipp

Verarbeitungstipp

Da die Bleche wegen der erforderlichen Steifigkeit eine Mindestdicke von 1,5 mm haben sollten, werden lange Bleche sehr schwer auf der Baustelle zu verarbeiten und transportieren sein. Die Länge sollte daher 2 m nicht überschreiten. Weil die Aufkantung nicht am aufgehenden Mauerwerk oder an der Attika (insbesondere bei Attiken aus Sandwich-Wandelementen) fixiert wird, sollte der Winkel im Übergang von waagerechtem Schenkel zu aufgehendem etwas stumpfer ausgebildet werden. Zwischen dem Blech und der Wand/Attika sollte ein Streifen trittfester Mineralfaser-Wärmedämmung nach erforderlicher Dicke gemäß Wärmebrückenminimierung angeordnet werden. Die Bleche lehnen sich nun gegen die trittfeste Wärmedämmung und können so fluchtgerecht eingebaut werden. Durch die leichte Spannung in den Blechen bleiben diese mit dem aufgehenden Schenkel auch nach der Montage des Wandanschlusses in ihrer Lage.

Wichtig ist, dass unter den Blechen ein Streifen Dampfsperre luftdicht zwischen den Trapezprofilen und dem Mauerwerk/der Attika eingebaut wird, damit keine feuchtwarme Luft in den Zwischenraum einströmen und als Tauwasser ausfallen kann.

Die Bleche selber können eine Wärmebrücke darstellen. In diesem Fall kann es erforderlich sein, auf beiden Seiten der aufgehenden Schenkel eine Wärmedämmung einzubauen.

Dampfsperre Luftdichtheitsschicht

(9) Der Einbau einer Dampfsperre und Luftdichtheitsschicht wird im Regelfall erforderlich. Dampfsperren, die gleichzeitig die Funktion einer Luftdichtheitsschicht übernehmen (z. B. auf Trapezprofilen ohne dichtende Maßnahmen an Blechüberdeckungen oder einer raumseitig vorhandenen ausreichend luftdichten Schicht), sind an Nähten und Stößen, An- und Abschlüssen und Durchdringungen ausreichend luftdicht anzuschließen (siehe „Merkblatt Wärmeschutz bei Dach und Wand").

Die Notwendigkeit einer Luftdichtheitsschicht ist bereits im Abschnitt „3.4 Konstruktionsarten" erläutert worden (siehe Seite 26 ff.).

Noch vor einigen Jahren gab es Planer, die der Ansicht waren, dass Trapezprofile dampfdicht sind und deshalb eine Dampfsperre nicht erforderlich sei. Inzwischen weiß man, dass diese Aussage nicht zutreffend ist. Die Bleche selber lassen zwar keinen Dampf durch, über die Überdeckungen wird jedoch Konvektion möglich. Besonders gefährdet sind die Bereiche von Anschlüssen und Durchdringungen. Insofern kann der Hinweis nach einer Dampfsperre auch unter dem Aspekt möglicher Nutzungsänderungen des Gebäudes nur sinnvoll und richtig sein.

2.3.4 Oberfläche der Dachabdichtung

(1) Die Oberfläche eines Daches wird u. a. durch atmosphärische Einwirkungen, wie z. B. UV-Strahlen, hohe bzw. niedrige Temperaturen, Temperaturschwankungen und Feuchtigkeit beansprucht. Entweder bietet die Dachabdichtung selbst einen ausreichenden Schutz oder die Oberlage ist mit einem Oberflächenschutz zu versehen.

Oberflächenschutz

(2) Der Oberflächenschutz bietet je nach Ausführung einen Schutz gegen mechanische Beschädigungen, direkte Sonneneinstrahlung und kann die technische Nutzungsdauer der Dachabdichtung erhöhen (siehe Abschnitt 2.5.7).

Einige Kunststoff-Abdichtungsbahnen sind nicht dauerhaft UV-beständig und müssen z. B. mit einem schweren Oberflächenschutz als Kiesschüttung oder mit einer extensiven Dachbegrünung vor der direkten Einstrahlung geschützt werden. Es muss allerdings mit dem Hersteller der Bahn geklärt werden, welche Bahnen unter eine Auflast geeignet sind, da andererseits zu lang anstehende Feuchtigkeit ebenfalls zu einer ungeplanten Belastung für die Dachabdichtung werden kann. Beim Einsatz einer extensiven Dachbegrünung muss die Bahn die Eignung nach FLL-Richtlinie aufweisen.

Kiesschüttung

Gegen niedrige Temperaturen hilft eine Kiesschüttung nur sehr wenig und eine extensive Dachbegrünung nur wenig oder gar nicht (bei Durchfeuchtung und anschließendem Dauerfrost). Einzig ein Plattenbelag im Sand-, Kies- oder Splittbett könnte als lastverteilende Maßnahme und Schutz vor direkten mechanischen Einflüssen, etwa durch Begehungen anlässlich von Wartungsarbeiten an der Dachfläche oder technischen Geräten, dienen.

Im Gegensatz dazu helfen sowohl die Kiesschüttung als auch die extensive Dachbegrünung gegen hohe Temperaturen im Sommer und bei direkter Sonneneinstrahlung. Gleichzeitig werden die Spitzen bei Temperaturschwankungen etwas besser ausgeglichen, wobei hier die extensive Dachbegrünung deutliche Vorteile gegenüber der einfachen Kiesschüttung aufweisen kann.

Bei auf der Dachfläche verbleibendem Niederschlagswasser wird eine Kiesschüttung empfohlen. Die Erfahrung zeigt aber, dass es bei Dachflächen mit länger anstehendem Niederschlagswasser in Verbindung mit Kiesschüttungen zur erhöhten Moosbildung mit anschließendem ungeplanten Bewuchs kommt. Derartig ausgebildete Dachflächen bedürfen eines höheren Wartungsaufwands.

Nur wenn alle Parameter berücksichtigt und exakt geplant werden, ist eine realistische Erhöhung der technischen Lebensdauer einer Dachabdichtung auch tatsächlich gegeben.

Hohe Schutzwirkung

(3) Oberflächenschutz mit hoher Schutzwirkung wirkt ausgleichend bei Temperaturschwankungen und bietet Schutz gegen Flugfeuer und strahlende Wärme sowie UV-Strahlung. Er verbessert auch den Schutz gegen mechanische Beanspruchung sowie Verkrustungen bei Ablagerungen. Dieser kann bei lose verlegten Abdichtungen gleichzeitig als Sicherung gegen Abheben durch Windkräfte wirken.

In einigen Landesbauordnungen können zusätzlich zur Bestreuung einer Oberlage, z. B. bei öffentlichen Gebäuden, Kiesschüttungen gefordert werden, um den Status als „harte Bedachung“ zu erreichen. Eine 50 mm dicke Kiesschüttung ist durchaus in der Lage, Widerstand gegen herabfallende und brennende Gegenstände zu leisten. Eine Bestreuung würde bei auf ihr liegenden und brennenden Gegenständen durch die Hitzeentwicklung zu schmelzen beginnen. Das dann ungeschützte Bitumen wird schneller anfangen zu brennen.

Im Produktdatenblatt für Kunststoff- und Elastomerbahnen wird im Absatz 7 gefordert:

„Das Brandverhalten der Produkte und der Widerstand der damit hergestellten Bedachung gegen Flugfeuer und strahlende Wärme (harte Bedachung) sind nach den Anforderungen der Landesbauordnungen gesondert nachzuweisen."

Schwerer Oberflächenschutz

Schwerer Oberflächenschutz kann den vorwiegend bei Bitumenbahnen auftretenden „Mud-Curling-Effekt" vermeiden helfen.

Gegen Abheben durch Windkräfte kann ein schwerer Oberflächenschutz überwiegend bei Dachkonstruktionen aus Beton eingesetzt werden. Soll ein schwerer Oberflächenschutz bei einer Dachkonstruktion mit Stahltrapezprofilen aufgebracht werden, so ist ein statischer Nachweis unbedingt erforderlich. Da davon auszugehen ist, dass in einem solchen Fall entweder die Spannweiten mit der Folge eines technisch höheren Aufwands reduziert werden müssen und/oder die Dicke der Trapezprofile erhöht werden muss, was oft aus wirtschaftlichen Gründen nicht darstellbar ist, sollte von derartigen Planungen abgewichen und Alternativlösungen gesucht werden.

Dachbegrünung

Wird eine extensive Dachbegrünung zur Verbesserung des Abflussbeiwertes gefordert, wie es bei einigen Städten und Gemeinden bereits üblich ist, so muss ebenfalls ein statischer Nachweis erbracht werden. Soll die Begrünung zusätzlich die Aufgabe als Auflast übernehmen, so muss berücksichtigt werden, dass auch eine trockene Substratschicht ausreichend Gewicht haben muss, um den Anforderungen an die Forderungen aus der DIN 1055-4 zu genügen. Die durchfeuchtete Substratschicht kann je nach erforderlicher Schütthöhe das Gewicht nahezu verdoppeln.

Dachentwässerung

2.3.5 Dachentwässerung

(1) Die Dachentwässerung ist unter Beachtung der Bemessungsnormen so anzuordnen, dass die Niederschläge auf kurzem Wege abgeleitet werden können. Die Entwässerung kann mit Dachabläufen oder über vorgehängte Dachrinnen mit entsprechender Traufausbildung erfolgen (siehe „Fachregel für Metallarbeiten im Dachdeckerhandwerk").

Die wichtigsten Normen sind folgende:

- DIN 1986-100 (Entwässerungsanlagen für Gebäude und Grundstücke),
- DIN EN 1253-1 (Abläufe für Gebäude, Anforderungen) und
- DIN EN 12056-3 (Schwerkraftentwässerungsanlagen innerhalb von Gebäuden; Dachentwässerung; Planung und Berechnung).

Entwässerung

(2) Dachflächen mit nach innen abgeführter Entwässerung müssen unabhängig von der Größe der Dachfläche mindestens einen Dachablauf und mindestens einen Notüber- oder Notablauf erhalten. Für die Bemessung der Dachabläufe und Notentwässerung ist das „Merkblatt zur Bemessung von Entwässerungen" zu beachten. Dachflächen ohne Gefälle erfordern besondere Maßnahmen, z. B. Anordnung der Abläufe an den Stellen maximaler Durchbiegung.

In den letzten Jahren haben sich die Anforderungen an das Entwässerungssystem erheblich erhöht. Die erhöhten Anforderungen erforderten neue Berechnungsmethoden.

Galt bis dahin noch die Faustregel „mit 1 cm Rohrdurchmesser können ca. 12 m² Dachfläche sicher entwässert werden" oder im Umkehrschluss „120 m² Dachfläche benötigen 100 mm Rohrdurchmesser", muss der Bedarf nach den nunmehr gültigen Normen und Vorschriften individuell berechnet werden.

Dachablauf

Wichtig ist, dass bei Dachentwässerungsanlagen die Ablaufleistung des Dachablaufs maßgeblich ist. Liegt das Abflussvermögen der Fallleitung unter dem des Dachablaufs, muss der Querschnitt der Fallleitung erhöht werden.

Die Ablaufleitungen der Dachabläufe werden bei industriell hergestellten Dachabläufen von der Industrie vorgegeben. Gemäß „Merkblatt zur Bemessung von Entwässerungen" sollte der Einlaufquerschnitt des Dachablaufs ca. doppelt so groß sein wie der Querschnitt der Fallleitung. Mit diesen Werten erreicht ein Dachablauf mit einer Nennweite (NW) von 100 mm und bei einer Anstauhöhe von 35 mm eine Ablaufleistung von 4,5 l/s. Industriell gefertigte Dachabläufe haben häufig eine erheblich größere Ablaufleistung.

Tipp

Berechnungen über die notwendige Dimensionierung des Entwässerungssystems sollten Planer wie Ausführende über die Hersteller von Dachabläufen durchführen lassen.

Bei der Betrachtung der erforderlichen Anzahl der Dachabläufe ist zu berücksichtigen, dass bei Dachflächen, die durch eine Gefällegebung in Einzeldachflächen unterteilt werden, jede Einzelfläche für sich berechnet werden muss. Weiterhin muss für jede dieser Flächen die Notentwässerung geplant und ausgeführt werden.

Hinweis

Sollten die jeweils benachbarten Dachflächen mit ihren Dachabläufen als Notablauf der Nebenfläche betrachtet werden, ist Folgendes zu beachten:

- **Der Statiker muss die maximale Anstauhöhe und damit das maximal zugelassene Gewicht einer jeden Teildachfläche angeben.**

Über das erforderliche Gefälle der Dachfläche ergibt sich der maximale Höhenunterschied von der Oberkante des Dachablaufs zu der Oberkante der Gefälledämmung als Firstpunkt zur Nachbardachfläche. Bei erforderlichen 2 % Gefälle werden bei 4 m Strecke schon 8 cm Höhenunterschied erreicht. Wird die maximale Überflutungshöhe vom Statiker mit 80 mm angegeben, so darf eine Teildachfläche eine maximale Größe von 8 × 8 m = 64 m² aufweisen.

- **Bei Dachkonstruktionen in Leichtbauweise, etwa bei Stahltrapezprofilen, ist eine solche Entwässerung unzulässig.**

Hier müssen zwei Dachabläufe, von denen einer als Notüberlauf fungiert, eingebaut werden. Der Notüberlauf muss auch bei innen liegenden Teildachflächen, bei denen er nur über ein Rohrleitungssystem entwässern kann, über ein solches Rohrleitungssystem entwässern, welches nicht an ein Grundleitungssystem angeschlossen ist, sondern es muss frei auf das Grundstück entwässern.

Dachfläche ohne Gefälle

Bei gefällelosen Dachkonstruktionen sind besondere Maßnahmen erforderlich. Dachkonstruktionen ohne Gefälle werden üblicherweise bei Ortbeton-Konstruktionen erstellt. Dabei werden leider die Dachabläufe nicht immer in den Bereich der größten Durchbiegung (diese gibt der Statiker gemäß seiner Berechnungen an) angeordnet. Der Grund ist, dass die Fallleitungen in Trennwänden durch das Gebäude nach unten geführt werden und die Geschosshöhen oft einen längeren Weg von der Deckenmitte bis zu einer Trennwand mit Leitungsschacht nicht zulassen.

Nicht zu vernachlässigen sind auch die praktischen Probleme vor Ort. Wird die Decke vor Ort geschalt, kann der Betonbauer noch relativ einfach mit einem Gliedermaßstab die Dicke seiner Betonschüttung nachmessen. Bei Ausführungen mit Filigrandecken weicht die Dicke der Fertigteile schon deutlich voneinander ab. Diese Abweichungen lassen sich mit einem Rotationslaser überprüfen. Trotzdem sind Dickenunterschiede von bis zu 2 cm keine Seltenheit.

Wie schon im Abschnitt „2.3.1 Dachneigung, Gefälle“ beschrieben, gelten die Toleranzen der DIN 18202 (siehe Abschnitt „3.6.3 Anforderungen an nicht genutzte Dächer mit Abdichtungen“, Seite 61 ff.). Zu den dort angegebenen Toleranzen muss auch bei der Durchbiegung noch berücksichtigt werden, dass sich die maximale Durchbiegung durchaus erst nach ein paar Wochen oder sogar Monaten einstellt. Veränderungen kann es auch noch durch die sog. Relation geben, wenn der Beton „ermüdet“ und sich „in die Eisen hängt“.

Theoretisch besteht die Möglichkeit, nach Fertigstellung der Ortbetondecke und deren Austrocknung die notwendigen Öffnungen für die Dachabläufe mit Kernbohrungen herzustellen. Dabei darf die Bewährung in den Decken nicht zerstört werden, damit die Tragfähigkeit der Decke nicht gefährdet ist. In diesen Fällen und vor allem dann, wenn der Dachdecker die Aufforderung zur Erstellung solcher Bohrungen erhält, ist immer der Statiker hinzuzuziehen.

Tipp

Es kann nur dringend empfohlen werden, die Pfützenbildung auf Dachflächen ohne geplantes Gefälle schon vertraglich zu regeln und den möglichen Umfang zu beschreiben. Da es dem Dachdecker nur in wenigen Fällen möglich ist, eine Rohbetondecke fachgerecht zu beurteilen bzw. abzunehmen, sollte er den Statiker oder den bauleitenden Architekten vor Beginn der Ausführung der Dachdeckerarbeiten zur Abnahme hinzuziehen.

Dachentwässerung mit Druckströmung

(3) Bei Dachentwässerungen mit Druckströmung ist mit einem vorübergehenden Wasseranstau auf der Dachabdichtung zu rechnen. Dabei sind systemkonforme einteilige Dachabläufe mit werkseitiger Anschlussmöglichkeit der Dampfsperre zu empfehlen.

Dachabläufe, die für eine Unterdruckentwässerung vorgesehen sind, zeichnen sich durch eine obere Öffnung analog zum Rohrdurchmesser aus. Erreicht der Niederschlag eine bestimmte Menge, so schlagen die Fallleitungen zu, durch die Schwerkraft wird ein Unterdruck erzeugt und die auf der Dachfläche vorhandenen Wassermassen werden sehr schnell abgeführt. Damit das Zuschlagen stattfinden kann, muss sich zunächst ausreichend Wasser auf der Dachfläche sammeln, die sog. Anstauhöhe muss erreicht werden. Diese muss bei der Statik und den Anschlusshöhen berücksichtigt werden.

Die Dichtheit des Systems selbst ist unbedingt erforderlich. Kann das System an einer Stelle Fremdluft ansaugen, bricht es zusammen. Deshalb werden u. a. dickwandige Kunststoffrohre mit speziellen Muffen, die zusätzlich verklebt werden, oder verschweißte Muffen eingebaut. Kunststoffrohre mit üblichen Wanddicken, wie sie bei Freispiegelentwässerungen verwendet werden, reichen nicht aus. Bei Metall-Fallleitungen aus Guss müssen spezielle Verbinder eingesetzt werden. Insgesamt werden auch verstärkte Befestigungsmittel, wie Fallrohrschellen, empfohlen, da bei voller Wirkung des Systems größere Kräfte auftreten als bei einer Freispiegelentwässerung.

Einteiliger Dachablauf

Um die technisch notwendige Luftdichtheit im System zu erreichen, ist es sinnvoll, einteilige Dachabläufe zu verwenden. Diese sollten eine Anschlussmöglichkeit, z. B. mittels eines Klebeflansches, an die Dampfsperre haben. Der Anschluss der Dampfsperre an das Rohr des Dachablaufs muss aus bauphysikalischen Gründen luftdicht sein. Handwerklich könnten diese Anschlüsse u. U. mit Flüssigkunststoffen hergestellt werden. Diese Art Anschlüsse ist aber zeitaufwendig und birgt die Gefahr der Undichtheit. Werkseitige Anschlüsse sind wirtschaftlicher einzubauen und in sich luftdicht.

Für die Einteiligkeit spricht außerdem, dass Aufstockeinheiten von Dachabläufen bei Druckentwässerungen mit dem Untergrund verbunden bzw. an diesem befestigt werden müssten. Eine solche Befestigung ist technisch problematisch darstellbar, weil die Befestigungsmittel durch den Klebeflansch der Dampfsperre an den Untergrund geführt werden müssten. Insbesondere bei Unterdrucksystemen kann durch die geringfügige Vibration während des „Absaugens" des Wassers eine lose Verbindung zwischen Dachablauf und Aufstockeinheit zu einem Wassereintritt zwischen der Dampfsperre und der Dachabdichtung führen oder das System zieht Fremdluft und funktioniert nicht.

Dachentwässerungen mit Druckströmungen sind bei Dachbegrünungen nicht sinnvoll einsetzbar. Der Grund liegt darin, dass der Abflussbeiwert durch die Dachbegrünung positiv im Sinne von Wasserrückhaltung beeinflusst wird. Niederschlagswasser wird in dem Schichtenaufbau der Begrünung gehalten und erst bei Sättigung der Schicht abgegeben. Die erforderliche Anstauhöhe für eine Druckentwässerung wird im Normalfall gar nicht erreicht.

(4) Abgetrennte Teilflächen, z. B. durch Bewegungsfugen, Aufkantungen, sollen getrennt entwässert werden.

Diese Forderung soll unzulässiges Gewicht durch hohe Anstauhöhen des Wassers vermeiden. Zudem wird dadurch sichergestellt, dass auch bei Konstruktionen gemäß den Vorgaben der Anwendungskategorie K1 ohne ein geplantes Gefälle möglichst wenig Niederschlagswasser auf der Dachfläche verbleibt.

Windsogsicherung

2.3.6 Windsogsicherung

(1) Dachabdichtungen und die dazugehörigen Schichten sind gemäß DIN 1055-4 gegen Abheben durch Windlasten zu sichern.

Entsprechende Ausführungen, Berechnungen und Beispiele werden im Anhang I der Fachregel beschrieben.

(2) Die erforderlichen Maßnahmen und die Ausführungsart zur Sicherung der Dachabdichtung und der dazugehörigen Schichten gegen Abheben durch Windkräfte sind bei der Planung festzulegen und in der Ausschreibung detailliert anzugeben.

Die erforderlichen Maßnahmen müssen schon während der Planung festgelegt werden, da in erster Linie der Statiker sie bestimmen muss. Er ist in der Lage anzugeben, ob das Gewicht einer Auflast von der Unterkonstruktion getragen werden kann. Er kann festlegen, wie viele Befestigungselemente in welchen Bereichen angeordnet werden und welche Kräfte diese ableiten müssen (Auszugswerte). Weiterhin kann er mögliche Kombinationen aus mechanischer Befestigung und Auflast erstellen.

Bei extensiven Begrünungen kann der Statiker den Einzelnachweis über die erforderliche Dicke der Schüttung des Substrats ermitteln und angeben. Bei Stahltrapezprofilen muss in Verbindung mit extensiver Begrünung als Auflast die Tragfähigkeit der Trapezbleche Berücksichtigung finden.

Die ermittelten Werte sind in der Ausschreibung oder im Leistungsverzeichnis detailliert anzugeben, damit entsprechende Sicherungsmaßnahmen angeordnet werden können bzw. für einen unabhängigen Dritten nachvollziehbar ist, welche Elemente in welchen Bereichen und in welcher Anzahl eingesetzt werden sollen.

3.6.4 Werkstoffe und Anforderungen

Die Abschnitte „2.4.1 Haftbrücken“, „2.4.2 Trenn- und Ausgleichsschichten“ und „2.4.3 Dampfsperrbahnen“ aus dem Abschnitt „2.4 Werkstoffe und Anforderungen“ werden zusammen mit dem Abschnitt „2.5 Ausführung“ im Abschnitt 3.6.5 behandelt, da in den oben genannten Abschnitten keine wesentlichen Inhalte enthalten sind, die hier explizit ausgeführt werden müssen (siehe Abschnitt „3.6.5 Ausführung, Seite 93 ff.).

Wärmedämmstoff

2.4.4 Wärmedämmstoffe

(1) Als Wärmedämmstoffe sind z. B. geeignet:

- *Polystyrol-Hartschaum EPS*
- *Polystyrol-Extrtruderschaum XPS*
- *Polyurethan-Hartschaum PUR/PIR*
- *Mineralwoll-Dämmstoff MW*
- *Schaumglas CG*
- *Platten aus expandiertem Perlite EPB*
- *Schüttungen aus expandierten bituminierten Mineralien.*

Kork

Kork als Dämmstoff wurde aus der Liste der geeigneten Dämmstoffe gestrichen.

Auch wenn Kork bislang als ein sog. ökologischer Dämmstoff gegolten hat, so ist das nicht richtig. Um ausreichend Kork für den Einsatz als Wärmedämmstoff zu erhalten, müssten riesige Korkeichenplantagen angelegt werden. Monokulturen haben den bekannten Nachteil, dass sie gegen Schädlinge und Krankheiten anfällig sind. Es müssten große Mengen Pestizide eingesetzt werden, um die Korkeichen zu schützen. Allein hier ist dann Schluss mit der Ökologie. Auch als nachwachsender Rohstoff ist Kork unter dem Aspekt der Bedarfsmenge ungeeignet. Korkeichen können nur alle fünf bis sieben Jahre geschält werden.

(2) Für die Wärmedämmung von Dächern mit Abdichtung dürfen nur solche Dämmstoffe verwendet werden, die bauaufsichtlich eingeführten Normen, allgemeinen bauaufsichtlichen oder europäischen technischen Zulassungen entsprechen. Dabei sind die Anforderungen an die Verwendbarkeits- und Übereinstimmungsnachweise bzw. die Konformitätsbescheinigungsverfahren zu berücksichtigen.

Konformität

Bislang mussten Dämmstoffe, die in Deutschland verwendet werden dürfen, lediglich einer bauaufsichtlichen Norm oder einer bauaufsichtlichen Zulassung entsprechen. Im Rahmen der europäischen Harmonisierung sind die Verwendbarkeits- und Übereinstimmungsnachweise bzw. Konformitätsbescheinigungsverfahren hinzugekommen.

Entspricht ein Dämmstoff durch Abweichungen keiner bauaufsichtlichen Norm, so kann der Hersteller eine bauaufsichtliche Zulassung beantragen. Der Hersteller erhält eine Zulassungsnummer und ein Prüfzeugnis, in dem alle relevanten Daten aufgelistet sind. Um als Anwender die Gleichwertigkeit überprüfen zu können, müssen die Daten der genormten Produkte mit denen einer bauaufsichtlich zugelassenen Qualität genau verglichen werden.

Neu ist, dass die Produkte dem Verwendungszweck entsprechen müssen.

Dazu ein Auszug aus einer Landesbauordnung:

„(1) Bauprodukte dürfen für die Errichtung baulicher Anlagen nur verwendet werden, wenn sie für den Verwendungszweck

1. von den nach Absatz 2 bekannt gemachten technischen Regeln nicht oder nicht wesentlich abweichen (geregelte Bauprodukte) oder nach Absatz 3 zulässig sind und wenn sie aufgrund des Übereinstimmungsnachweises nach § xy das Übereinstimmungszeichen (Ü-Zeichen) tragen

oder

2. nach den Vorschriften
   a) des Bauproduktengesetzes (BauPG),
   b) zur Umsetzung der Richtlinie 89/106/EWG des Rates zur Angleichung der Rechts- und Verwaltungsvorschriften der Mitgliedstaaten über Bauprodukte (Bauproduktenrichtlinie) vom 21. Dezember 1988 (ABl. EG Nr. L 40 S. 12) durch andere Mitgliedstaaten der Europä-

ischen Gemeinschaften und andere Vertragsstaaten des Abkommens über den Europäischen Wirtschaftsraum oder

c) zur Umsetzung sonstiger Richtlinien der Europäischen Gemeinschaften, soweit diese die wesentlichen Anforderungen nach § 5 Abs. 1 BauPG berücksichtigen, in den Verkehr gebracht und gehandelt werden dürfen, insbesondere das Zeichen der Europäischen Gemeinschaften (CE-Zeichen) tragen und dieses Zeichen die nach Absatz 7 Nr. 1 festgelegten Klassen- und Leistungsstufen ausweist."

All das sagt aber letztlich über die tatsächliche Qualität des Dämmstoffes wenig aus. Das Ü-Zeichen bedeutet nur Folgendes: „Übereinstimmung mit den technischen Regeln, den allgemeinen baurechtlichen Zulassungen, den allgemeinen baurechtlichen Prüfzeugnissen oder den Zustimmungen im Einzelfall; als Übereinstimmung gilt auch eine Abweichung, die nicht wesentlich ist." Eine solche Erklärung kann auch ein Hersteller abgeben.

Das CE-Kennzeichen der Europäischen Gemeinschaft besagt, dass diese Produkte in Umlauf gebracht werden dürfen.

Brandverhalten

Bislang war noch ein Satz im Absatz 2 (Fachregel 9/03, Abschnitt 3.4 Wärmedämmstoffe) aufgeführt: „Leicht entflammbare Dämmstoffe dürfen nicht verwendet werden."

Dieser Satz wurde gestrichen, was aber nicht bedeutet, dass nunmehr leicht entflammbare Dämmstoffe verwendet werden dürfen. Im Produktdatenblatt für Wärmedämmstoffe wird unter Absatz 13 Folgendes beschrieben:

„(13) Wärmedämmstoffe, die nach DIN V 4108-10 verwendet werden, müssen in ihrem Brandverhalten mindestens der Klasse E (Anm. d. A.: früher B normal entflammbar) nach DIN EN 13501-1 entsprechen. Für den Nachweis des Brandverhaltens gelten die Bestimmungen der vom DIBt herausgegebenen Bauregellisten. Da die harmonisierten Normen noch keine vollständigen Festlegungen für die Prüfung des Brandverhaltens enthalten, ist das Brandverhalten deshalb bis auf Weiteres mit Ausnahme der Klasse A1 noch nicht harmonisiert und ist im Rahmen einer bauaufsichtlichen Zulassung festzulegen. Die Wärmedämmstoffe tragen zurzeit zusätzlich zur CE-Kennzeichnung bezüglich des Brandverhaltens noch ein Ü-Zeichen."

Diese Forderung verbietet also den Einsatz leicht entflammbarer Dämmstoffe.

Die Fachregel enthält im Abschnitt 2.4.4 (3) den für den Planer und Anwender wesentlichen Satz:

(3) Wärmedämmstoffe müssen den Produktdatenblättern im Regelwerk des Dachdeckerhandwerks entsprechen.

Produktdatenblatt-Konformität

In diesen Produktdatenblättern sind die genauen Anforderungen an die Dämmstoffe beschrieben. Diese reichen von der Kennzeichnung, mit der der Einsatzzweck beschrieben bzw. eingegrenzt wird, über die Druckbelastbarkeit bis hin zur Wärmeleitfähigkeit. Die Werte für die Wärmeleitfähigkeit sind in Tabelle 5 in der Kategorie I in Nennwerte und Bemessungswerte unterteilt und in der Kategorie II in Grenzwerte und Bemessungswerte.

Stimmt ein Wärmedämmstoff nicht oder in wesentlichen Teilen nicht mit den Vorgaben überein, darf er gemäß der Flachdachrichtlinie nicht eingebaut werden. Damit ist der Weg für qualitativ ungeeignete Dämmstoffe, die im Rahmen Europas gehandelt werden dürfen, für deutsche Dächer versperrt.

Tipp

Es kann aufgrund der Komplexität nur empfohlen werden, nicht nur auf die Kennzeichnung „Ü" und „CE" zu achten. Ein Hinweis, dass ein Produkt von anerkannten Regeln der Technik abweicht, ist dann gegeben, wenn in den Angaben, die z. B. auf der Verpackung vorhanden sein müssen, ein „allgemeines bauaufsichtliches Prüfzeugnis" (abP) angegeben ist. Hier sollte unbedingt die Vergleichbarkeit in wesentlichen Teilen überprüft werden. Abweichungen von den anerkannten Regeln der Technik bedürfen stets der expliziten Vereinbarung, da sie andernfalls juristisch als mangelbehaftet angesehen werden müssen.

Druckbelastbarkeit

(4) Beim Einsatz von Dämmstoffplatten in nicht belüfteten Dächern müssen druckbelastbare Dämmplatten, bei genutzten Dächern solche mit erhöhter Druckbelastbarkeit verwendet werden.

Bei den nicht belüfteten und nicht genutzten Dächern kommen nur Dämmstoffe ab einer Mindestbelastbarkeit der Eigenschaft „dm" (mittlere Druckbelastbarkeit) infrage. Selbstverständlich dürfen auch dort höher belastbare Dämmstoffe eingebaut werden.

Bei genutzten Dachflächen muss der Dämmstoff je nach Belastung die Eigenschaft „dh" (hohe Druckbelastbarkeit) oder höher aufweisen (siehe Tabelle 10: „Einsatzgebiet Wärmedämmstoffe").

(5) Wärmedämmstoffe mit geringer Druckbelastbarkeit sind nur unter Tragschalungen zulässig.

Hier werden die belüfteten Konstruktionen angesprochen. Bei diesen ist die Abdichtung auf einer separaten und tragenden Konstruktion oberhalb der Wärmedämmung angeordnet. Dadurch werden keine Lasten auf die Wärmedämmung abgeleitet.

Bewegung

(6) Falzungen an Dämmplatten müssen so ausgebildet sein, dass sich Bewegungen nicht großflächig auswirken können.

Extrudiertes Polystyrol z. B. unterliegt ebenso wie ein PUR-Dämmstoff thermischen Längenänderungen. Werden die Dämmplatten fugendicht gestoßen verlegt, können sich die Platten aufgrund der einfachen und nur in sich greifenden Falzausbildungen einzeln bewegen. Würden die Falze in der Art ausgeführt sein, dass sie sich ineinander verklemmen, würde sich eine Scheibe ausbilden, deren Bewegungen so großflächig werden, dass Schäden zu erwarten sind. Hat der Dämmstoff beim Ausdehnen nach außen zu den Dachrändern keine Möglichkeit, die Spannungen in den Falzen abzubauen, würde eine extreme Schüsselung der Gesamtfläche erfolgen. Dabei würde sich die Verklebung der Dämmplatten vom Untergrund ablösen.

Seitenlänge

(7) Die Seitenlängen von Hartschaum-Dämmplatten sollten nicht größer als 1,25 m sein.

Diese Forderung ist insofern von Bedeutung, als dass die Dämmstoffplatten nach dem Einbau noch geringfügige Schwinderscheinungen aufweisen können und dürfen. Je länger die Kantenlänge der einzelnen Platte ist, desto größer ist der Schwund. Die Fugenanteile bei Dachflächen wären bei großformatigen Platten zwar geringer, die durch den Schwund entstehenden Fugen allerdings breiter, was zu einer größeren Wärmebrückenbildung führt.

Weiterhin werden Durchbiegungen der Unterkonstruktion nach unten besser überbrückt. Großformatige Platten würden aber bei Unebenheiten, die punktuell nach oben reichen, diese über einen größeren Fugenhöhenversatz übertragen, was zu erheblichen Spannungen in der Fläche führen kann (bei Platten mit Falz) oder zu unzulässigen Kantenbildungen unterhalb der Abdichtung.

Letztlich bieten sehr große Plattenformate eine erhebliche Angriffsfläche für Wind, was bei der Verlegung für den Verarbeiter während des Transports von der Lagerstätte zu der Verlegungsstelle zu einer Gefahr werden kann.

Druckbelastbarkeit Befestigungssystem

(8) Wenn Dämmplatten mechanisch befestigt werden, müssen Druckbelastbarkeit und Oberflächenbeschaffenheit der Dämmung und das Befestigungssystem aufeinander abgestimmt sein (siehe Abschnitt 2.6.3.4). Bei Mineralwoll-Dämmstoffen ist das Verhalten unter Punktlast bei Deformation zusätzlich zu berücksichtigen.

Üblicherweise werden Dämmstoffplatten einschließlich einer möglichen Trennschicht, der ersten Lage der Abdichtung oder bei einlagig verlegten Dachabdichtungen mit Bitumenbahnen oder Kunststoffbahnen in den Nahtüberdeckungen befestigt. Bei großen Bahnenbreiten, wie sie bei Kunststoffbahnen vorkommen können, oder aus Verarbeitungsgründen (z. B. zur Lagesicherung bei ungünstigen Windverhältnissen) kann die Befestigung der gesamten Wärmedämmung oder einzelner Bereiche erforderlich werden. Dabei dürfen die Teller der Befestigungselemente nicht die Oberfläche der Dämmstoffplatten in der Art beschädigen, dass deren Gebrauchsfähigkeit eingeschränkt oder vermindert wird.

Bei „weicheren" Dämmstoffen, z. B. bei Mineralwoll-Dämmstoffen, deren Druckbelastbarkeit < 600 N beträgt, müssen Befestiger verwendet werden, die bei der Begehung zu Wartungszwecken dem Druck durch z. B. eine Mannlast nachgeben. Ein starrer Befestigungsschaft mit flexiblem oder starrem Teller ist hier ungeeignet, da diese bei Belastung von oben die Abdichtung von unten her schädigen würden.

(9) Bei Tragkonstruktionen aus Stahltrapezprofilen müssen Dämmschichten in ihrer Art und Dicke auf den Abstand der Profilobergurte abgestimmt sein (siehe Tabelle 3).

Mindestdicke

Je nach Art und Ausführung der Stahltrapezprofile müssen Dämmstoffe eine Strecke zwischen den einzelnen Obergurten überbrücken. Je weiter der lichte Abstand (also der Abstand zwischen den benachbarten Innenkanten der Profile) zwischen den Obergurten ausfällt, desto höher muss die Tragfähigkeit der Dämmstoffe sein. In der Tabelle 3 der Fachregel werden die Mindestdicken verschiedener Dämmstoffe aufgelistet.

Tabelle 3: Empfohlene Mindestdicken auf Trapezprofilen

Größe lichte Weite zwischen den Obergurten in mm	Wärmedämmstoff-Mindestdicke in mm			
	EPS	PUR	Mineralfaser	Schaumglas
70	40	40	50	40
100	50	50	80	50
130	60	60	100	60
150	70	60	120	70
160	80	70	120	80
170	90	80	140	90
180	100	80	140	90

Diese Dicken sind unabhängig von eventuellen Forderungen aus der EnEV für den Gebäudetyp zu betrachten. Sie gelten z. B. für nicht geheizte Lagerhallen, bei denen die Wärmedämmung ausschließlich als ebener Untergrund für die Abdichtung dient.

Die Tragfähigkeit muss so ausgelegt sein, dass die Dämmstoffe den üblichen Belastungen während der Ausführungsphase und zu Wartungs- und/oder Inspektionszwecken genügen.

Abdichtungsprodukt

2.4.5 Produkte für Abdichtungen nicht genutzter Dächer

(1) Für Dachabdichtung können Bitumen- und Polymerbitumenbahnen, Kunststoff- und Elastomerbahnen oder Flüssigabdichtungen verwendet werden.

Die Produkte für Dachabdichtungen müssen den Produktdatenblättern im Regelwerk des Dachdeckerhandwerks entsprechen.

Ähnlich wie bei den Wärmedämmstoffen sind nicht nur die Zeichen „Ü" und „CE" von Bedeutung.

Auch bei Bahnen, die ausschließlich ein allgemeines bauaufsichtliches Prüfzeugnis (abP) aufweisen, gibt es z. T. erhebliche Qualitätsunterschiede. Diese Bahnen weichen ganz klar von den anerkannten Regeln der Technik ab. Die Gleichwertigkeit ist nicht gegeben. Insbesondere ist zu beachten, dass solche Bahnen nicht als Bahnen für eine einlagige Abdichtung (Typenkurzzeichen DE) verwendet werden dürfen.

Sollen Bahnen mit einem abP verwendet werden, bedarf das der expliziten Vereinbarung.

Leider gibt es Hersteller, die nur unzureichend auf die Qualitätsunterschiede hinweisen. Durch Phantasienamen oder -bezeichnungen sowie durch irreführende Werbeaussagen soll im Gegenteil bei Produkten minderer Qualität eine Hochwertigkeit suggeriert werden. Wer als Planer, Bauherr oder Anwender/Verarbeiter sichergehen will, dass ein Produkt den Produktdatenblättern und den Anforderungen der jeweils gültigen Normen entspricht, muss die genauen Bezeichnungen, Kennzeichnungen und weiteren Angaben, die auf den Verpackungsmaterialien angegeben sein müssen, bewerten können.

Im Abschnitt Begriffe, hier „1.2.16 Eigenschaftsklasse“ und im Produktdatenblatt Bitumen, Tabelle 1, sind die Widerstandsklassen (E1 bis E4) gegen die thermischen und mechanischen Beanspruchungen festgelegt. Ein weiteres Kriterium bilden die verschiedenen Anwendungstypen der Dachabdichtungen.

Anwendungstyp

(2) Für die Anwendung von bahnenförmigen Abdichtungsstoffen sind in DIN V 20000-201 die in Tabelle 2 aufgeführten Anwendungstypen festgelegt.

Tabelle 2: Anwendungstypen Dachabdichtung

Typkurzzeichen	Verwendung in Dachabdichtungen
DE	Bahnen für einlagige Dachabdichtung
DO	Bahnen für die Oberlage einer mehrlagigen Dachabdichtung
DU	Bahnen für die untere Lage einer mehrlagigen Dachabdichtung
DZ	Bahnen für Zwischenlage bzw. zusätzliche Lage einer mehrlagigen Dachabdichtung

Dieser Abschnitt wurde an dieser Stelle neu aufgenommen.

Die Anwendungsnorm enthält wie bisher das Anforderungsprofil für Bahnen. Es sind jedoch die Kaltselbstklebebahnen und Bahnen mit Kombinationsträgereinlagen hinzugekommen. Kaltselbstklebebahnen sind im Normalfall dünner als die üblichen und genormten Bahnen. Insofern war die Verwendung solchen Bahnen bislang nur nach expliziter Vereinbarung rechtssicher möglich. Durch die Aufnahme in die Anwendungsnorm können die Kaltselbstklebebahnen nunmehr auch ohne Vereinbarung bei der Abdichtung von nicht genutzten Dächern eingesetzt werden.

(3) Bei Bitumen- und Polymerbitumenbahnen können Dachdichtungs-, Schweiß- oder Kaltselbstklebebahnen verwendet werden.

Dachdichtungsbahnen = DD

Schweißbahnen = S

Kaltselbstklebebahnen = KSP

Bitumenbahn

Geeignet sind Bitumenbahnen mit Trägereinlagen aus

- Glasvlies (V),
- Glasgewebe (G),
- Kombinationsträgereinlage mit überwiegendem Glasanteil (KTG),

- Kombinationsträgereinlage mit überwiegendem Polyesteranteil (KTP) sowie
- Polyestervlies (PV).

Die Bahnen können mit Deckschichten aus

- Oxidationsbitumen (überwiegend bei DD- und einfachen S-Bahnen),
- Polymerbitumen, modifiziert mit thermoplastischen Elastomeren (PYE), oder
- Polymerbitumen, modifiziert mit thermoplastischen Kunststoffen (PYP),

versehen sein.

Eine Kennzeichnung besteht aus den drei wesentlichen Punkten: Anwendungstyp, Eigenschaftsklasse und Produktmerkmal.

Beispiele

Die korrekte Kennzeichnung für eine Polymerbitumen-Schweißbahn mit Polyestervlies-Trägereinlage, die als Oberlage für eine mehrlagige Dachabdichtung eingesetzt werden soll, lautet z. B. wie folgt:

DO / E1 PYE-PV 250 S5

Die Bestandteile der Kennzeichnung bedeuten:

DO = Bahn für die Oberlage einer mehrlagigen Abdichtung

E1 = Die Bahn hat einen hohen mechanischen und thermischen Widerstand.

PYE = Es handelt sich um Elastomerbitumen.

PV = Die Bahn hat eine Polyestervlies-Trägereinlage mit einem Gewicht von 250 g/m^2.

S5 = Es handelt sich um eine Schweißbahn mit einer Dicke von 5 mm ohne Bestreuung mit Schiefersplitt.

Eine Kennzeichnung mit den Angaben **DU / E1 PYE-KTG KSP – 2,8** bedeutet:

DU = Bahn für die untere Lage einer mehrlagigen Abdichtung

E1 = Die Bahn verfügt über einen hohen mechanischen und thermischen Widerstand.

PYE = Es handelt sich um Elastomerbitumen.

KTG = Die Bahn hat eine Kombinationsträgereinlage überwiegend mit Glasanteil.

KSP = Es handelt sich um eine kaltselbstklebende Bahn mit einer Dicke von 2,8 mm.

Weiterhin werden auf den Verpackungen die DIN EN 13707 für Bitumenbahnen, die auf Dächern Verwendung finden können, und/oder die DIN 13969 für Bitumenbahnen, die bei Bauwerksabdichtungen eingesetzt werden können, angegeben.

Eignungsnachweis

Bei Abdichtungssystemen, die mit Bitumen- oder Polymerbitumen und Trägereinlagen vor Ort hergestellt werden, dürfen nur solche Produkte verwendet werden, die der Bauregelliste entsprechen. Der Eignungsnachweis muss einer Europäischen Technischen Zulassung entsprechen.

Die Problematik besteht darin, dass der Anwender eigentlich der Hersteller ist. Ähnlich wie bei Flüssigkunststoffen werden vor Ort die Komponenten zusammengefügt. Es können also nur die Einzelkomponenten geregelt werden, nicht aber die fertige Ausführung in irgendeiner genormten Art.

(4) Kunststoff- und Elastomerbahnen können als homogene Bahnen, Bahnen mit Einlagen, Bahnen mit Verstärkung oder Bahnen mit Kaschierung verwendet werden. Diese Bahnen werden sowohl mit als auch ohne Selbstklebeschicht bzw. Polymerbitumenbeschichtung eingesetzt.

Homogene Bahnen mit oder ohne Selbstklebeschicht haben keine Einlagen, Verstärkungen oder Kaschierungen.

Bei Bahnen mit Einlagen mit oder ohne Selbstklebeschicht haben die Einlagen, im Gegensatz zu Bahnen mit Verstärkungen mit oder ohne Selbstklebeschicht, keinerlei verstärkenden Charakter. Das bedeutet, dass die Einlage weder die Standfestigkeit noch die Reißfestigkeit der Bahn in irgendeiner Weise beeinflusst. Verstärkungen wirken sich hingegen mechanisch wirksam aus.

Neu ist, dass sich bei Kunststoff- und Elastomerbahnen die Dicke in mm ausschließlich auf die tatsächliche Dichtschicht-Dicke bezieht. Gemessen wird also ohne die evtl. vorhandenen Kaschierungen.

Aus der Liste der geeigneten Elastomerbahnen wurden Nitrilkautschuk (NBR) und chlorsulfoniertes Polyethylen (CSM) herausgenommen.

Tabelle 4: (Produktdatenblatt für Kunststoff- und Elastomerbahnen) Produktmerkmale von Kunststoff- und Elastomerbahnen

K	kaschiert
V	verstärkt
E	Einlage
BV	bitumenverträglich
NB	nicht bitumenverträglich
SK	Selbstklebeschicht

Zahl	**Dicke in mm**
GV	Glasvlies
PV	Polyestervlies
PPV	Polypropylenvlies
GG	Glasgittergelege/-gewebe
PG	Polyestergelege/-gewebe

Kunststoff- und Elastomerbahnen werden wie die Bitumenbahnen in vier Beanspruchungsklassen eingeteilt (E1 bis E4).

Beispiel

Eine korrekte Kennzeichnung kann wie folgt lauten:

DE / E1 PVC-P-NB-1,5

Homogene Kunststoffbahn aus Polyvinylchlorid, nicht bitumenverträglich, 1,5 mm dick, Eigenschaftsklasse E1 für die einlagige Verlegung.

Die Kennzeichnung **DE / E1 ECB-BV-E-GV-2,0** bedeutet:

DE = einlagige Verlegung
E1 = Eigenschaftsklasse E1
ECB = Ethylencopolymerisat-Bitumen
BV = bitumenverträglich
E = Einlage
GV = Glasvlies
2,0 = Dichtschichtdicke 2,0 mm.

(5) Flüssigabdichtungen können bestehen aus:

- *flexiblen ungesättigten Polyesterharzen (UP)*
- *flexiblen Polyurethanharzen (PUR)1K oder 2K*
- *flexiblen reaktiven Polymerethylmethacrylaten (PMMA).*

Flüssigabdichtung

PUR-Abdichtungen können sowohl aus einer Komponente (1K) als auch aus zwei Komponenten bestehen (2K).

Flüssigabdichtungen aus PUR eignen sich besonders für komplizierte Anschlussbereiche. Sie können aber auch als alleinige Abdichtung verwendet werden. Bei Dachterrassen oder Balkonen können zusätzliche Maßnahmen, wie das Auftragen einer Finish-Beschichtung, einen begehbaren Belag herstellen (siehe auch Absatz 5 im Abschnitt „3.3.2 Produkte für Abdichtungen genutzter Dächer und Flächen").

Als Flüssigabdichtung darf nur Material verwendet werden, welches der Bauregelliste entspricht. Der Eignungsnachweis muss der Europäischen Technischen Zulassung auf Basis der Zulassungsleitlinie ETAG 005 (Leitlinie für die Europäische Technische Zulassung für flüssig aufzubringende Dachabdichtungen) entsprechen. Die EOTA-Leitlinie aus der Vorgängerfassung der Fachregel ist ungültig.

Selbstverständlich müssen sich die Werkstoffe untereinander und mit anderen Produkten vertragen, etwa bei Abdichtungen mit Bitumenbahnen und Flüssigkunststoffen im An- und Abschlussbereich. Unverträglichkeiten können z. B. zum Ablösen der Werkstoffe und dadurch zu Undichtigkeiten führen.

(8) Bahnenförmige Produkte oder Abdichtungssysteme, die für extensive Begrünung vorgesehen sind, müssen durchwurzelungsfest sein (siehe Abschnitt 2.5.7.2.3), wenn dies nicht durch eine zusätzliche Schutzlage gegen Durchwurzelung gewährleistet ist.

Diese Aussage gilt für alle Produkte. Es muss allerdings festgestellt werden, dass die Nähte von bahnenförmigen Abdichtungen, wie Dachdichtungsbahnen oder Schweißbahnen, einen Schwachpunkt darstellen. Das gilt auch für die Bahnen mit Metallbandeinlagen oder Metallverbundeinlagen aus Absatz 9.

(9) Bitumenbahnen mit Einlagen aus Metallbändern oder Metallverbundeinlagen sind nur bei begrünten Dachflächen zulässig.

Hier spielen hauptsächlich bauphysikalische Überlegungen eine Rolle. Auch wenn davon ausgegangen werden muss, dass Bitumenbahnen in einem mehrlagigen Dachaufbau eigentlich einen sehr hohen Sperrwert haben, so wird der Dachaufbau bei einer Oberlage mit Metallbandeinlage praktisch dampfdicht.

Zusätzlich haben Bahnen wie eine PYE CU S5 nur einen mäßigen Widerstand gegen thermische Beanspruchung, sodass sie der Eigenschaftsklasse E2 zugeordnet werden müssen.

Schutzlage

2.4.6 Schutzlagen

2.4.6.1 Schutzlagen gegen mechanische Einwirkungen

Als Schutzlagen sind Lagen mit hoher Perforationsfestigkeit geeignet (...).

Demnach sind Kunststoffvliese mit ≥ 300 g/m² Gewicht ebenso geeignet wie Gummigranulatmatten (Bautenschutzmatten), die mindestens 6 mm dick sein müssen. Kunststoffgranulatmatten müssen mindestens 4 mm dick sein. Bahnen aus PVC-halbhart haben eine Dicke von mindestens 1 mm, Bahnen aus PVC-P von mindestens 1,2 mm. Daneben gibt es noch Dränagematten und -platten. Platten aus Polystyrol-Extruderschaum (XPS) können ebenfalls als Schutzlage verwendet werden.

Schutzlage gegen Durchwurzelung

2.4.6.2 Schutzlagen gegen Durchwurzelung

Hier muss die Eignung als Durchwurzelungsschutz, z. B. durch eine Untersuchung nach dem FLL-Prüfverfahren, nachgewiesen sein. Die Schutzlage kann aus Kunststoffbahnen, Elastomerbahnen oder Bitumenbahnen bestehen.

2.4.7 Stoffe für den Oberflächenschutz

Leichter Oberflächenschutz

2.4.7.1 Leichter Oberflächenschutz

Als leichter Oberflächenschutz ist die Bestreuung der Bahnen anzusehen. Bei Polymerbitumenbahnen „PYE“ muss ein leichter Oberflächenschutz angeordnet sein. Dieser kann aus Splitt, Granulat oder einer anderen geeigneten Beschichtung bestehen. Bei Polymerbitumenbahnen „PYP“ ist ein solcher Schutz aufgrund der UV-Stabilität nicht erforderlich.

(1) Bei Dachabdichtungen mit Bitumenbahnen muss die obere Lage aus einer Polymerbitumenbahn bestehen.

Diese unbedingte Forderung wird in der neuen Flachdachrichtlinie mehrfach aufgestellt. Polymerbitumenbahnen erfüllen die Eigenschaftsklasse E1, was notwendig ist für die Beanspruchungsklasse IA.

Der Absatz 2 fordert, dass streich-, roll- und spritzbare Stoffe für den Oberflächenschutz mit den Werkstoffen des Untergrunds verträglich sein müssen (siehe auch Abschnitt „3.4 Konstruktionsarten“, Seite 26 ff.). Wichtig ist der

Zusatz, dass diese Stoffe das Brandverhalten des Daches nicht nachteilig beeinflussen dürfen. Der Status der harten Bedachung darf aus Gründen des Brandschutzes gemäß der Landesbauordnungen nicht eingeschränkt werden.

Derartige Stoffe für den Oberflächenschutz können den erheblichen Nachteil haben, dass auf ihnen keine weiteren Stoffe aufgebracht werden können. Im Fall einer Reparatur muss dann ein solcher Oberflächenschutz zunächst beseitigt werden.

Schwerer Oberflächenschutz

2.4.7.2 Schwerer Oberflächenschutz

(1) Dafür eignen sich z. B.

- *Kiesschüttung*
- *Plattenbeläge, Formsteine und Rasengittersteine*
- *extensive Dachbegrünung*
- *Schichtaufbau als Umkehrdach.*

Wie bereits beschrieben, kann der schwere Oberflächenschutz mehrere Funktionen übernehmen: Er dient der Dachabdichtung als Auflast gegen Windsog, erfüllt den Status als harte Bedachung und schützt die Dachabdichtung vor mechanischer und thermischer Beanspruchung.

Kies

(2) Vorzugsweise wird Kies mit Körnung 16/32 mm verwendet. Abweichend von normativen Festlegungen für Zuschlagstoffe für Beton sind ein erhöhter Anteil von Unter- oder Überkorn sowie höhere Feinanteile oder auch nicht frostbeständige Anteile zulässig. Gebrochenes Korn im Kies ist unvermeidbar.

Dieser Absatz war schon in der Vorgängerfassung der Fachregel enthalten. Leider findet er bei vielen Planern nicht die Beachtung, die ihm zusteht.

Sehr häufig werden bei Ausschreibungen Textformulierungen wie „Kiesschüttung aus gewaschenem Kies mit der Körnung 16/32, Rundkies" als Leistungstext verwendet.

Ist der Kies auf die Dachfläche gebracht, entstehen differenzierte Meinungen über den vorhandenen Zustand. Es wird reklamiert, der Kies wäre nicht gewaschen, was man doch deutlich an den Schmutzablagerungen erkennen könne.

Diese Reklamation ist i. d. R. nicht berechtigt. Der Kies wird unter Zuhilfenahme von reichlich Wasser gewonnen, da er andernfalls nur als Klumpen in den Silo gelangen würde. Kies als schwerer Oberflächenschutz muss entgegen vieler Meinungen nicht frei von Staub oder kleineren Partikeln sein. Die im Kies enthaltenen Schwebeteile werden nach kurzer Zeit von der Dachfläche gespült. Dabei sind Befürchtungen, dass die Fall- oder Grundleitungen verstopfen, häufig unberechtigt.

Der Begriff „Rundkorn" soll nicht suggerieren, dass nicht durchgebrochene Kieselsteine auf die Dachfläche gelangen dürfen. Um Beschädigungen an der Abdichtung nachhaltig auszuschließen, kann vor dem Bekiesen eine Schutzlage angeordnet werden, wie es bei pneumatischer Förderung des Kieses ohnehin vorgeschrieben ist.

Beton *(3) Plattenbeläge und Formsteine als schwerer Oberflächenschutz können aus frostbeständigen Betonplatten u. Ä. auf z. B. mindestens 30 mm dickem Kies- oder Splittbett hergestellt werden.*

Die Frostbeständigkeit der Betonplatten ist deshalb so wichtig, weil bei der Funktion der Plattenbeläge als Auflast zur Windsogsicherung die Aufgabe nachhaltig, also dauerhaft, übernommen werden muss. Friert die Betonplatte auseinander, so ändert das zwar grundsätzlich nichts am Gesamtgewicht, es besteht aber die Gefahr, dass daraus entstehende kleinere Bruchstücke im Rand- oder Eckbereich der Dachfläche verweht werden können. Das betrifft auch die Schüttung aus Splitt oder Perlkies.

Je nach Art der Dachabdichtung ist eine Schutzschicht anzuordnen.

In der Vorgängerfassung wurde das Stelzlager und die Verlegung auf Bautenschutzmatten noch als weitere Verlegemöglichkeit beschrieben. Diese Möglichkeit wird nicht mehr angeboten, aber auch nicht ausgeschlossen.

Tipp **Stelzlager sollten wegen der scharfen Kanten nur auf einer zusätzlichen Schutzlage verwendet werden.**

(4) Bei extensiven Dachbegrünungen siehe auch „Richtlinie für die Planung, Pflege und Ausführung von Dachbegrünungen" der FLL.

Wie bereits beschrieben, muss das Gewicht der extensiven Dachbegrünung statisch berücksichtigt werden. Der Brandschutz kann zusätzlich eine entscheidende Rolle spielen. Extensive Dachbegrünungen müssen in ausreichend kurzen Abständen gepflegt werden. Dabei werden nicht nur unplanmäßig angewachsene Bäume (häufig Birken) und Büsche entfernt. Bei einem hohen Anteil an Gräsern muss darauf geachtet werden, dass sich aus der extensiven Dachbegrünung keine leicht entflammbare Oberfläche entwickelt. Besonders in Anschlussbereichen zu Nachbardachflächen oder zu angrenzenden höheren Gebäuden ist der Status der harten Bedachung z. B. durch eine ausreichend breite Beplattung oder Kiesschicht zu erhalten.

Letztlich sind Kontrollschächte, Dachabläufe und/oder Sicherheitsrinnen zu kontrollieren und freizuhalten.

3.6.5 Ausführung

Haftbrücke *2.5.1 Haftbrücke*

Das Aufbringen der Haftbrücke kann durch Streichen, Rollen oder Spritzen auf die gereinigte Unterlage teil- oder ganzflächig erfolgen. Vor dem Aufbringen weiterer Schichten muss die Haftbrücke durchgetrocknet sein.

Haftbrücken können gemäß Abschnitt „2.4.1 Haftbrücken" aus einem Voranstrich aus Bitumenlösung oder einer Bitumenemulsion bestehen. Dabei ist es selbstverständlich, dass die Grundierung als Haftbrücke auf den Untergrund und die nachfolgenden Schichten abgestimmt sein muss. Bitumenlösungen sollten nicht in schlecht belüfteten oder in unbelüfteten Räumen oder Gebäuden eingesetzt werden.

Die Durchtrocknung darf nicht durch ein unplanmäßiges Erwärmen des Untergrunds bzw. der Haftbrücke, z. B. durch eine offene Flamme, beschleunigt werden, da sich dadurch die Haftfähigkeit erheblich vermindern kann. Bei Bitumenlösungen besteht zudem die Gefahr einer Brandentstehung oder Explosion.

Trenn- und Ausgleichsschicht

2.5.2 Trenn- und Ausgleichsschicht

Die Funktion einer Trenn- und Ausgleichsschicht kann je nach Untergrund hergestellt werden mit

- *lose verlegten Trennlagen,*
- *lose verlegten und mechanisch befestigten Trennlagen,*
- *lose verlegten und/oder mechanisch befestigten Lagen (Dampfsperre oder untere Lage Dachabdichtung),*
- *punkt- oder unterbrochen streifenweise verklebte Lagen (Dampfsperre oder untere Lage Dachabdichtung).*

Als Trenn- und Ausgleichsschichten gemäß Abschnitt „2.4.2 Trenn- und Ausgleichsschichten", Absatz 1 sind z. B. geeignet:

- *Lochglasvlies-Bitumenbahnen*
- *Bitumen-Dachbahnen*
- *Bitumen-Dachdichtungsbahnen*
- *Rohglasvlies*
- *Kunststoffvlies*
- *Kaschierlagen der Abdichtungsbahnen*
- *Schaumstoffmatten.*

2.4.2 (2) Die Trenn- und Ausgleichsschicht kann auch durch lose Verlegung oder teilflächige Verklebung der nachfolgenden Lage hergestellt werden.

Wird eine lose verlegte Trennlage angeordnet, so ist der nachfolgende Schichtenaufbau nach DIN 1055-4 entweder mit einer Auflast oder einer mechanischen Befestigung gegen Abheben zu sichern.

Soll bei lose verlegten oder mechanisch befestigten Trennlagen der weitere Schichtenaufbau als verklebter Aufbau verlegt werden, so ist sicherzustellen, dass die Befestigungen in Art, Anzahl und Anordnung ausreichende Werte im Sinne der DIN 1055-4 aufweisen. Die Trennlage selber muss zudem entstehende Kräfte aufnehmen und sicher ableiten können.

Dampfsperre

2.5.3 Dampfsperre

(1) Dampfsperren können lose aufgelegt, punktweise, streifenweise oder vollflächig auf der Unterlage aufgeklebt werden. Die Überdeckungen sollen verklebt werden.

Als Dampfsperren sind gemäß Abschnitt „2.4.3 Dampfsperrbahnen", Absatz 1 geeignet:

- Bitumendampfsperrbahnen mit Metallbandeinlage,
- Bitumen-Dachbahnen,
- Bitumen-Dachdichtungsbahnen,

- Bitumen-Schweißbahnen,
- Kunststoffdampfsperrbahnen,
- Kunststoffbahnen,
- Elastomerbahnen,
- Verbundfolien.

Die Dampfsperre kann auch die Aufgabe einer Trennschicht oder Ausgleichsschicht übernehmen. Deshalb muss sie entsprechend den Ausführungen im Abschnitt 2.5.2 (2) behandelt werden.

Verbundfolien können üblicherweise nicht in einem ausschließlich verklebten Dachaufbau eingesetzt werden, da sie die anfallenden Kräfte nicht ausreichend sicher in den Untergrund ableiten können.

Bitumen-Schweißbahnen mit einer Kombination aus einer Metallbandeinlage und einer Trägereinlage, z. B. eine G 200 S4 + AL, weisen eine recht hohe Reißfestigkeit auf und sind für mechanisch befestigte Dachaufbauten sowie für einen ausschließlich verklebten Dachaufbau geeignet.

Ein weiterer Vorteil liegt in der vergleichsweise hohen Widerstandskraft gegen mechanische Beschädigungen. Sie sind zusätzlich als vorübergehende Notabdichtung geeignet. Fehlstellen oder Beschädigungen können mit geringem Aufwand nachgebessert werden.

Dampfsperren aus Kunststoffbahnen, insbesondere PE-Folien, werden oftmals aus Kostengründen eingesetzt. Aufgrund ihrer Größe können sie schnell und kostengünstig verlegt werden. Sie weisen aber wenig Widerstand gegen mechanische Beschädigungen auf. Eine Nachbesserung kann nur mit Klebebändern erfolgen. Dampfsperrbahnen aus PE-Folien können nicht als Notabdichtung eingesetzt werden. Probleme bereiten häufig die Klebebänder, die nach Kontakt mit angefallenem Niederschlagswasser zum sog. Verseifen neigen. Dabei wird die Klebkraft nahezu bis ganz aufgehoben. Die Naht- und Stoßverklebungen öffnen sich wieder. Sollte die PE-Folie die Aufgabe der Luftdichtheitsschicht übernehmen, wären in der Folge erhebliche Schäden zu erwarten.

Anschluss der Dampfsperre

(2) Dampfsperren sind

- *an An- und Abschlüssen bis Oberkante Dämmschicht/Dämmstoffkeil hochzuführen und anzuschließen,*
- *an Durchdringungen anzuschließen.*

Das Hochführen der Dampfsperre über den angeordneten Dämmstoffkeil trifft nur dann zu, wenn es sich um eine ungedämmte Wand oder eine ungedämmte Durchdringung handelt. Wird eine Attika umlaufend gedämmt, so ist die Dampfsperre bis zur Vorderkante der Attikakrone zu führen. Bei Anschlüssen an gedämmtes aufgehendes Mauerwerk ist sie bis zur Unterkante der geplanten Wärmedämmung des Wärmedämmverbundsystems zu ziehen.

In der Abbildung „5.1 Beweglicher Anschluss mit Hilfskonstruktion – Ausführung mit Bitumenbahnen“ ist das zeichnerisch unterschiedlich dargestellt. Hier ist die Dampfsperre lediglich als Luftdichtheitsschicht an das Mauerwerk angeschlossen, während in Abbildung „4.3 Starrer Wand-

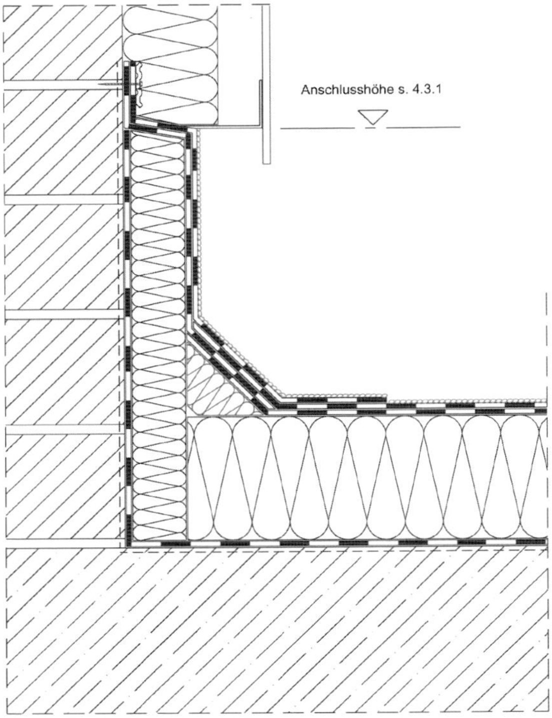

Abb. 8: Starrer Wandanschluss mit Bitumenbahnen

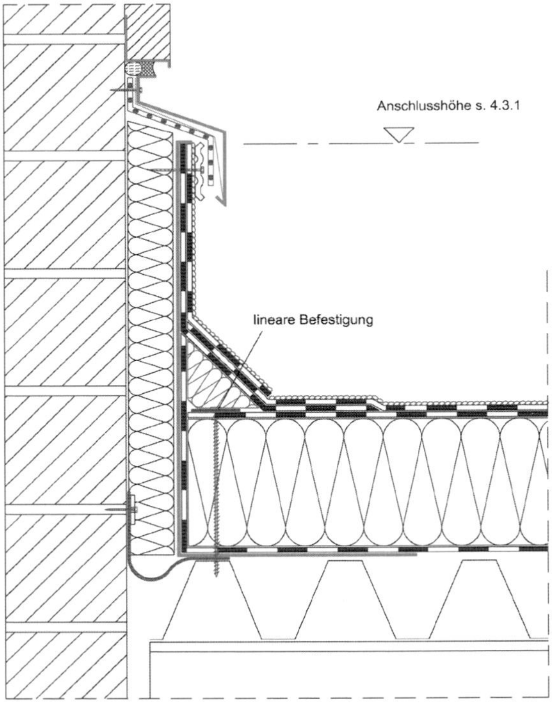

Abb. 9: Beweglicher Anschluss mit Hilfskonstruktion

anschluss mit Bitumenbahnen – gedämmte Wand mit hinterlüfteter Außenwandbekleidung“ die Dampfsperre bis zur Oberkante der Wärmedämmung des Anschlusses geführt ist.

Es muss allerdings angemerkt werden, dass die Zeichnungen noch nicht in allen Bereichen den Neuerungen der Fachregel angepasst werden konnten.

Dampfsperre als Luftdichtheitsschicht

(3) Wenn die Dampfsperre zusätzlich die Funktion einer Luftdichtheitsschicht erfüllen soll, ist diese an Überdeckungen, An- und Abschlüsse und Durchdringungen dicht anzuschließen.

Wie bereits beschrieben (siehe Abschnitt „3.4 Konstruktionsarten“, Seite 26 ff.), übernimmt die Dampfsperre bei den überwiegenden Ausführungen gleichzeitig die Aufgabe der Luftdichtheitsschicht. Das ist insofern sinnvoll, da bei der Ausführung der Luftdichheitsschicht raumseits mit Abstand zur Dampfsperre Probleme mit Tauwasserausfall entstehen können. Diese können auftreten, wenn mehr als 20 % des Gesamtwärmedurchlasswiderstands (R) raumseits der Dampfsperre angeordnet sind. Stehende Luft oder ruhende Luftschichten haben einen entsprechenden Dämmwert. Wenn nun durch Diffusion durch die Luftdichtheitsschicht (luftdicht ist nicht zwangsläufig diffusionsdicht!) Feuchtigkeit an die Unterseite der Dampfsperre gelangen kann, die Dampfsperre aber durch die wärmedämmende Wirkung der stehenden Luft bereits abgekühlt ist, fällt die eingedrungene Feuchtigkeit als Tauwasser aus.

Damit keine feuchtwarme Luft durch Konvektion in die Dachkonstruktion eindringen kann, muss die Dampfsperre luftdicht als Schicht ausgebildet werden. Dabei sind die An- und Abschlüsse ebenfalls luftdicht auszubilden.

(4) Bei der Bewertung der Dampfsperre für nicht klimatisierte, normal genutzte Räume können Durchdringungen von mechanischen Befestigungen vernachlässigt werden.

Hier spielen zwei wesentliche Faktoren eine Rolle:

1 Die Durchdringung kann die Luftdichtheit nachteilig beeinflussen.

2 Eine mechanische Befestigung kann eine Wärmebrücke darstellen.

Beispiel

Die Problematik im Zusammenhang mit dem ersten Faktor wird bei Dachaufbauten mit Stahltrapezprofilen, PE-Dampfsperre, Wärmedämmung und Abdichtung deutlich.

Die Dampfsperre wird lose auf die Stahltrapezprofile aufgelegt. Anschließend wird die Wärmedämmung und die Dachabdichtung angeordnet. Vielfach wird die mechanische Befestigung mit sog. Setzautomaten ausgeführt. Die Abstände zwischen den Befestigern werden geschätzt. Durch jede Fehlbohrung wird die dünne PE-Folie beschädigt. Sehr häufig werden die fehlerhaft gesetzten Befestiger wieder herausgerissen. Das raue Gewinde reißt zusätzlich das Bohrloch auf. Je häufiger solche Fehlbohrungen passieren, desto schädlicher sind die Folgen. Feuchtwarme Luft kann in den Aufbau konvertieren und dort als Tauwasser ausfallen (Abb. 10).

Abb. 10: Fehlerhaft angeordnete Befestiger

Um derartige Fehlbohrungen zu vermeiden, sollten Bohrschablonen verwendet werden. Nur so kann vermieden werden, dass nicht auch bei den Stahltrapezprofilen ein Schaden entsteht.

Sind keine Fehlbohrungen vorhanden, sind die Durchdringungen, in denen der Befestiger verblieben ist, zu vernachlässigen.

Die Problematik im Zusammenhang mit dem zweiten Faktor kann folgendermaßen verdeutlicht werden:

Unter „normal genutzten Räumen" versteht man solche Räume, die eine Temperatur von ≥ 19 °C bis ca. 25 °C und eine relative Luftfeuchtigkeit von 50–65 % aufweisen.

Bei Dachkonstruktionen mit Stahltrapezprofilen werden die Unteransichten aus akustischen und optischen Gründen mit abgehängten Deckenbekleidungen versehen. Es entsteht eine mehr oder weniger ruhende Luftschicht. Die strahlende Wärme aus den Räumen kann wegen der Deckenbekleidung nicht oder nur reduziert an die Unterseite der Stahltrapezprofile gelangen. Je nach Befestigertyp kann hier Tauwasser an der Spitze ausfallen. Davon sind vorwiegend solche Befestiger betroffen, die einen durchgehenden metallischen Schaft haben. Bei niedrigen Außentemperaturen führt der Schaft so viel Wärme nach außen ab, dass er stark abkühlt. Er stellt eine Wärmebrücke dar.

In diesen Fällen sind zweiteilige Befestiger zu bevorzugen. Diese haben einen Kunststoffschaft und -teller. In dem Schaft wird die Metallschraube geführt. Die Fixierung erfolgt an der Unterkante des Kunststoffschafts, wo der Schraubenkopf an eine verengte Stelle gelangt.

Bei klimatisierten Räumen wird der Innenraum üblicherweise in den Sommermonaten ebenfalls auf ca. 21 °C heruntergekühlt. Je nach Art der Abdichtung kann in diesen Fällen eine Umkehrdiffusion stattfinden. Dabei wird u. U. feuchtwarme Luft von außen in die Konstruktion geführt. Diese gelangt durch Beschädigungen der Dampfsperre in die Innenräume. Vereinzelt sind Schäden durch Korrosion am Metallschaft der Befestigungselemente beobachtet worden.

Verlegen der Dampfsperrbahn

(5) Dampfsperrbahnen sind auf Trapezprofilen generell in Spannrichtung gleichlaufend zu den Obergurten zu verlegen. Die Längsnaht muss auf einem Obergurt liegen. Die Quernaht kann auf einem temporären Hilfsauflager, z. B. aus Blechstreifen, hergestellt werden.

Dieser Absatz ist in erster Linie für bahnenförmige Dampfsperren von Bedeutung. Bahnen mit einer Breite von ca. 1 m werden deshalb in Spannrichtung verlegt, damit die längste Nahtverbindung auf einem Obergurt aufliegen kann. Das führt zu einer erhöhten Sicherheit der Nahtverbindung. Würde eine solche Nahtverbindung über einem Untergurt angeordnet, würden die Nähte herunterklappen und durch das Eigengewicht der Bahn in Verbindung mit Wärme aus dem Gebäudeinneren allmählich auseinandergezogen werden.

Neu ist der dritte Satz. Bislang wurde die Ausführung der Quernähte nicht explizit angesprochen. Probleme bereiten Quernähte bei bituminösen Dampfsperren. Wird die unterliegende Bahn mit weniger Querspannung aufgebracht, hängt also über einem Untergurt etwas mehr durch als die überdeckende Bahn, dann wird sich die Nahtverbindung im Laufe der Zeit lösen. Um eine nachhaltige Verbindung zu erhalten, sollten während der Nahterstellung vorübergehend Blechstreifen als Auflager dienen.

(6) Bitumen-Dampfsperrbahnen nur mit Metalleinlage müssen auf Betondecken auf einer zusätzlich aufzubringenden Lochglasvlies-Bitumenbahn oder einer Bitumenbahn vollflächig aufgeklebt werden.

Metallbandeinlage

Metallbandeinlagen haben eine geringe Reißfestigkeit. Zudem können kleine Unebenheiten oder Grate die Einlage schnell zerstören. Um diese Gefahren abzuwenden, sind vorher Schutzlagen anzuordnen. Die vollflächige Verklebung ist deshalb erforderlich, weil bei ausschließlich verklebten Aufbauten die Windsogsicherung nach DIN 1055-4 Berücksichtigung finden muss.

(7) Dampfsperren aus Kunststoffbahnen müssen auf rauem Untergrund auf einer zusätzlichen Ausgleichsschicht oder mit werkseitig aufgebrachter Ausgleichsschicht verlegt werden.

Kunststoffbahn

Dampfsperren aus Kunststoffbahnen sind erheblich dünner als Bitumen-Dampfsperrbahnen. Dadurch sind sie erheblich empfindlicher gegenüber mechanischen Beschädigungen. Kleine Grate können zur Zerstörung führen. Durch das Gewicht des nachfolgenden Aufbaus bzw. durch Mannlasten während der Ausführungen werden z. B. die PE-Folien auf den Untergrund gepresst. Selbst geringfügige Unebenheiten auf schmalem Raum können dazu führen, dass die Bahnen dort unzulässig gedehnt und zerstört werden.

(8) Ist bei Porenbetondecken, Stegzementdielen u. Ä. eine zusätzliche Wärmedämmung vorgesehen, so ist ein Nachweis über die Notwendigkeit einer Dampfsperre hinsichtlich des Tauwasserausfalls zu führen (siehe „Merkblatt Wärmeschutz bei Dach und Wand“).

Derartige Konstruktionen bedürfen einer intensiven Beschäftigung mit der Bauphysik.

Im „Merkblatt Wärmeschutz bei Dach und Wand“ wird im Kapitel „3 Anforderungen“, Abschnitt „3.2 Diffusion“ beschrieben:

„3.2.2 Dächer

(3) Bei folgenden nicht belüfteten Dächern kann auf einen rechnerischen Nachweis verzichtet werden:

b) Nicht belüftete Dächer mit Dachabdichtung

(…)

- Nicht belüftete Dächer aus Porenbeton nach DIN 4223 mit Dachabdichtung und ohne Dampfsperre an der Unterseite und ohne zusätzliche Wärmedämmung.“

Porenbeton

Porenbeton hat ein μ (Wasserdampfdiffusionswiderstand) zwischen 5 und 10. Gleichzeitig hat er eine Wärmeleitfähigkeit von 0,13 W/m · K (bei 400 kg/m³) bis 0,25 W/m · K (bei 800 kg/m³). Im Vergleich dazu hat bewehrter Stahlbeton, 2.300 kg/m³ Masse und einem Bewehrungsgrad bis 1 %, ein μ von 80 bis 130 und eine Wärmeleitfähigkeit von 2,3 W/m · K.

Porenbeton hat also einen geringeren Sperrwert, aber dafür eine erheblich besser dämmende Wirkung.

In Dächer mit Unterkonstruktionen aus Porenbeton kann Feuchtigkeit ausschließlich durch Diffusion eindringen. Porenbeton hat aufgrund seiner porösen Struktur eine recht hohe Wasseraufnahmefähigkeit, leider auch Speicherfähigkeit. Wenn nun in der kalten Jahreszeit Feuchtigkeit in die Porenbetondecke diffundiert ist, gelangt ein Teil nach geraumer Zeit an die Unterseite der Dachabdichtung, der überwiegende Teil fällt durch Abkühlung innerhalb der Porenbetondecke als Tauwasser aus. Es muss nun gesichert sein, dass deutlich mehr als die angefallene Menge Feuchtigkeit in der Trockenperiode austrocknen kann. Bei Dachaufbauten mit einem hohen Sperrwert (Bitumen) wird man sich hier überwiegend auf die Umkehrdiffusion verlassen müssen. Bei Kunststoffbahnen ist der Sperrwert i. d. R. deutlich niedriger, eine Diffusion kann auch nach außen erfolgen.

Wird nun aber eine weitere Wärmedämmung, z. B. aufgrund der Forderungen der EnEV, erforderlich (eine 24 cm dicke Porenbetondecke mit einer Wärmeleitfähigkeit von 0,13 W/m · K hat einen U-Wert von ca. 0,50 W/m² · K), muss der Nachweis der Notwendigkeit deshalb erbracht werden, weil die Gefahr besteht, dass mehr als 20 % des Gesamtwärmedurchlasswiderstands R raumseits einer Dampfsperre, die zwischen der Porenbetondecke und der zusätzlichen Wärmedämmung angeordnet wäre, anstehen werden. In der Folge ist keine Diffusion durch die Dampfsperre möglich. Wegen der Dicke der Wärmedämmung auf der Außenseite der Dampfsperre würde die Umkehrdiffusion auf der Unterseite nicht eintreten. Die Temperaturunterschiede wären zu gering bzw. nicht vorhanden. Es wird immer mehr Feuchtigkeit in der Porenbetondecke verbleiben, als wieder austrocknen kann. Im Laufe der Zeit werden schwere Schäden bis hin zu statischen Problemen auftreten.

Der Nachweis wird nach dem Glaserverfahren erbracht. Neuere Berechnungsmethoden, z. B. nach Wufi, ermöglichen zusätzliche den Örtlichkeiten und den jahreszeitlichen Gegebenheiten angepasste Berechnungen, die in dem Glaserverfahren nicht berücksichtigt werden.

Schaumglasplatte

(9) Schaumglasplatten sind dampfdiffusionsdicht. Sie können die Funktion einer Dampfsperre übernehmen, wenn die Fugen mit Bitumenmasse oder Klebstoff geschlossen sind.

Schaumglas hat unabhängig von der Dicke einen Sperrwert (sd-Wert) von ≥ 1.500 m. Auf eine zusätzliche Dampfsperre kann verzichtet werden. Bei Verlegung auf Betondecken werden die Boards in Heißbitumen geschwemmt. Dabei soll die Bitumenmasse an den Plattenstößen nach oben austreten.

Durchdringungen müssen aber nach wie vor angeschlossen werden, insbesondere dann, wenn durch das Schaumglas die Luftdichtheitsschicht erbracht werden soll.

Auch bei der Verlegung mit geeigneten Klebstoffen müssen die Fugen dicht geschlossen werden.

Wärmedämmung

2.5.4 Wärmedämmung

(1) Dämmplatten und rollbare oder klappbare Wärmedämmbahnen können lose verlegt oder werkstoffspezifisch unter Berücksichtigung der Sicherung von Dachabdichtungen gegen Abheben durch Windkräfte vollflächig oder teilflächig verklebt oder mechanisch befestigt werden.

Polystyrol-Partikelschaum (EPS = expandiertes Polystyrol) ist als Dämmplatte, Rollbahn und Klappbahn erhältlich. Sie können lose verlegt, lose verlegt mechanisch befestigt (Befestigung erfolgt über die Dachabdichtung) oder je nach Erfordernis punkt- oder streifenweise aufgeklebt werden.

Die übrigen in Abschnitt „3.4 Konstruktionsarten", Abschnitt „Wärmedämmung" (siehe Seite 30) und in Abschnitt „2.4 Werkstoffe und Anforderungen" (siehe Abschnitt 3.6.4, Seite 81 ff.) aufgeführten Wärmedämmstoffe sind mit Ausnahme der aufgelisteten Schüttungen aus expandierten bituminierten Mineralien nur als Plattenware erhältlich.

Mit „werkstoffspezifisch" ist z. B. gemeint, dass Dämmstoffe aus Mineralfasern, die keine zusätzliche Oberflächenbeschichtung aufweisen, nicht als verklebter Aufbau vorgesehen werden können.

Wärmedämmungen aus Polystyrol (EPS und XPS) können nicht mit Heißbitumen auf dem Untergrund verklebt werden, da sie zusammenschmelzen würden.

Dämmstoffe aus Polyurethan müssen vollflächig aufgeklebt werden.

Alle vorgenannten Dämmstoffe können mechanisch befestigt werden.

(2) Soll die Wasserunterläufigkeit verhindert werden, sind Schaumglasplatten auf geschlossener Unterlage (z. B. Beton) vollflächig in Bitumen oder mit einem anderen geeigneten Klebstoff zu verlegen. In diesem Fall sind an die Ebenheit des Untergrunds besondere Anforderungen zu stellen.

Verlegetechnik

Entscheidend ist der Hinweis auf die besonderen Anforderungen hinsichtlich der Ebenheit des Untergrunds.

Die Notwendigkeit ergibt sich aus der Verlegetechnik bei Schaumglasplatten. Das Heißbitumen wird auf den Untergrund gegossen. Die Platten werden

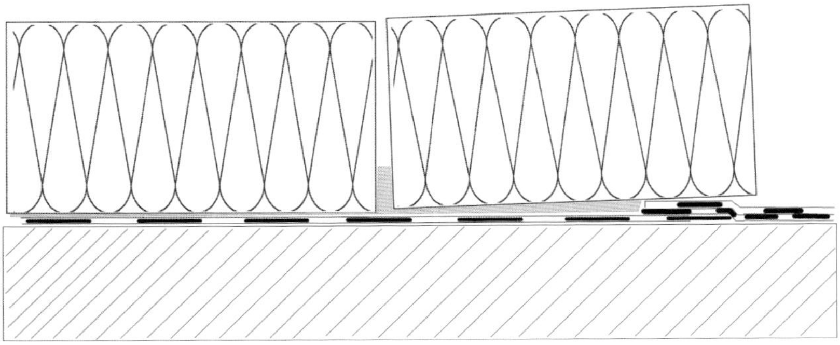

Abb. 11: Schaumglas mit nach unten breiter werdender Fuge

diagonal auf dem Heißbitumen „schwimmend“ an die bereits verlegten Platten herangeführt. Dabei muss das Bitumen von unten aus den Fugen quellen. Nur so ist die vollflächige und fugendichte Verlegung gewährleistet.

Entsteht wegen eines extrem unebenen Untergrunds ein höheres Auflager an einer Plattenkante, liegen die Fugen nicht mehr parallel senkrecht zueinander. Die Oberkante erscheint geschlossen, nach unten weitet sie sich aber keilförmig. Das Bitumen kann weder von unten nach oben hervorquellen, noch kann ein erforderlicher Deckanstrich mit Heißbitumen die Fuge verschließen, da das Bitumen sich weiter und unkontrolliert verteilt. Je dicker die Wärmedämmung ist, desto größer wird der Keil zwischen den Plattenkanten.

Derartige Unebenheiten entstehen z. B. dort, wo aus Gründen des Bauablaufs zunächst eine Notabdichtung aus Bitumen-Schweißbahnen aufgebracht wurde. Der Nahtbereich ist davon besonders betroffen, speziell dort, wo drei Bahnen im Naht- und Stoßbereich aufeinandertreffen (Abb. 11).

(3) Platten oder bahnenförmige Dämmstoffe sollen im Fugenversatz eng aneinander verlegt werden. Fugen aus zulässigen Maßabweichungen und temperaturbedingten Längenänderungen lassen sich nicht vermeiden. Hinsichtlich der Fugentoleranzen siehe auch DIN EN ISO 6946. An Fugen von Wärmedämmungen oder im Bereich von Randhölzern, Zargen u. Ä. ergibt sich ein von den Werten der Fläche geringfügig abweichender Wärmedurchlasswiderstand. Dadurch können bei Reif, dünner Schneedecke oder Feuchtigkeit auf der Dachfläche Abzeichnungen erkennbar werden, die die Funktionsfähigkeit nicht beeinträchtigen.

Fuge

Die enge Verlegung der Dämmstoffe im Fugenbereich ist eigentlich obligatorisch und üblich. Dennoch ist sie bei Dämmstoffen wichtig, die ohne Stufenfalz oder andere Falzausbildung hergestellt werden, da sich in diesem Fall Maßabweichungen deutlicher abzeichnen. Bei klapp- oder rollbaren Dämmstoffen ist eine Falzausbildung nicht üblich. Bedingt durch die Größe der Bahnen kann es bei der Verlegung schon bei geringen Verschiebungen zu großen Fugenabständen kommen. In diesen Fällen ist eine Fixierung als Montagehilfe vorzusehen. Der Absatz 1 im Abschnitt „2.5.4 Wärmedämmung“ ist zu berücksichtigen.

Bei einem Fugensatz reicht etwa ein Drittel bis die Hälfte der Plattenkantenlänge der Dämmplatte über eine Kopffuge der nebenliegenden Dämmplatte. Dabei besteht die Gefahr, dass durch den geringen Versatz im Kopffugenbereich, also die Abweichung eines geradlinigen Verlaufs der Langfugen, die Dämmplatten nicht mehr parallel zueinander liegen. Je größer die Länge der Plattenkanten oder der Bahn, desto problematischer wird die gesamte Verlegung des Dämmstoffes.

Holzbohlen im Bereich von Dachrändern oder Lichtkuppeln weisen u. U. zusätzliche Maßtoleranzen in der Breite auf. Werden die Platten mit der werkseitigen Kante dagegen gebracht, sind die Fugen im Normalfall sehr schmal. Werden bauseitig erstellte Kanten erforderlich, so ist die Fuge mit geeigneten Materialien zu schließen. Bauschäume aus Dosen, die keine definierte Wärmeleitgruppe haben, sind ungeeignet und würden lediglich eine Montagehilfe darstellen. Fichte/Tanne hat eine Wärmeleitgruppe von 0,13 W/m · K, eine Polystyrol-Wärmedämmung im Normalfall von ≤ 0,040 W/m · K. Aufgrund der geringen Breite bei gleicher Dicke wie der Dämmstoff beeinflusst eine Holzbohle im Bereich der Dachränder, als Schubbohle bei geneigten Konstruktionen oder als Holzbohlenkranz für Lichtkuppeln, den Gesamtwärmedurchlasswiderstand nicht nachteilig. Auch die Forderung aus der DIN 4108 nach dem Mindestwärmeschutz wäre hier zu vernachlässigen.

Derartige Wärmebrücken können durch besondere Maßnahmen minimiert werden. Eine solche Maßnahme könnte die Anordnung eines Dämmstoffstreifens aus hoch belastbaren (dh) Dämmstoffen (z. B. XPS oder Schaumglas) unterhalb einer Holzbohle darstellen. Dabei ist zu beachten, welche Aufgaben die Holzbohle übernehmen muss. Danach sind die Art und Anzahl der Befestigungsmittel zu wählen. Dient die Holzbohle z. B. lediglich zur Aufnahme von Dachrinnenhaltern und wird nicht auf seitlichen Druck beansprucht, können andere Befestigungsmittel gewählt werden, als wenn sie gleichzeitig noch zur Aufnahme horizontaler Kräfte, wie etwa bei linearer Befestigung von Kunststoffbahnen, eingesetzt wird.

Für den Bereich Wärmebrücken siehe auch den Abschnitt „3.8 Wärmebrücken" im „Merkblatt Wärmeschutz bei Dach und Wand".

(4) Roll- und Klappdämmbahnen sind auf Trapezprofilen generell in Spannrichtung (gleichlaufend zu den Obergurten) zu verlegen.

Rolldämmbahn

Diese Forderung ist insbesondere bei Rolldämmbahnen einzuhalten. Bedingt durch die schmalen Dämmelemente würde es bei Verlegung senkrecht zu den Obergurten zu Durchsackungen im Bereich der Untergurte kommen, da hier die erforderliche Auflage für die Dämmelemente fehlt. Nur wenn die Verlegerichtung parallel zu den Obergurten erfolgt, können die Dämmelemente eine statische Aufgabe, das Überbrücken der Abstände zwischen den Obergurten, übernehmen.

Diese Art der Verlegung birgt ein besonderes Problem. Gemäß Absatz 7 des Abschnitts 2.5.6.2 „Dachabdichtungen aus Bitumenbahnen" können die Kaschierungen von Roll- oder Klappdämmbahnen unter bestimmten Voraussetzungen die Aufgabe der ersten Lage der Abdichtung übernehmen. Bei mechanisch befestigten mehrlagigen Dachaufbauten sollte die Befestigung im Überdeckungsbereich der ersten Lage angeordnet werden. Müssen die

Roll- oder Klappdämmbahnen parallel zu den Obergurten verlegt werden, ist eine solche Befestigung in den Überdeckungen nicht immer gewährleistet, da die Abstände der Obergurte nicht zwangsläufig mit der Breite der Dämmbahnen harmonieren müssen. In diesen Fällen muss oberhalb der Befestigung ein zusätzlicher Streifen der ersten Lage der Abdichtung angeordnet werden, bevor die Oberlage im Lagenversatz parallel aufgebracht wird.

Klappdämmbahn

Für Klappdämmbahnen, deren Dämmelemente eine ausreichende Länge analog zu den üblichen Dämmstoffplatten aufweisen, ist diese Forderung nach der Verlegerichtung nicht oder nur bedingt nachzuvollziehen. Werden diese Bahnen senkrecht zu den Obergurten aufgebracht, ist eine mechanische Befestigung immer im Überdeckungsbereich der Kaschierung möglich. Die Abstände der Befestigungselemente betragen dann ca. 20–25 cm. Das entspricht einer Anzahl von vier Befestigern pro m^2 und gilt somit in den überwiegenden Fällen als ausreichende Befestigung im Flächenbereich „G“ und „H“ (siehe Anhang I, Tabellen I und II). Die Oberlage kann im Lagenversatz ohne vorherige Zuschnittstreifen der ersten Lage aufgebracht werden.

(5) Dämmplatten, auf die Dachabdichtungen unmittelbar aufgeklebt werden, dürfen auf der Oberseite keine Ausgleichskanäle aufweisen.

Werden z. B. Abdichtungen mit Bitumenbahnen aufgeklebt, können diese in kurzer Zeit im Bereich der Kanäle durchhängen und ggf. an der Trägereinlage beschädigt werden.

(6) Wird auf Dämmplatten aus Polystyrol-Hartschaum die erste Lage der Dachabdichtung geschweißt oder mit Heißbitumen aufgeklebt, müssen diese oberseitig mit überlappender Kaschierung versehen sein. Die Überlappungen müssen nicht verklebt werden.

Polystyrol

Auch diese Forderung wurde aus der alten Fachregel übernommen. Polystyrol schmilzt schon bei recht geringen Temperaturen von über 140 °C. Heißbitumen hat eine Temperatur zwischen 180–230 °C, liegt also deutlich darüber. Ähnliches gilt für die offene Flamme beim Warmgasschweißen. Der jeweils direkte Kontakt zerstört das Polystyrol, es schmilzt oder verbrennt ab ca. 350 °C, die bei der offenen Flamme erreicht werden können.

(7) Polyurethan-Hartschaumplatten sind gemäß Herstellerverlegerichtlinien voll- oder gleichmäßig verteilt teilflächig auf dem Untergrund zu verkleben oder mechanisch zu befestigen.

Die Vorgängerfassung der Flachdachrichtlinie enthielt an dieser Stelle die Forderung ausschließlich nach einer vollflächigen Verklebung.

Nunmehr gibt die neue Fachregel teilflächige Verklebungen nach Herstellervorgaben frei. Diese Forderung ist unabhängig von der möglichen Windsogsicherung zu betrachten. PUR neigt zum Schüsseln, d. h., die Plattenkanten können sich bei Temperatureinwirkung aufstellen und so zu unzulässigen Kanten führen. Die vollflächige oder gleichmäßig verteilte Teilverklebung soll diesem Effekt vorbeugen.

(8) Gefälledämmungen (Dämmstoffe mit entsprechendem Zuschnitt) oder gebundene Schüttungen aus expandierten Mineralien eignen sich zur Herstellung von Gefällekeilen oder flächigem Gefälle oberhalb der Dampfsperre.

Gefälledämmung

Gefälledämmungen werden überwiegend aus expandiertem Polystyrol hergestellt, da hierbei ein relativ günstiges Preis-Leistungs-Verhältnis besteht. Schaumglasplatten können wie Mineralwolle ebenfalls als Gefälleplatten geliefert werden.

Soll das Gefälle durch gebundene Schüttungen erreicht werden, empfiehlt sich die Anordnung der Schüttung unterhalb der Dämmplatten. Die Dämmplatte dient als lastverteilende Schicht und die Gefahr, dass Punktbelastungen zu Schäden an der gebundenen Schüttung (Zerbrechen, Zerbröseln), z. B. während der Ausführung, führen, wird verringert.

Tipp

Soll ein Gefälle durch eine Gefälledämmung erstellt werden, empfiehlt es sich aus wirtschaftlichen Gründen, zunächst eine gleichmäßig dicke Dämmung als Grunddämmung anzuordnen. Darauf kann dann entsprechend den Erfordernissen die Gefälledämmung angeordnet werden. Bei ausschließlich verklebten Dachaufbauten sind dabei die erforderlichen Klebekräfte zu beachten, um die ausreichende Windsogsicherung zu erhalten. Diese Art der Verlegung hat zusätzlich den Vorteil, dass Wärmebrücken durch Fugen in der Fläche extrem minimiert werden.

(9) Werden Dämmschichten über der Abdichtung angeordnet, die damit direkter Feuchtigkeitseinwirkung ausgesetzt sind, müssen entsprechend geeignete Werkstoffe, z. B. Polystyrol-Extruderschaum XPS, verwendet werden. Bei diesem Dämmsystem sind die bauaufsichtlichen Auflagen zu beachten.

Wesentliche Punkte sind:

- *Dämmschichten über der Abdichtung werden vorzugsweise auf schwerer Unterlage (z. B. Ortbeton) verwendet.*

Dieser Hinweis ergibt sich aus der Notwendigkeit, dass bei den sog. Umkehrdächern eine Auflast erfolgen muss, um die Dämmplatten in ihrer Lage zu halten und gegen Aufschwimmen zu sichern. Leichtbauweisen wie Holzunterkonstruktionen oder Stahltrapezprofile sind im Normalfall nicht für diese zusätzlichen Lasten ausgelegt.

- *Die Verlegung des Dämmstoffes erfolgt einlagig mit Stufenfalz.*

Das ist eine unbedingte Forderung. Bei einer mehrlagigen Verlegung kann Niederschlagswasser zwischen die Einzelschichten eindringen. Das kann insbesondere dann zu einer Verschlechterung der Dämmwirkung führen, wenn ein ständiger Durchfluss entsteht.

Die Ausführung mit einer Stufenfalz dient der Lagesicherung der Dämmplatten.

- *Über der Dämmschicht ist zusätzlich eine Filtermatte oder -vlies erforderlich, um zu vermeiden, dass Fremdkörper unter die Dämmplatten gelangen.*

Werden Fremdkörper unter die Wärmedämmung gespült, erhöht sich der Durchflusswert des Niederschlagswassers mit der Folge, dass die Dämmwirkung nachlässt. Zusätzlich können kleinere Steine/Kiesel bei Belastung, z. B. durch Mannlasten während durchgeführter Wartungsarbeiten, in die Dachabdichtung oder die Dämmplatten gedrückt werden und diese beschädigen. Leckagen in der Dachabdichtung können dann nur noch mit einem vollständigen Rückbau der Auflast und der Wärmedämmung gefunden werden.

- *Auf den Dämmplatten ist eine Auflast erforderlich. Bei der Bemessung der Auflast ist die jeweilige Windlast und der Auftrieb zu berücksichtigen. Die Lagesicherheit der Dachabdichtung ist gesondert nachzuweisen.*

Auflast

Sowohl der Auftrieb als auch die Windlast müssen berücksichtigt werden. Oftmals stehen Starkwindereignisse in Verbindung mit Starkregen. Kommen beide Kräfte, also der Windsog und der Auftrieb, zusammen, muss die Auflast so ausreichend dimensioniert sein, dass die Wärmedämmung in ihrer Lage liegen bleibt.

Die Dachabdichtung, insbesondere lose verlegte Aufbauten, muss trotzdem getrennt von den Anforderungen an die Wärmedämmung berechnet werden.

- *Die Dachentwässerung ist so zu legen, dass ein langfristiges Überstauen der Wärmedämmung ausgeschlossen ist.*

Überstauen

Diese Aussage deckt sich mit der, wonach Niederschlagswasser auf kurzem Weg abgeleitet werden muss. Die Betonung liegt hier auf dem Begriff „langfristig“. Ein kurzfristiges Überstauen, z. B. bei einem Jahrhundertregen, ist unvermeidbar. Bei einer langfristigen Überstauung der Wärmedämmung tritt zudem ein hydrostatischer Druck im Sinne der DIN 18195 auf, da die Dicke der Wärmedämmung entsprechend der EnEV deutlich über 100 mm liegen dürfte (gilt bei normal geheizten Gebäuden).

- *Zur Vermeidung von Wärmeverlusten kann eine Erhöhung der Dämmstoffdicke erforderlich werden.*

Dämmstoffe aus Polystyrol-Extruderschaum haben üblicherweise eine Wärmeleitgruppe von 0,040 W/m · K bei einer Dicke von 100 mm. Bedingt durch die unvermeidbare Wasserunterläufigkeit und den damit verbundenen geringen Wärmeverlust sollte die Dicke der Dämmung dann erhöht werden, wenn die Anforderungen an der unteren Grenze der Erfordernisse liegen. Es kann nicht ausgeschlossen werden, dass Dämmstoffe aus Polystyrol-Extruderschaum im Laufe der Zeit einen Teil ihrer Dämmwirkung durch Feuchtigkeitsaufnahme einbüßen.

- *Schichten oberhalb der Wärmedämmung müssen diffusionsoffen sein.*

Polystyrol-Extruderschaum ist nicht dampfdicht. Es kann geringe Mengen Feuchtigkeit in Gasform, vor allem über Schnittkanten, aufnehmen. Damit die Verluste der Dämmeigenschaften nicht nachhaltig werden, muss die eingedrungene Feuchtigkeit wieder abtrocknen können. Ist oberhalb der Wärmedämmung eine dampfdichte Schicht angeordnet, kann der Austrocknungsvorgang massiv behindert oder gestoppt werden. Es wird im Laufe der Zeit mehr Feuchtigkeit eindringen, als abtrocknen kann. Der Dämmstoff „säuft ab“.

Es stellt sich allerdings die Frage, wie sich das Austrocknungsverhalten bei begrünten Dachaufbauten verändert bzw. verhält. Selbst wenn ein wasserabweisendes Trenn- oder Schutzvlies oberhalb der Wärmedämmung angeordnet wird, ist die nachfolgende Substratschicht feucht. Je nach Pflegezustand der Vegetationsschicht verändert sich das Diffusionsverhalten der Begrünung zusätzlich nachteilig.

Ein wesentlicher Vorteil von Dämmungen oberhalb der Dachabdichtung ist die dadurch verringerte thermische Belastung der Dachabdichtungen.

Dampfdruckausgleichschicht Trennschicht

2.5.5 Dampfdruckausgleich- und/oder Trennschicht

(1) Dampfdruckausgleich soll durch eine zusammenhänge Luftschicht erreicht werden, wenn mit Feuchtigkeit unter der Dachabdichtung gerechnet werden muss, deren Wasserdampfdruck sich nicht verteilen kann. Dazu kann die erste Lage der Dachabdichtung punkt- oder unterbrochen streifenweise aufgeklebt oder lose verlegt werden.

Mit Feuchtigkeit kann oder muss immer dann gerechnet werden, wenn ein vorhandenes Dachschichtenpaket durch ein weiteres, neues Paket ergänzt werden soll. Bei alten mehrlagigen Dachabdichtungen kann oftmals nicht ausgeschlossen werden, dass Restfeuchtigkeit in dem Lagenpaket oder der vorhandenen Wärmedämmung vorhanden ist. Diese Feuchtigkeit sollte nach Möglichkeit ausdiffundieren können. Ist nun das nachfolgende neue Schichtenpaket vollflächig verklebt, kann in Bereichen mit geringfügigen Hohlräumen die Feuchtigkeit eindringen. Da sie sich nicht verteilen kann, fällt sie in der kühleren Jahreszeit konzentriert als Tauwasser aus und führt zu Schäden. Zusätzlich kann eine erhebliche, ständig wachsende Blasenbildung innerhalb der Dachabdichtung stattfinden.

Bei punkt- oder streifenweise, mehr noch bei lose verlegten Dachabdichtungen mit mechanischer Befestigung muss darauf geachtet werden, dass die Dachränder in der Art geschlossen sind, dass kein zusätzlicher Winddruck unter die Dachabdichtung gelangen kann. Wenn die Dampfdruckausgleichschicht an die Außenluft angeschlossen werden soll, muss die Konstruktion entsprechend winddrucksicher ausgeführt werden.

Der Grund ist, dass mechanische Befestigungen lediglich auf Windsog berechnet und geprüft sind, nicht aber auf zusätzlichen Winddruck unterhalb der Dachabdichtung.

(2) Werden Dämmplatten verwendet, deren temperaturbedingte Längenänderung sich nachteilig auf die Dachabdichtung auswirken kann, z. B. XPS, ist eine vollflächige Trennung zwischen Dämmschicht und Dachabdichtung vorzusehen.

Der Grund hierfür wurde bereits im Zusammenhang mit Abschnitt „2.1.2 Mechanische Beanspruchung“ beschrieben (siehe Seite 50).

(3) Im Einzelfall kann zur Erfüllung der Brandschutzanforderungen der Einbau einer Trennlage aus nicht brennbaren Werkstoffen, z. B. Rohglasvlies, erforderlich werden.

Diese Forderung muss dann erfüllt werden, wenn z. B. eine Kunststoffbahn nicht allein den Status als „harte Bedachung“ erfüllt. Eine Trennlage kann dann in Verbindung mit der Kunststoffbahn diesen Status erreichen. Gelegentlich kann eine Trennlage auch nur in Einzelbereichen, z. B. im Bereich von Brandmauern oder im Bereich von aus Dachflächen heraus aufgehenden Fassaden, erforderlich werden.

Dachabdichtung

2.5.6 Dachabdichtung

2.5.6.1 Allgemeines

Die Bemessung der Dachabdichtung ist unter Berücksichtigung der Anwendungskategorien K1 und K2 und der Beanspruchungsklassen IA, IB, IIA und IIB vorzunehmen. Die Zuordnung der Dachabdichtung zu den Kategorien und Klassen hat unter Berücksichtigung der für den Einzelfall maßgebenden Anwendungskategorien zu erfolgen. Die Dachabdichtung ist mit Stoffen nach Abschnitt 2.4.5 herzustellen. Bei einlagigen Dachabdichtungen muss die verwendete Bahn (Lage) die an die Abdichtung zu stellenden Anforderungen und Eigenschaften insgesamt allein erfüllen.

Zunächst muss durch den Planer und/oder Bauherrn ermittelt werden, welche Anwendungskategorie (K1 für die Standardausführung, K2 für die höherwertige Dachkonstruktion) erzielt werden soll. Das ist das Planziel. Anschließend muss ermittelt werden, welchen Beanspruchungsklassen die Dachabdichtung unterliegen wird. Erst danach wird die Auswahl der Werkstoffe bestimmt. Bei Dachabdichtungen mit Kunststoff- oder Elastomerbahnen muss die Tabelle „5: Bemessung von Dachabdichtungen aus Kunststoff- und Elastomerbahnen" angewendet werden. In ihr werden die Mindestnenndicken in mm in der Eigenschaftsklasse E1 aufgeführt. Grundsätzlich gilt, dass in der Anwendungskategorie K2 dickere Mindestnenndicken erforderlich sind (ausgenommen bei PIB).

Im Fall der Sanierung kann es zu Problemen bei der Umsetzung der Anwendungskategorie K2 kommen. Auch wenn das Planziel ein Dach dieser Kategorie ist und die Werkstoffe gemäß der entsprechenden Beanspruchungsklasse zugeordnet werden können, muss die Dachabdichtung z. B. wegen nicht ausreichendem Gefälle wieder in die Anwendungskategorie K1 abgestuft werden. Auch ungünstig angeordnete Dachabläufe können ein Grund sein, ein Dach statt in K2 in K1 einstufen zu müssen.

Beispiel

Eine alte Lagerhalle in Betonskelettbauweise soll in ein Bürogebäude umgewandelt werden. Die Deckenkonstruktion ist mit Filigrandecken und einer Schicht Ortbeton ausgeführt. Als Wärmedämmung ist eine Schicht expandiertes Polystyrol (EPS) mit einer Dicke von 80 mm vorhanden. Die Dachabläufe sind nicht gleichmäßig verteilt auf der Dachfläche angeordnet. Zwischen den Dachabläufen sind Pfützen vorhanden, die aus Durchbiegungen der Betondecke entstanden sind. An einer der Schmalseiten ist ein Gebäude angebaut, von dem aus ein Teil der vorhandenen Dachfläche als Dachterrasse genutzt wird. Diese soll auch nach der Sanierung erhalten bleiben. Geplant ist es, die hochwertige EDV-Anlage und einen Ausstellungsraum mit hochwertigen Gütern unterhalb der zu sanierenden Dachfläche anzusiedeln.

Der Bauherr wünscht wegen der hochwertigen EDV-Anlage und der aufwendigen Ausstellungsstücke unbedingt eine Dachabdichtung der

Anwendungskategorie K2. Der Planer, hier der später ausführende Dachdecker, ermittelt zunächst die Möglichkeiten einer Gefällegebung. Da sich die Anforderungen der Energieeinsparverordnung an die Wärmedämmung durch die Nutzungsänderung erhöht haben, plant er, eine Gefälledämmung auszuführen. Gemäß den geplanten Ausführungen der EnEV 2009 darf der U-Wert der Dachfläche nach der Sanierung 0,20 $W/m^2 \cdot K$ nicht überschreiten. Die Dicke der Wärmedämmung muss bei einer Wärmeleitgruppe von 0,040 $W/m \cdot K$ unter Berücksichtigung der Betondecke ca. 160 mm betragen. Der Mindestwärmeschutz gemäß DIN 4108 besagt, dass die Dicke der Wärmedämmung nicht kleiner als 80 mm (WLG 0,040 $W/m \cdot K$) betragen darf, um Schimmel zu vermeiden. Bedingt durch die unglückliche Anordnung der Dachabläufe, die etwa 8 m vor dem angebauten Gebäude liegen, ergibt sich bei 2 % geplantem Gefälle – ein waagerechter Untergrund vorausgesetzt – ein größerer Höhenunterschied als vor der Sanierung von 160 mm zwischen dem Dachablauf und dem aufgehenden Mauerwerk. Da die Dachfläche deutliche Durchbiegungen aufweist, muss das Gefälle der Dämmplatten auf ca. 4 % erhöht werden, um mindestens 2 % Gefälle in fertiger Ausführung (siehe K2) zu erreichen. Der Höhenunterschied zwischen dem Dachablauf und dem aufgehenden Mauerwerk erhöht sich auf 320 mm. Der Planer muss feststellen, dass bei einer solch notwendigen Erhöhung der Dämmstoffdicke die Anschlusshöhen im Bereich der Türöffnungen der Terrassentüren nicht mehr ausreichend sind. Auch die notwendigen Höhen im Bereich der Attika sind nicht mehr einzuhalten.

Es werden weitere Maßnahmen erforderlich, um den Anforderungen der Anwendungskategorie K2 genügen zu können. Da die Durchgangshöhe der Terrassentüren begrenzt ist, können diese auch in der Höhe nicht versetzt werden. Eine Maßnahme sind neue Dachabläufe. Diese können, in geringerem Abstand zum aufgehenden Gebäudeteil angeordnet, die Anschlusshöhen verringern. Alternativ könnten Lösungen gesucht werden, wie die Durchbiegungen ohne die Erhöhung der übrigen Deckenoberkante egalisiert werden könnten. Zementestriche brauchen eine Mindestdicke von 35 mm, da sie andernfalls unter Last brechen würden, und sie haben den weiteren Nachteil der hohen Gewichtszunahme. Fließestriche mit hohen Kunststoffanteilen sind nur bedingt mit Dampfsperrbahnen aus Bitumenbahnen verträglich.

Eine abgestufte Gefälledämmung, die nur in dem Bereich der Durchbiegungen das Gefälle erhöht und in dem Bereich des angebauten Gebäudes wieder verringert, ist nicht herstellbar, da sich eine Kehlbildung von den Seiten her ergibt. Auch wenn sie gebunden sind, verringern Schüttungen die Tragfähigkeit der Dachabdichtung, wie sie im Bereich der Dachterrasse aber erforderlich ist.

Kann der Planer keinen technischen und wirtschaftlich vertretbaren Weg erarbeiten, um ein Gefälle von mindestens 2 % zu erreichen, muss die Dachfläche trotz der Verwendung von Werkstoffen nach Anwendungskategorie K2 in die Anwendungskategorie K1 abgestuft werden.

Das Beispiel stellt sicherlich den schlimmsten Fall dar und ist fiktiv. Es soll aber vermitteln, welche Probleme im Bereich der Sanierung auf den Planer zukommen können.

Der Planer muss dem Bauherrn deutlich und nachweisbar vermitteln, dass eine Ausführung nach der Anwendungskategorie K2 im Sinne der Fachregel für Abdichtungen für dieses Bauvorhaben unter wirtschaftlichen Aspekten nicht umsetzbar ist.

Dachabdichtung mit Bitumenbahn

2.5.6.2 Dachabdichtungen aus Bitumenbahnen

(1) Dachabdichtungen aus Bitumen- oder Polymerbitumenbahnen werden in der Regel mehrlagig ausgeführt.

Diese Regel stellt eine vollständig neue Möglichkeit dar. Nach der alten Flachdachrichtlinie waren Dachabdichtungen mit Bitumenbahnen immer mindestens zweilagig auszuführen. Nunmehr wird formuliert, dass sie „in der Regel mehrlagig ausgeführt“ werden. Es besteht also die Möglichkeit, Dachabdichtungen mit Bitumen- oder Polymerbitumenbahnen als einlagige Dachabdichtungen zu planen und auszuführen.

Allerdings werden an die Bahnen für einlagige Abdichtungen hohe Anforderungen gestellt. Die Tabelle 5 im Produktdatenblatt führt in der Zeile 10 auf, welche Bahnen verwendet werden dürfen.

Es sind Bahnen mit einer Kombinationsträgereinlage mit überwiegend Glasgewebe oder überwiegend Polyestervlies.

Beispiele für Bezeichnungen:

PYE-KTG - 4,5 (Polymerbitumen-Elastomer mit einer Kombinationsträgereinlage mit überwiegend Glasgewebeanteil),

PYP-KTP - 4,5 (Polymerbitumen-Plastomer mit einer Kombinationsträgereinlage mit überwiegend Polyestervlies).

(2) In Abhängigkeit einer bestimmten Anwendungskategorie und Beanspruchungsklasse sind Bitumen- und Polymerbitumenbahnen nach Anwendungstyp und Eigenschaftsklasse gemäß Tabelle 4 zu wählen.

Für die den jeweiligen Produkten zugeordneten Eigenschaftsklassen siehe Tabelle 5 im „Produktdatenblatt für Bitumenbahnen“.

Beanspruchungsklasse Eigenschaftsklasse

In der Beanspruchungsklasse sind die Anforderungen an die Dachabdichtung definiert, die durch die Eigenschaftsklasse der Abdichtungsbahnen erfüllt werden müssen. Es muss bei einer hohen Beanspruchungsklasse IA eine Bahn gewählt werden, die dieser Beanspruchung genügt. Als obere Lage kommt nur eine Bahn mit der Eigenschaftsklasse E1 (DO/E1) infrage. Ist nur eine mäßige thermische und mäßige mechanische Belastung zu erwarten, kann als untere Lage eine Eigenschaftsklasse E2 (DU/E2) oder eine Eigenschaftsklasse E4 (DU/E4) gewählt werden. Für die DU/E4 gilt, dass die Mindestqualität eine V 60 S4 sein muss.

(3) Bei mehrlagigen Dachabdichtungen sind die einzelnen Lagen parallel zueinander mit Versatz zu verlegen. Die Lagen müssen miteinander vollflächig verklebt werden.

Vollflächige Verklebung

Diese Forderung stand schon in der vorherigen Fachregel für Dächer mit Abdichtungen. Die Erfahrung zeigt, dass sie trotzdem immer wieder missachtet wird. Einen groben Fehler stellt die kreuzweise Verlegung der Abdichtungslagen dar. Dabei liegen die Längsnähte der zweiten Lage der Abdichtung senkrecht zu denen der ersten. Als häufiges Rechtfertigungsargument wird angeführt, dass die Gefahr des Durchdringens von Wasser durch die Nahtverbindungen bei einer solchen Verlegung deutlich minimiert wird. Diese Argumentation ist selbstverständlich falsch. Durch eine kreuzweise Verlegung der Abdichtungslagen verändert sich das Reiß- und Dehnverhalten der verschiedenen Trägereinlagen nachteilig. Bahnen mit einem Polyestervlies als Trägereinlage können und dürfen geringfügig schrumpfen. Wird die Bahn senkrecht zu der unteren Lage verlegt, werden die Trägereinlagen dieser Bahn plötzlich quer beansprucht, was besonders im Bereich der kreuzenden Nahtverbindungen zu unzulässigen Belastungen führen kann.

Bei der vollflächigen Verklebung muss auf den Absatz 6 hingewiesen werden.

(4) Bei ein- oder mehrlagigen Dachabdichtungen sind die Bahnenquernähte zu versetzen.

Versatz

Diese unbedingte Forderung ist neu in der Fachregel. Sie besagt, dass die Quernähte von Bahnen nicht auf einer Linie nebeneinanderliegen dürfen. Dadurch wird vermieden, dass an einem Punkt 4 Bahnen der Abdichtung mit den Überdeckungen zusammenkommen. Der Versatz sollte 50 cm nicht unterschreiten, um eine einwandfreie Nahtverbindung im Bereich der T-Stöße zu gewährleisten.

Tipp

Es bietet sich an, beim Einsatz von Bitumen-Schweißbahnen zunächst mit einer Bahn der ganzen Länge zu beginnen. Je nachdem wie viel von der Bahnlänge am Ende übrig bleibt, kann dieser Rest wieder am Anfang eingesetzt werden. Alternativ kann mit einer ganzen Bahn begonnen werden, um dann eine halbe Länge zu verwenden. Dieses immer im Wechsel. Sind die Dachflächen einsehbar, sollte ein gleichmäßiges Nahtbild erstellt werden.

(5) Die erste Lage kann lose verlegt oder teilflächig verklebt werden. Auf geeigneter Unterlage, z. B. Beton oder kaschierter Wärmedämmung, kann die erste Lage vollflächig aufgeklebt werden. Auf unkaschierten Schaumglasplatten ist die vollflächige Verklebung im Gießverfahren oder auf Bitumenheißabstrich auszuführen.

Die lose oder teilflächige Verklebung kann z. B. dann verwendet werden, wenn ein Dampfdruckausgleich gewünscht wird.

Wichtig ist der Hinweis, dass nachfolgende Bahnen nicht direkt auf Schaumglas aufgeschweißt werden dürfen. Die Oberfläche des Schaumglases wird bei direkter Flammeneinwirkung unwiederbringlich zerstört. Aus diesem Grund dürfen Schaumglasflächen, die ungeschützt der Witterung ausgesetzt waren, nach der Durchfeuchtung nicht mit der offenen Flamme getrocknet werden. Deshalb ist es notwendig, Schaumglasdämmungen immer unver-

Abb. 12: Nicht vollständig verklebter Dachaufbau

züglich mit einem Bitumenheißabstrich oder einer nachfolgenden Lage der Dachabdichtung zu schützen.

Hohlraumfreie Verklebung

(6) Eine hohlraumfreie Verklebung ist unter Baustellenbedingungen nicht immer erzielbar. Einzelne z. B. durch Unebenheiten entstehende, geringfügige Hohlräume können nicht ausgeschlossen werden.

Dieser Hinweis steht in unmittelbarem Zusammenhang mit Absatz 3. Hier ist ausdrücklich nicht gemeint, dass bei einem ebenen Untergrund unverschweißte Bereiche in der Fläche zwischen den Bahnen der Abdichtung vorhanden sein dürfen. Es soll aber aufgezeigt werden, dass z. B. im Bereich von Überdeckungen kleine Hohlräume vorhanden sein dürfen, die die Wasserdichtheit nicht gefährden. Gerade Polymerbitumen-Schweißbahnen können sich in solchen Bereichen nach Abschluss der Arbeiten bedingt durch den möglichen Schrumpf zusammenziehen und so die Unebenheiten „überbrücken".

Wird hingegen bei Öffnen unverklebter Bereiche festgestellt, dass die Verklebung wegen nicht ausreichender Erwärmung der Bahnen nicht stattgefunden hat, so ist eindeutig eine nicht fachgerechte Leistung anzunehmen (Abb. 12).

(7) Bitumenbahnen, die als Kaschierung von roll- und klappbaren Wärmedämmungen verwendet werden, sind als untere Abdichtungslage dann zulässig, wenn sie aus Bahnen des Produktdatenblattes DU/E2 bestehen und eine Lieferlänge von mindestens 2,50 m aufweisen. Dabei sollen die Überlappungen der Kaschierung mindestens 8 cm breit sein und müssen dicht verklebt werden.

Kaschierung

In diesem Zusammenhang muss auf den Abschnitt „2.5.4 Wärmedämmung", Absatz 4 hingewiesen werden.

Bahnen, die DU/E2 entsprechen, sind G 200 DD, G 200 S4 oder S5, PV 200 DD, PV 200 S5, Bitumen-Schweißbahnen mit einer Kombinationsträgereinlage KTP S4 oder KTG S4. Höherwertige Kaschierungen dürfen ebenfalls als Unterlage einer mehrlagigen Dachabdichtung verwendet werden. Die geforderte Lieferlänge von mindestens 2,50 m soll verhindern, dass auf kurzem Raum sehr viele Nahtverbindungen entstehen. Diese können den Wasserablauf nachteilig beeinflussen und zudem zu vermehrten Hohlräumen führen (siehe Absatz 6).

(8) Dachabdichtungen der Anwendungskategorie K1 mit einer Neigung unter 2 % sind wie K2 zu bemessen (siehe Abschnitt 2.3.1). Zusätzlich sollte ein schwerer Oberflächenschutz (z. B. Kies) vorgesehen werden. Teilbereiche mit Gefälle unter 2 % (z. B. Rinnen) sind entsprechend auszubilden.

Dieser Absatz entspricht im Wesentlichen dem der Vorgängerfassung, auch wenn er sich vollkommen anders liest.

Zunächst muss festgestellt werden, dass Dachflächen mit einer Neigung < 2 % erlaubt sind. Sie müssen dann aber ausschließlich der Anwendungskategorie K1 zugeordnet werden. Anschließend wird ausgeführt, dass die Dachabdichtung dann den Anforderungen aus Tabelle „4 Bemessung von Dachabdichtungen aus Bitumen- und Polymerbitumenbahnen" oder der Tabelle „5 Bemessung von Dachabdichtungen aus Kunststoff- und Elastomerbahnen" genügen muss. Für die Anwendungskategorie K2 sind nur Bahnen zugelassen, die dem Anwendungstyp DU und DO in Verbindung mit der Eigenschaftsklasse E1 entsprechen. Hier sind bei Bitumenbahnen ausschließlich PYE- oder PYP-Qualitäten in Kombination mit ausreichenden Trägereinlagen zugelassen. Eine Bahn, die zwar selten angeboten wurde, war in diesem Zusammenhang die PYE V 60 S4. Diese Bahn hat auch bei Dachflächen mit einer Neigung < 2 % keine Zulassung mehr, da sie nicht der Anforderung E1, sondern maximal der Anforderung E4 entspricht. Erstmals sind hier die Kaltselbstklebebahnen berücksichtigt, die seit geraumer Zeit am Markt erhältlich sind.

Die alte Forderung, wonach bei Dachflächen mit einem Gefälle < 2 % beide Lagen aus Polymerbitumen herzustellen sind, hat sich nicht verändert. Allerdings ist die Möglichkeit, unter der Oberlage aus Polymerbitumenbahnen zwei Bahnen anzubringen, von denen höchstens eine Lage mit niedriger Höchstzugkraft und geringer Dehnung sein darf, nun nicht mehr gegeben.

(9) Für einlagige Dachabdichtungen aus Polymerbitumenbahnen müssen Bahnen des Anwendungstyps DE gemäß „Produktdatenblatt für Bitumenbahnen" verwendet werden. Das Gefälle der Unterlage muss mindestens 2,0 % betragen. An- und Abschlüsse sind mehrlagig auszuführen und an Kehlen sollte die Abdichtung mit einer zusätzlichen Lage verstärkt werden.

Einlagige Dachabdichtung

Dieser Absatz wurde neu aufgenommen. Es ist nunmehr möglich, einlagige Dachabdichtungen mit Bitumenbahnen auszuführen. Allerdings werden hohe Anforderungen an die Unterkonstruktionen und die Bahn gestellt.

Eine einlagige Dachabdichtung mit Polymerbitumenbahnen kann nur in der Anwendungskategorie K1 ausgeführt werden. Die Anforderung an die Unterlage und insbesondere an das Gefälle entspricht aber der Anwendungskategorie K2. Die unbedingte Forderung, nach der das Gefälle der Unterlage mindestens 2 % betragen muss, bedeutet, dass es in fertiger Leistung mindestens 2 % betragen muss (siehe auch Abschnitt „2.3.1 Dachneigung, Gefälle").

Die unbedingte Forderung, nach der die An- und Abschlüsse zweilagig ausgebildet werden sollen, ist sinnvoll, da gerade bei Anschlüssen die

Abdichtungsbahnen hohen thermischen und mechanischen Belastungen unterliegen. Bei Anschlüssen, bei denen die Bahnen nach Süden ausgerichtet sind, führt die Sonneneinstrahlung zu hohen Belastungen an der Oberfläche der Bahn. Durch die Erweichung des Bitumens kommt eine hohe mechanische Belastung hinzu. Hier muss einer erhöhten Anforderung Genüge getan werden, was durch die Mehrlagigkeit dieser Bereiche erfüllt wird.

In den Kehlen kommt die größte Menge Niederschlagswasser in konzentrierter Form zusammen. Insofern sollte für den Ausführenden und/oder Planer statt des modalen Hilfsverbs „sollten", als Empfehlung, das Hilfsverb „sollen" als höherwertige Forderung, von der nur in Einzelfällen abgewichen werden darf, eingesetzt werden.

(10) Einlagige Abdichtungen aus Polymerbitumenbahnen dürfen nicht unter begrünten Flächen angeordnet werden.

Die für die einlagige Dachabdichtung geeigneten Polymerbitumenbahnen haben zwar einen hohen Widerstand gegen thermische und mechanische Beanspruchungen, sie sind aber im Nahtbereich nicht als ausreichend wurzelfest zu bewerten. Bevor im Bitumen der Bahnen enthaltenes Wurzelgift wirksam werden könnte, kann eine Wurzel ca. 3 cm in den Überdeckungsbereich eindringen. Die nachhaltige Dichtigkeit der Dachabdichtung ist somit gefährdet.

Der Absatz 11 der neuen Regel besagt, dass einlagige oder mehrlagige Dachabdichtungen durch zusätzliche Lagen und/oder durch Schutzlagen ergänzt werden können.

Verklebung

2.5.6.2.1 Verklebung

In diesem Abschnitt haben sich nur redaktionelle Änderungen ergeben. Inhaltlich wird beschrieben, welche Verklebungen bei Bitumenbahnen erfolgen können.

Gießverfahren

Beim Gießverfahren wird das Heißbitumen mit einer Gießkanne aus Metall in so reichlicher Menge vor der Rolle auf den Untergrund aufgetragen, dass beim gleichzeitigen Einrollen der Dachdichtungsbahn ein gleichmäßiger Wulst vor der Rolle entsteht, sodass eine vollflächige Verklebung gewährleistet ist. Als Sichtkontrolle sollte die Klebemasse aus den Nähten hervortreten. Achtung! Tritt zu viel Klebemasse aus den Nahtbereichen aus, muss diese gegen UV-Strahlung geschützt werden. Ungeschütztes Bitumen wird spröde und führt beim Einreißen zu Schäden am Deckbitumen der Oberlage. Überflüssiges Streumaterial sollte abgefegt werden, damit die Dachabläufe nicht verstopft werden.

Wird besonderer Wert auf den optischen Eindruck bei der Dachfläche gelegt, so kann man auf die Bestreuung der unterliegenden Bahn Zusatzmaßnahmen, z. B. mit Tapetenkleister, aufbringen, die eine ungewollte Verklebung mit dem Heißbitumen auf der Bestreuung verhindern. Der Kleister kann entweder abgezogen werden oder wäscht sich im Laufe der Zeit von selber ab, was u. U. sehr lange dauern kann. Loses Bitumen kann abgesammelt werden.

Eine große Fehlerquelle bei der Verarbeitung von Heißbitumen ist die Temperatur der Klebemasse. Sie sollte ca. 100 Kelvin (Temperaturunterschiede werden in Kelvin gemessen) über dem Erweichungspunkt nach Ring und Kugel liegen, maximal aber 230 °C haben. Moderne Bitumenkocher schalten normalerweise vor Erreichen der Temperatur ab. „Pfiffige“ Dachdecker umgehen leider die Sicherungseinrichtung und heizen den Kessel über 250 °C auf. Sehr häufig fangen dann die Bitumenkocher an zu brennen. Das führt zum Verkracken des Bitumens, die Masse wird minderwertig. Bei Polymerbitumen wirkt sich ein brennender Kessel erheblich nachteiliger aus als beim Oxidationsbitumen.

Um bei Polymerbitumen-Dachdichtungsbahnen die Qualitäten des Elastomerbitumens nicht zu sehr zu senken, muss ein Oxidationsbitumen 100/25 oder ein Polymerbitumen verwendet werden.

Polymerbitumen erfordert spezielle Bitumenkocher mit Rührwerken.

Bürstenstreichverfahren

Das Bürstenstreichverfahren unterscheidet sich vom Gießverfahren dahin gehend, dass hier mit einer sog. Klebemassebürste das Heißbitumen aus einem Behälter auf den Untergrund/die Unterlage aufgebracht wird. Das Verfahren sollte vorzugsweise bei höheren Dachneigungen angewendet werden, damit nicht unnötig viel Bitumen vor der Rolle der Dachdichtungsbahn aufgetragen wird. Beim Bürstenstreichverfahren besteht die Gefahr, dass bei niedrigen Außentemperaturen das Heißbitumen zu schnell abkühlt und eine ausreichende Verklebung nicht erzielt werden kann.

Schmelzverfahren

Das Schmelzverfahren ist heute eigentlich die am häufigsten angewandte Technik bei Abdichtungen mit Bitumenbahnen. Der Aufwand ist deutlich geringer als beim Gieß- oder Streichverfahren. Allerdings birgt die offene Flamme Gefahren. Bei alten Gebäuden, bei denen eine leicht brennbare Holzkonstruktion in der Nähe der abzudichtenden Fläche vorhanden ist, bei Fabriken, wo leicht entzündliche Gase austreten können, oder bei Dachabdichtungen, bei denen angrenzende Bauteile in Bezug auf Brandgefahr nicht einzuschätzen sind, sollte das Gießverfahren vorgezogen werden. Auch wenn es immer wieder gemacht wird: Bitumen-Schweißbahnen eigenen sich nicht für das Gieß- und/oder Bürstenstreichverfahren!

Beim Schweißen selber muss darauf geachtet werden, dass der Untergrund und die Bahn auf der Unterseite gleichmäßig erwärmt werden. Beim Einrollen muss ähnlich wie bei den beiden anderen Verfahren eine kleine Massewulst vor der Rolle vorhanden sein, um eine vollflächige, hohlraumfreie Verklebung zu erreichen. Gleichzeitig muss ein Druck auf die Fläche ausgeübt werden. Deshalb sind schwere Wickelkerne sinnvoll.

Tipp

Um Verbrennungen bei der Bestreuung der Oberlage zu vermeiden, sollte der Schweißbrenner so geführt werden, dass die Flamme überwiegend von der Nahtüberdeckung in Richtung der noch zu erstellenden Fläche zeigt.

Falsch ist es, die Bahn erst in der Fläche der Bahn zu erhitzen, um zum Schluss den Nahtbereich anzuschmelzen. Hierbei ist eine hohlraumfreie Verklebung nicht gewährleistet.

Abb. 13: Bei einer neu erstellten Abdichtung zeigen sich deutliche Gräben.

Abb. 14: Vor der Längsnaht der Oberlage wurde das Bitumen zu stark erhitzt und tropfte ab; Polystyrol schmilzt.

Kaltselbstklebebahn
Kaltselbstklebeverfahren

Kaltselbstklebebahnen haben werkseitig eine Selbstklebemasse auf der Bahnenunterseite. Der Name ist allerdings insgesamt nicht richtig. Damit die Kaltselbstklebebahnen ausreichend Haftung bekommen, muss das Bitumen aktiviert werden. Je kühler die Umgebungsluft und/oder die Unterlage ist, desto weniger Klebkraft entwickelt die Selbstklebemasse.

Kaltselbstklebebahnen werden zumeist als untere oder erste Lage der Dachabdichtung verwendet. Ein großer Vorteil dieser Bahnen ist, dass sie direkt auf Polystyrol-Extruderschaum verlegt werden können. Wird die nachfolgende Polymerbitumen-Schweißbahn aufgebracht, wird dabei die untere Klebeschicht aktiviert und verklebt mit dem Polystyrol.

Achtung: Wenn beim Schweißen die Brennerflamme sehr intensiv auf die Kaltselbstklebebahnen gehalten wird, kann deren unterseitiges Bitumen so heiß werden, dass es abtropft. Dabei wird das Polystyrol geschmolzen und es entstehen in der Dachfläche parallel zu den Nahtverbindungen kleine Gräben (Abb. 13).

Besonders bei der Kombination von elastomeren Kaltselbstklebebahnen mit plastomeren Schweißbahnen als Oberlage kann es zum Überhitzen der Kaltselbstklebebahnen kommen, weil das Schweißbitumen der PYP-Bahnen einen höheren Erwärmungs- und Schmelzpunkt hat als eine PYE-Bahn (Abb. 14).

Sollen beide Abdichtungslagen aus Kaltselbstklebebahnen erstellt werden, müssen die Herstellerangaben unbedingt berücksichtigt werden. Bei ausschließlich kaltselbstverklebten Nahtverbindungen ist eine optische Nahtkontrolle nicht oder nur sehr schwer darstellbar.

Alternativ zu Kaltselbstklebebahnen können auch Bahnen mit einem Kaltkleber streifenweise aufgebracht werden. Bei bituminösen Adhäsivklebern besteht die Gefahr, dass das Lagenpaket bei geneigten Dachflächen durch Erwärmung kurz nach der Fertigstellung zu „schwimmen“ beginnt und abrutschen kann. Die Kleber sind auf Abheben durch Windsog eingestellt, haben aber seitlich wenig Widerstand.

Bei teilflächigen Verklebungen erfolgt die Verklebung über drei bis vier Klebepunkte pro m^2 und alternativ mit drei bis vier Klebestreifen pro m Bahnenbreite.

Überdeckung Nahtverbindung

2.5.6.2.2 Überdeckung und Nahtverbindung

(1) Bitumenbahnen müssen an den Längs- und Quernähten bei mehrlagigen Abdichtungen mindestens 80 mm, bei einlagigen Dachabdichtungen mindestens 100 mm überlappt werden. Werden Bitumenbahnen im Überdeckungsbereich mechanisch befestigt, muss die Überdeckungsbreite entsprechend erhöht werden.

Bisher wurden die einlagigen Dachabdichtungen mit Bitumenbahnen nicht beschrieben. Die Forderung, nach der die Überdeckung bei einlagigen Dachabdichtungen mit Bitumenbahnen mindestens 100 mm betragen muss, zeigt, dass hier eine erhöhte Sicherheit gegeben sein muss. Man muss dabei auch berücksichtigen, dass Polymerbitumenbahnen in der Längsrichtung noch schrumpfen können. Bei einer 5 m langen Schweißbahn kann der Schrumpf eine Länge von ca. 2 cm erreichen. Insofern sollte an den Kopfnähten immer eine höhere Überlappung vorgenommen werden. Weiterhin sollte bedacht werden, dass bei oberseitigen Bestreuungen in den Kopfnähten die Bestreuung als „Fremdkörper" in der Überdeckung verbleibt. Schiefersplitt hat grundsätzlich eine leicht kapillare Wirkung. Bei einer zu geringen Überlappung könnte über einen längeren Zeitraum Feuchtigkeit in die Naht wandern und zu Schäden führen.

Bei mechanischer Befestigung darf der Teller der Befestiger nicht näher als 1 cm vor dem Bahnenrand angeordnet werden. Nur so kann gewährleistet werden, dass die Trägereinlagen der Bahnen ausreichenden Ausreiß-Schutz bieten und der Teller die Bahnen durch „Umkippen" ausreichend einklemmt. Da die Bahnen hierbei perforiert werden und die Befestigungselemente einen Teller aufweisen, muss die Überlappung erheblich erhöht werden, um die verklebte Überlappung von mindestens 80 mm bei mehrlagigen und 100 mm bei einlagigen Abdichtungen einhalten zu können.

Hinweis

Diese Forderung gilt nur dann, wenn die Oberlage mechanisch befestigt wird oder die Teller der Befestiger größer als 40 mm sind (siehe dazu Absatz 5). Bei einlagigen Abdichtungen aus Bitumenbahnen gilt sie immer.

(2) Bei Polymerbitumen-Schweißbahnen in der Oberlage sollte und bei einlagiger Abdichtung muss im Eckbereich der Quernaht an der unterdeckenden Bahn ein Schrägschnitt angeordnet werden.

Schrägschnitt

Es ist wichtig, dass aus der Empfehlung bei mehrlagigen Abdichtung eine unbedingte Forderung bei einlagigen Dachabdichtungen wird. Wie bereits beschrieben, ist eine absolut hohlraumfreie Verklebung unter Baustellenbedingungen nicht immer gegeben. Gerade in Bereichen, in denen die überdeckenden Bahnen an ihrem Ende weniger Klebefläche haben, die verhindert, dass die Bahnen sich aufstellen, können kleine Hohlräume in Form von durchgehenden Kapillaren entstehen. Der Schrägschnitt vergrößert die Klebefläche und „verlängert" zugleich die Kapillare, sodass dem Wasser der Weg erschwert bzw. versperrt wird. Bei Kunststoffbahnen gibt es ein ähnliches Phänomen. Dort fordern einige Hersteller, dass die unterdeckende Bahn am Bahnende an der Naht abgehobelt wird, um die Kapillare, die durch die Dicke der Bahn entstehen können, zu verhindern. Andere Hersteller schreiben eine Paste vor, die vor der Nahtkante in der Überdeckung aufgebracht wird.

(3) Die Überlappung der Bahnen kann z. B. bei An- und Abschlüssen sowie Einbauteilen auch gegen den Wasserlauf ausgeführt werden.

Gegenläufige Naht

Auch diese Möglichkeit ist nicht neu. Bei Einbauteilen lässt es sich häufig nicht vermeiden, dass das Einbauteil nachträglich und somit extra eingefasst wird. Bei Dächern mit einem Gefälle von 2 % ergibt sich zwangsläufig eine gegenläufige Naht.

Wenn bei Anschlüssen an aufgehendes Mauerwerk oder bei Attiken zunächst die Anschlussbahnen erstellt und erst danach die Bahnen der Fläche aufgebracht werden, kann sich auch hier eine gegenläufige Naht ergeben. Es sollte dabei unbedingt beachtet werden, dass die Bahn der Fläche nicht zu nah an die Unterkante des Keils oder der Hohlkehle im Übergang geführt wird. Bedingt durch die große Anzahl von Nähten aus den Anschlussbahnen (je eine pro m) können viele Kapillare entstehen (siehe auch Ausführungen zu Absatz 2). Zudem ist eine visuelle Nahtkontrolle bei einer sehr nahen Verlegung erschwert bzw. unmöglich.

(4) Kreuzstöße sind zu vermeiden, z. B. durch versetzt angeordnete Überlappungen.

Diese Forderung wurde bereits mit dem Absatz 4 im Abschnitt „2.5.6.2 Dachabdichtungen aus Bitumenbahnen" behandelt (siehe Seite 110).

(5) Die Nahtverbindungen erfolgen durch Verkleben. Bei mehrlagigen Abdichtungen beträgt die Mindestfügebreite der Naht 80 mm. Bei der unteren Lage einer mehrlagigen Abdichtung bleiben eingeklebte Befestigungsmittel mit einer Breite bis 40 mm bei der Bemessung der Mindestfügebreite unberücksichtigt.

Befestigung

Dieser Absatz ist neu in der Fachregel und muss im Zusammenhang mit Absatz 1 gesehen werden, insbesondere der Hinweis auf eingeklebte Befestigungsmittel. Viele Teller der Befestiger haben eine ovale oder längliche Form. Die Breite der Teller ist auf 40 mm begrenzt. Wenn die Teller parallel zu den Bahnenkanten eingebaut werden, kann bei mehrlagigen Dachabdichtungen und der Befestigung der unteren Lage die Breite der Überdeckung von 80 mm als Mindestfügebreite bestehen bleiben. Bei einlagigen Dachabdichtungen mit Bitumenbahnen müssen die Befestigungen berücksichtigt werden.

(6) Nahtverbindungen von einlagigen Abdichtungen mit Polymerbitumenbahnen werden im Schmelzverfahren mit Flamme oder Warmgas hergestellt. Die Mindestfügebreite im Längsnahtbereich beträgt beim Schmelzverfahren mit Flamme 80 mm, bei Warmgasschweißen 60 mm, im Quernahtbereich und bei allen Nahtverbindungen auf werkseitiger Bestreuung 100 mm. Bei der Verwendung von Befestigungsmitteln im Nahtbereich einlagiger Abdichtungen muss die Mindestfügebreite neben dem Lastverteilteller eingehalten werden.

Mindestfügebreite

Dieser Absatz wurde ebenfalls neu aufgenommen. Auf den ersten Blick widerspricht er Absatz 1. Dort wird aber der Überdeckungsbereich beschrieben, wogegen in Absatz 6 die Mindestfügebreite, also der zu verklebende

Bereich, behandelt wird. Bei einlagigen Dachabdichtungen mit Polymerbitumen-Schweißbahnen muss die Überlappung 100 mm betragen bei einer Mindestfügebreite von 80 mm bzw. 60 mm bei Warmgasschweißen (gilt nur für unbestreute Bahnen). Bei bestreuten Bahnen sind Mindestüberlappung und Mindestfügebreite mit jeweils 100 mm identisch.

Wird die Abdichtung einlagig mit einer mechanischen Befestigung erstellt, so muss die Mindestfügebreite von 80 mm bzw. 60 mm bei unbestreuten Bahnen und 100 mm bei bestreuten Bahnen eingehalten werden. Das heißt bei z. B. bestreuten Bahnen: 10 mm Entfernung vom Bahnenrand + 40 mm Durchmesser des Tellers + 100 mm Mindestfügebreite = 150 mm Überdeckung der Bahnen im Bereich der Kopfnaht.

Bei Längsnahtverbindungen sind seitens der Hersteller in den überwiegenden Fällen unbestreute Bereiche mit einer Breite von 80–100 mm angeordnet.

Die Mindestfügebreite ergibt sich aus: 10 mm Entfernung zum Bahnenrand + 40 mm Durchmesser des Tellers + die Mindestfügebreite von 100 mm, da der überwiegende Bereich der Fügebreite mit einer Bestreuung versehen ist = 150 mm Überdeckung auch im Längsnahtbereich.

Hinweis

Ist der freie unbestreute Bereich einer Längsnaht werksseitig breiter, mindestens 130 mm, dann würde eine Überdeckung von 130 mm ausreichen.

130 mm sind erforderlich, um die Nahtverbindungen auch mit Warmgas regelkonform ausbilden zu können. Es bleibt abzuwarten, ob die Hersteller die Bahnen den Anforderungen anpassen und entsprechende Klebebereiche für die Längsnähte anbieten.

2.5.6.3 Dachabdichtungen aus Kunststoff- und Elastomerbahnen

(1) Dachabdichtungen mit Kunststoff- und Elastomerbahnen werden einlagig ausgeführt.

In der Vorgängerfassung war noch der Zusatz „in der Regel“ eingefügt. Dieser Zusatz besagte, dass auch mehrlagige Abdichtungen mit Kunststoff- und/oder Elastomerbahnen erstellt werden konnten. Diese Möglichkeit gibt es nun nicht mehr.

(2) Die Verwendung von Kunststoff- und Elastomerbahnen in Dachabdichtungen einer bestimmten Anwendungskategorie und Beanspruchungsklasse richtet sich nach der Art der verwendeten Polymere, der Bahnendicke sowie der Art von ggf. verwendeten Einlagen und Kaschierungen. Bahnen der Eigenschaftsklasse E1 können für alle Beanspruchungsklassen in einlagiger Verlegung verwendet werden. Für die Anwendungskategorien K1 und K2 sind Bahnen nach Tabelle 5 zu verwenden.

Dieser Absatz wurde neu in das Regelwerk aufgenommen. Grundsätzlich werden hier dieselben Anforderungen gestellt wie an Dachabdichtungen mit Bitumenbahnen. Im alten Regelwerk war aufgeführt, dass eine Bahn einer einlagigen Abdichtung die an sie gestellten Anforderungen im vollen Umfang alleine erfüllen muss (Absatz 2). Daran hat sich grundsätzlich nichts geändert, auch wenn der Satz in der neuen Fachregel nicht mehr aufgeführt ist. Ebenso gestrichen ist der alte Absatz 3, wonach bei genutzten Flächen die Dicke der Bahnen mindestens 1,5 mm und bei ECB (Ethylencopolymerisat-Bitumen) sogar 2 mm betragen musste. Die neuen zu verwendenden Dicken sind in der Tabelle 11 der Fachregel aufgelistet.

Mindestnenndicke

In der Tabelle 5 werden die Mindestnenndicken in mm bei der Eigenschaftsklasse E1 angegeben, die je nach Anwendungskategorie K1 oder K2 erforderlich werden. Unter Mindestnenndicken versteht man die Dicke der abdichtenden Schicht, also ohne Kaschierungen und/oder Selbstklebeschichten. Die Änderung hat dazu geführt, dass bei einigen Produkten die Dicke insgesamt erhöht werden musste, da diese andernfalls die Anforderungen nicht erfüllt hätten. Im Wesentlichen wurde die Dicke bei ECB für die Anwendungskategorie K1 von 1,5 mm auf 2 mm erhöht und für Anwendungskategorie K2 auf 2,3 mm. Die Mindestnenndicke für PCV-P (Polyvinylchlorid, weich, nicht bitumenverträglich) muss nunmehr bei der Anwendungskategorie K1 1,5 mm und nicht wie bisher 1,2 mm betragen.

Mit Ausnahme von Bahnen aus PIB (Polyisobutylen) müssen sämtliche Dicken der Kunststoff- oder Elastomerbahnen, die für Dachabdichtungen nach Anwendungskategorie K2 verwendet werden sollen, erhöht werden. Allerdings gibt es auch bei Bahnen aus PIB erhöhte Anforderungen an die Eigenschaften, wenn die Bahn bei Abdichtungen der Anwendungskategorie K2 verwendet werden sollen. Die Bedingungen sind folgende:

- erhöhter Hagelwiderstand,
- ein stabileres Perforationsverhalten,
- besseres Kaltbiegeverhalten.

(3) Bitumenverträgliche Kunststoff- oder Elastomerbahnen können als einlagige Abdichtung auch auf einer unteren Lage aus Bitumenbahnen voll- oder teilflächig verklebt werden. Für die obere Lage aus Kunststoff- oder Elastomerbahnen gelten bei Dachabdichtungen der Anwendungskategorie K1 und K2 die gleichen Anforderungen wie für eine einlagige Verlegung.

Hier macht die Fachregel deutlich, dass bei bitumenverträglichen Kunststoff- oder Elastomerbahnen die Möglichkeit besteht, die Bahnen mit Bitumenbahnen zu kombinieren. Allerdings wird die Lage aus Bitumenbahnen nicht als Abdichtungslage gezählt. Denn die obere Lage aus Kunststoff- oder Elastomerbahnen muss trotzdem dieselben Anforderungen wie bei einer einlagigen Abdichtung erfüllen. Die Kombination kann also einen tatsächlich qualitativ hochwertigeren Aufbau darstellen, der aber nicht zu einer höheren Einstufung führt. Es zählt dafür ausschließlich die Qualität der oberen Lage.

(4) Dachabdichtungen der Anwendungskategorie K1 mit einer Neigung unter 2 % sind wie K2 zu bemessen. Teilbereiche mit Gefälle unter 2 % (z. B. Rinnen) sind entsprechend auszubilden.

Anwendungskategorie

Ebenso wie bei den Dachabdichtungen aus Bitumenbahnen ist bei den Dachabdichtungen mit Kunststoff- oder Elastomerbahnen der Begriff der „Sonderkonstruktion“ herausgenommen worden. Sonderkonstruktionen waren Dachkonstruktionen, die ein Gefälle < 2 % aufwiesen. Derartige Konstruktionen werden wie bei Dachabdichtungen mit Bitumenbahnen in die Anwendungskategorie K1 gestuft. Es müssen aber Bahnen der Anwendungskategorie K2 verwendet werden. Wenn das Gefälle in der Dachfläche 2 % beträgt und in den Kehlen oder Rinnen geringer ist, dann müssen in diesen Bereichen dickere Bahnen verwendet werden.

(5) Unter der Dachabdichtung ist eine Trenn- oder Ausgleichsschicht zu verlegen, wenn die Unterlage dies erfordert. Geeignet sind als Trennlage z. B. Rohglasvlies 120 g/m² bzw. Kunststoffvlies 150 g/m² und als Ausgleichsschicht z. B. Kunststoffvlies mindestens 300 g/m². Als Trennlage oder Ausgleichsschicht kann auch eine entsprechende Kaschierung der Abdichtungslage verwendet werden. Brandschutztrennlagen aus z. B. Rohglasvlies müssen den Angaben der geprüften oder klassifizierten Dachaufbauten entsprechen.

Trennschicht
Ausgleichsschicht

Es wurde bereits in Abschnitt „1.2.33 Trennschicht/-lage"(siehe Seite 26) und Abschnitt „3.4 Konstruktionsarten"(siehe Seite 26 ff.) dargestellt, wann eine Trennschicht angeordnet werden muss.

Ein Glasvlies von 120 g/m² kann ebenso wie ein Kunststoffvlies von 150 g/m² allein wegen der geringen Dicke wirklich nur und ausschließlich als Trennlage verwendet werden, um z. B. eine ungewollte Verklebung mit dem Untergrund zu verhindern.

Um ausgleichend zu wirken, muss das Vlies erheblich dicker sein. Es sind mindestens 300 g/m² erforderlich, wenn Unebenheiten oder kleinere Grate in der Unterlage ausgeglichen werden sollen. Gegebenenfalls sind zwei Ausgleichsschichten vorzusehen.

Müssen Trennlagen aus Brandschutzgründen angeordnet werden, müssen die Materialien den Anforderungen genügen. Es gibt Systemaufbauten, die den Brandschutzanforderungen nur unter bestimmten Bedingungen (z. B. Materialwahl) entsprechen. Wird die geforderte Kombination ohne ausdrückliche Genehmigung des Herstellers verändert, kann das im Schadenfall zu Regressforderungen gegenüber dem Ersteller/Planer führen.

Schutzlage

(6) Bei mechanischer Beanspruchung, z. B. Dachabdichtungen unter Plattenbelägen oder Begrünungen, ist über der Abdichtung eine Schutzlage aus z. B. 300 g/m² schwerem Kunststoffvlies vorzusehen (siehe Abschnitt 2.4.6.1).

Im Abschnitt 2.4.6.1 werden die Schutzlagen gegen mechanische Einwirkungen erläutert (siehe auch Seite 91). Um dauerhaft die Aufgabe als Schutzlage übernehmen zu können, muss die verwendete Schutzlage verrottungsfest sein.

Hinweis

Es kann u. U. erforderlich sein, dass bei der Verwendung von Polystyrol-Extruderschaum (XPS) als schwerer Oberflächenschutz zusätzlich eine Trennschicht zu der Abdichtungslage erforderlich wird, wenn z. B. Weichmacherwanderungen befürchtet werden müssen. Weiterhin ist zu beachten, dass auch oberhalb der XPS-Platten eine Filtermatte oder ein -vlies erforderlich ist (siehe Abschnitt „2.5.4 Wärmedämmung", insbesondere der Punkt im Absatz 9: „Über der Dämmschicht ist zusätzlich eine Filtermatte oder -vlies erforderlich, um zu vermeiden, dass Fremdkörper unter die Dämmplatten gelangen").

Selbstklebebahn
Systemkleber

(7) Bei der Verklebung von Kunststoff- und Elastomerbahnen auf dem Untergrund sind Selbstklebebahnen oder produktbezogene Systemkleber zu verwenden.

Gerade bei der Vielzahl von verschiedenen Kunststoffbahnen, bei denen sich u. U. herstellerintern die Zusammensetzung der Bahnen geändert hat, ist es wichtig, genaue Herstellerangaben oder -freigaben über die möglichen Kleber einzuholen. Bei vielen Bahnen besteht die Gefahr, dass es durch Materialunverträglichkeiten zu erheblich Schäden wie Ablösungen oder Auflösen kommt. Bei der Verwendung von Systemklebern sind die Anwendungsvorgaben des Herstellers zu beachten. Hierzu gehören z. B. der Temperaturbereich, in dem der Kleber verwendet werden darf, oder die erforderliche Luftfeuchtigkeit – speziell bei PUR-Klebern.

Überlappung
Nahtverbindung

2.5.6.3.1 Überlappungen/Nahtverbindungen

(1) Bei Kunststoff- und Elastomerbahnen beträgt die Überlappung für Baustellennähte mindestens 40 mm. Bei mechanisch befestigten Bahnen mit Saumbefestigung muss die Überlappungsbreite entsprechend erhöht werden.

Die geforderte Überlappung ergibt sich aus den Mindestfügebreiten gemäß Tabelle 6 der Flachdachrichtline. So ist bei der Ausführung z. B. mit Quellschweißmitteln eine Mindestfügebreite von 30 mm erforderlich. Wenn die Überlappungsbreite der Mindestfügebreite entspricht, besteht die Gefahr, dass durch ein geringfügiges Verschieben der Bahn die Mindestfügebreite unterschritten wird. Beim Warmgasschweißen oder Heizkeilschweißen ist mit Ausnahme der Elastomere, die thermoplastische Eigenschaften aufweisen oder die mit einem vorkonfektionierten thermoplastischen Dichtrand versehen sind, eine Mindestfügebreite von 20 mm erforderlich. Die rechnerisch verbleibenden 20 mm Überlappung können als Schutz gegenüber dem Untergrund, z. B. der Wärmedämmung, gegen Überhitzen gerechnet werden.

Bahnen mit Dichtrand oder Abdeckband müssen mindestens mit einer 40 mm breiten Dichtnaht versehen werden. Bei Kontaktklebstoffen erhöht sich die Mindestfügebreite bei Elastomeren auf 50 mm, verringert sich aber bei der Heißvulkanisation (Hot Bonding) auf 20 mm. Die größte Mindestfügebreite ist beim Warmgasschweißen mit Polymerbitumen erforderlich. Bei Elastomeren beträgt sie 60 mm.

Der Absatz 2 besagt, dass analog zu den Dachabdichtungen mit Bitumenbahnen die Überlappungen bei An- und Abschlüssen oder Einbauteilen gegen den Wasserlauf erfolgen kann. Hier ist die visuelle Nahtkontrolle bedingt durch die Einlagigkeit der Dachabdichtung erheblich wichtiger, als es bei einer mehrlagigen Dachabdichtung aus Bitumenbahnen der Fall ist. Beim Quellschweißverfahren, Warmgasschweißen und Heizkeilschweißen werden Bahnen untereinander homogen verbunden. Da diese Verbindungen sozusagen aus einzelnen Bahnen eine einzige Bahn machen, kann angenommen werden, dass die Nahtverbindungen wasserdicht sind. Im Gegensatz zu Nahtverbindungen bei Bitumenbahnen können die Nahtverbindungen bei den oben genannten Verfahren auch bei Erwärmung der Dachabdichtung durch Sonnenstrahlung nicht durch Abschälen gelöst werden, eine fachgerechte Leistungserbringung vorausgesetzt. Damit lässt sich auch die geringe Mindestfügebreite begründen.

Gemäß Absatz 3 sind bei den Kunststoff- oder Elastomerbahnen, ebenso wie bei Bitumenbahnen, Kreuzfugen zu vermeiden.

Im Absatz 4 wird die Mindestfügebreite in Abhängigkeit des Fügeverfahrens beschrieben und auf die Tabelle 6 der Fachregel für Abdichtungen verwiesen.

Im Absatz 5 werden die möglichen Nahtverbindungen bei Kunststoffbahnen ausgeführt.

Quellschweißen

– *Quellschweißen*

Die Bahnen werden ausgelegt und ggf. im Saumbereich mechanisch befestigt. Dann wird mit einem Flachpinsel das Quellschweißmittel in die Überlappung eingebracht. Die Reaktion des Quellschweißmittels mit den Bahnen erfolgt sofort. Um einen erforderlichen und ausreichend langen Anpressdruck zu erhalten, wird ein Sandsack auf die angelösten Bereiche auf der überdeckenden Bahn gelegt. Nach recht kurzer Zeit (Herstellerangaben unbedingt beachten) können die Bahnen nicht mehr quer zur Naht auseinandergezogen werden. Es besteht noch die Gefahr des Abschälens. Wird die Beschwerung zu spät aufgebracht, ist die Reaktion an den Bahnen bereits abgeschlossen und es findet keine Verbindung statt. In solchen Fällen muss ein ausreichender Zeitraum verstreichen, damit sich das Quellschweißmittel verflüchtigen kann. Das ist dann erforderlich, wenn die Fehlstelle erneut mit Quellschweißmittel verbunden werden soll (siehe Absatz 10).

Warmgasschweißen

– *Warmgasschweißen*

Beim Warmgasschweißen wird die Bahn in der Überlappung mittels Heißluft aus einem sog. Leister angelöst oder besser plastifiziert. Die Bahnen werden dann mit einer Gummirolle fest zusammengedrückt. Wie beim Quellschweißverfahren entsteht eine homogene Verbindung. Im Vergleich zum Verfahren mit Quellschweißmittel hat das Warmgasschweißen den Vorteil, dass eventuelle Fehlstellen sofort nachbearbeitet werden können. Ein Nachteil ist es, dass eine zu gering eingestellte Temperatur lediglich zu einem oberflächlichen Verkleben führt, eine zu hohe Temperatur zu Verbrennungen an den Bahnen.

Das Warmgasschweißen kann zur Nachbesserung von Fehlstellen genutzt werden, die beim Quellschweißverfahren entstanden sind, da dieses Verfahren ohne Wartezeit sofort angewendet werden kann (siehe Absatz 11).

Dichtungsband Abdeckband

– *Dichtungsbänder/Abdeckbänder*

Dieses Verfahren ist überwiegend bei PIB-Bahnen bekannt. Die Bänder sind meist werkseitig im Nahtbereich aufgebracht und durch ein Schutzband abgedeckt. Nachdem die Rollen ausgerichtet sind, wird das Schutzband abgezogen und die Naht unter Druck zusammengefügt. Es gibt auch Bahnen, bei denen die Dichtbänder auf der Baustelle eingelegt werden müssen. Das weitere Verfahren ist dasselbe wie bei den werkseitig aufgebrachten Bändern.

Abdeckbänder werden im Quernahtbereich eingesetzt. Im Gegensatz zum Quellschweißen und Warmgasschweißen werden bei den Dichtbändern und/oder Abdeckbändern lediglich Verklebungen und keine homogenen

Verbindungen erreicht. Staub oder schon geringe Mengen Feuchtigkeit im zu verklebenden Nahtbereich können fatale Folgen haben. Bei hohem Staubanteil, wie er auf Baustellen durchaus vorkommen kann, kann die Klebekraft deutlich vermindert werden. Feuchtigkeit kann zum „Verseifen" des Klebers und damit zum vollständigen Versagen führen (siehe Absatz 13).

Hochfrequenzschweißen

– *Hochfrequenzschweißen (industrielle Fertigung)*

Dieses Verfahren ist nicht auf Baustellen möglich. Beim Hochfrequenzschweißen wird der chemische Aufbau einiger Kunststoffe, z. B. Polyvinylchlorid (PVC) mit Dipolen, ausgenutzt. Als Dipole werden zwei entgegengesetzte elektrische oder magnetische Pole bezeichnet. Der Kunststoff wird durch die Wirkung eines hochfrequenten Wechselfeldes erwärmt und unter Druck geschweißt.

Heizkeilschweißen

– *Heizkeilschweißen*

Nach Angaben des Industrieverband Kunststoff-Dach- und Dichtungsbahnen DUD e. V. wird dieses Verfahren überwiegend im Tiefbau angewendet. Anstelle von heißer Luft wird beim Heizkeilschweißen die Fügenaht über einen Heizkeil plastifiziert und unter Druck zusammengefügt. Auch beim Heizkeilschweißen wird eine homogene Verbindung erreicht.

Bei Elastomerbahnen erfolgt nach Absatz 6 die Nahtverbindung durch:

Kontaktklebstoff

– *Kontaktklebstoff*

(12) Kontaktklebstoffe werden in vorgeschriebener Schichtdicke aufgetragen und je nach temperatur- und lüftungsabhängiger Abtrockenzeit mit hohem Druck zusammengefügt. Es dürfen nur Klebstoffe und Reinigungsmittel verwendet werden, die vom Hersteller für den jeweiligen Werkstoff zugelassen sind.

Die Gefahr, dass bei derartigen Nahtverbindungen Fehler gemacht werden, ist enorm groß. Werden die einzelnen oben angeführten Parameter nicht genau eingehalten, ist die Dauerhaftigkeit einer solchen Nahtverbindung nicht mehr gegeben. Oft werden Bahnen, die über Kontaktklebstoffe die Nahtverbindung erhalten, in solchen Bereichen eingesetzt, in denen der erforderliche Druck für eine fachgerechte Verklebung nicht aufgebracht werden kann. Hier sind vorwiegend Fenster- bzw. Türelemente als Zuwegung für Dachterrassen betroffen. Die Fensterbauer klemmen im unteren Schwellenbereich derartige Bahnen ein, da sie eine recht geringe Dicke haben und für den Fensterbauer als Gewerksfremden leicht verarbeitbar sind. Der wasserdichte Anschluss an die Abdichtung stellt den ausführenden Dachdecker regelmäßig vor große Probleme.

– *Dichtungsbänder/Abdeckbänder*

(siehe Ausführungen auf Seite 123).

Heißvulkanisieren Hot Bonding

– *Heißvulkanisieren (Hot Bonding)*

Hot Bonding ist bei bitumenverträglichen Bahnen auf Basis von Synthesekautschuk EPDM (Ethylen-Propylen-Dien-Termpolymer) eine mögliche Nahtverbindung. Dabei werden explizit nach dem jeweils abzudichtenden

Dach im Werk große Planen gefertigt. Es werden sämtliche Durchdringungen, Durchbrüche etc. berücksichtigt und eingemessen. Die Planen werden, speziell gelegt auf einer Palette, an eine zuvor eingemessene Stelle auf das Dach gebracht. Sie werden so gekennzeichnet, dass die Palette mit der entsprechenden Kante in die Richtung weist, in der die Plane von der Palette abgezogen und aufgefaltet wird. Anschließend wird die Plane über die Durchdringungen und Durchbrüche gezogen. Je nach Dachgeometrie müssen möglichst wenig Nähte auf der Baustelle gefertigt werden (siehe Absatz 15).

Es gibt noch Elastomerbahnen, die zum Zeitpunkt der Verarbeitung thermoplastische Eigenschaften oder thermoplastische Beschichtungen haben. Die Fügetechniken dieser Bahnen werden im Absatz 7 der Fachregel für Abdichtungen aufgeführt. Sie können ausgeführt werden als:

- *Quellschweißen,*
- *Warmgasschweißen,*
- *Heizkeilschweißen.*

(8) Die zu verbindenden Flächen müssen frei von Verunreinigungen sein. An T-Stößen sind wegen möglicher Kapillarbildung systemgerechte Maßnahmen erforderlich, z. B. Abschrägen der Bahnen.

Verunreinigung

Verunreinigungen sind auch Öle oder Fette, die im Nahtbereich vorhanden sein können. Staub muss ebenso entfernt werden wie Feuchtigkeit. Meistens bieten die Hersteller entsprechende Reinigungsmittel an.

Problematisch sind Nahtausführungen immer dort, wo neue Bahnen an alte Bahnen angeschlossen werden müssen, die seit geraumer Zeit der Witterung ausgesetzt waren. Hier kann es bei unkaschierten Bahnen sinnvoll sein, den neuen Anschluss auf der Unterseite der vorhandenen Bahn auszuführen, da die Unterseiten im Normalfall frei von Verunreinigungen oder Abwitterungserscheinungen sind.

Was bei einlagigen Abdichtungen mit Bitumenbahnen der Schrägschnitt an der unterdeckenden Bahn bewirken soll, kann oder muss bei Kunststoffbahnen durch eine Verdünnung des Materials, also dem Abschrägen der Bahn, erreicht werden.

(9) Nähte sind zusätzlich zu sichern, wenn dies vom Bahnenhersteller gefordert wird.

Einige Hersteller schreiben vor, dass sog. Nahtpasten als zusätzliche Nahtsicherung eingesetzt werden. Bei PVC-Bahnen sind das z. B. Flüssigfolien, die als kleine Raupe vor die Naht gelegt werden und nach kurzer Zeit dicht mit dem Material verbunden sind. Andere Hersteller fordern eine solche Zusatzsicherung vorwiegend im Bereich von T-Stößen.

Flüssigabdichtung

2.5.6.4 Flüssigabdichtungen

(1) Flüssigabdichtungen gelten als einlagige Abdichtung. (Anwendungstyp DE, Eigenschaftsklasse E1).

Einlagige Abdichtung

Flüssigabdichtungen werden ebenso wie einlagige Dachabdichtungen als Bitumenbahnen oder Kunststoff- oder Elastomerbahnen behandelt. Eine vor Ort als einlagige Dachabdichtung erstellte Leistung muss dem Anwendungstyp DE für die einlagige Dachabdichtung entsprechen und einen hohen thermischen und mechanischen Widerstand aufweisen. Eben weil der Ausführende der eigentliche Hersteller des Produktes ist, muss hier mit besonderer Sorgfalt gearbeitet werden. Die Vorgaben aus dem Regelwerk der Flachdachrichtlinie, die Produktdatenblätter und auch die Vorgaben der DIN 18531 erhalten hier eine hohe Priorität und müssen berücksichtigt werden.

Nachfolgend wird erläutert, warum der Ausführende der eigentliche Hersteller ist:

Anders als bei vorkonfektionierten bahnenförmigen Abdichtungen, bei denen das Material letztlich nur aneinandergefügt werden muss, müssen bei Abdichtungen mit Flüssigkunststoffen die Grundstoffe zunächst zusammengefügt werden. Die Grundstoffe bestehen zumindest aus einem Vlies und je nach Material aus Kunststoffmasse, in der bereits die Komponente Härter enthalten ist, oder einer Kunststoffmasse plus dem hinzuzufügenden Härter (Finish-Komponenten werden bei dieser Betrachtung gesondert aufgeführt).

Beim Zusammenfügen der Kunststoffmasse mit dem Härter spielen eine Menge Faktoren eine Rolle, die für die Qualität der fertigen Abdichtung verantwortlich sind. Zunächst muss das vom Hersteller der Einzelkomponenten vorgegebene Mischungsverhältnis sehr genau eingehalten werden. Wird zu wenig Härter beigemischt, so bindet der Kunststoff nicht ausreichend schnell ab. Ist hingegen zu viel Härter enthalten, so härtet das Gemisch zu schnell aus. Um ein den Vorgaben entsprechendes Produkt zu erhalten, müssen aber auch die Lufttemperatur, die Luftfeuchtigkeit und die Temperatur des Untergrunds berücksichtigt werden. Die Verantwortung liegt hier eindeutig nicht bei dem Hersteller der Einzelkomponenten, sondern beim ausführenden Dachdecker.

Mindestanforderung

(2) Für die Verwendung von Flüssigabdichtungen in den Anwendungskategorien K1 und K2 sind die Mindestanforderungen in Tabelle 7 zu beachten. Diese Anforderungen gelten für alle Beanspruchungsklassen.

Es ist bereits von den Kunststoff- und Elastomerbahnen bekannt, dass für Dachabdichtungen in der Anwendungskategorie K2 die Dicken der Dachabdichtung erhöht werden.

Flexible ungesättigte Polyesterharze (UP) dürfen in der Anwendungskategorie K1 und K2 eingesetzt werden und müssen alle Beanspruchungsklassen IA bis IIB erfüllen, wenn Nutzlast P4 gefordert ist.

Flexible ungesättigte Polyesterharze (UP), unabhängig, ob es sich um 1K-Ware (Einkomponentenware) oder 2K-Ware (Zweikomponentenware) handelt, können ebenfalls in der Anwendungskategorie K1 und K2 eingesetzt werden, aber hier nur bei mäßiger mechanischer Beanspruchung, aber hoher und mäßiger thermischer Beanspruchung und einer Nutzlast P3. Die Mindestdicke bei K1 muss 1,8 mm und bei K2 2,1 mm betragen.

Tabelle 7: Bemessung von flüssig aufzubringenden Dachabdichtungen

Stoffe	Anwendungs-kategorie	Mindest-dicke[1] mm	Beanspru-chungs-klassen	Leistungsstufen[3]
Flexible ungesättigte Polyesterharze (UP) Flexible Polyurethan-harze (PUR) 1K, 2K Flexible reaktive Polymethyl-methacrylate (PMMA)	K1	1,8	IA,IIA, IB,IIB	Klimazone M Erwartete Nutzungsdauer W 3 Dachneigung[2] S1, S2, S3, S4 Nutzlast P 4 Tiefste Oberflächentemperatur TL 3 Höchste Oberflächentemperatur TH 3
			IIA,IIB	Klimazone M Erwartete Nutzungsdauer W 3 Dachneigung[2] S1, S2, S3, S4 Nutzlast P 3 Tiefste Oberflächentemperatur TL 3 Höchste Oberflächentemperatur TH 3
	K2	2,1	IA,IIA, IB,IIB	Klimazone S Erwartete Nutzungsdauer W 3 Dachneigung[2] S1, S2, S3, S4 Nutzlast P 4 Tiefste Oberflächentemperatur TL 4 Höchste Oberflächentemperatur TH 4

1) Kein Einzelwert darf die Mindestschichtdicke um mehr als 5 % unterschreiten. Wenn die in der europäischen Zulassung angegebene Mindestschichtdicke höher ist als die geforderte Mindestschichtdicke, so gilt der höhere Wert.

2) Unabhängig von der tatsächlichen Dachneigung sind alle Neigungsstufen S1 bis S4 nachzuweisen.

3) Erläuterung der Leistungsstufen siehe „Produktdatenblatt Flüssigabdichtung".

Flexible reaktive Polymethylmethacrylate (PMMA) können ebenfalls sowohl bei der Anwendungskategorie K1 wie K2 in vollem Umfang eingesetzt werden. Dabei sind die Mindestdicken zu beachten.

Leistungsstufe Klimazone

Neu in den Betrachtungen ist die Spalte 5 „Leistungsstufen".

Hier werden zwei Klimazonen „M" und „S" angegeben. Dabei steht der Buchstabe „M" für ein mäßiges Klima, wie es in Deutschland mit Ausnahme der Alpen und der Zugspitze eigentlich immer herrscht. Der Buchstabe „S" steht für extremes Klima, z. B. dem auf der Zugspitze.

Nutzungsdauer

Einzigartig und ebenfalls vollkommen neu ist die Erwähnung einer „zu erwartenden Nutzungsdauer".

Wie bereits im Abschnitt „2.2. Anwendungskategorien für Dachabdichtungen" ausgeführt (siehe Abschnitt 3.6.2, Seite 57 ff.), wird eine Nutzungsdauer für Abdichtungen in der Fachregel eigentlich weder beschrieben noch definiert. Diese Nutzungsdauer ist ausschließlich in dem Produktdatenblatt für Flüssigabdichtungen in der Tabelle „2: Klassen und Leistungsstufen" angegeben. Hierin wird unterschieden in die erwartete Nutzungsdauer

- W1 = 5 Jahre,
- W2 = 10 Jahre und
- W3 = 25 Jahre.

In der Fußnote wird erläutert, dass die erwartete Nutzungsdauer eine Abschätzung auf Basis der Ergebnisse von Alterungsprüfungen nach ETAG 005 ist.

Auch wenn dieser Satz versucht, die Nutzungsdauer etwas einzuschränken, muss dennoch festgestellt werden, dass erstmals überhaupt ein Zeitraum angegeben ist, nach dem ein Werkstoff, ein Material oder eine Ausführung beurteilt wird.

An dieser Stelle sei nochmals auf die Ausführungen aus der DIN 18531-1 „4 Anforderungen an die Dachabdichtung“ verwiesen, die bereits im Zusammenhang mit Abschnitt „2.2 Anwendungskategorien für Dachabdichtungen“ zitiert wurde (siehe Abschnitt 3.6.2, Seite 58).

Dort wurde bereits ausgeführt, dass die Aussagen der Norm mehr Verwirrung stiften, als es nottut. Juristisch ist eine Formulierung wie „wirtschaftlich angemessene Nutzungsdauer“ überhaupt nicht greifbar. Das galt und gilt aber offenbar nicht für Abdichtungen mit Flüssigkunststoffen. Die Nutzungsdauer ist hier über die Gruppierungen W1 bis W3 zeitlich definiert.

Die üblichen Einwirkungen ergeben sich u. a. auch aus der Klimaklasse „M“ und „S“. Bei der Klimaklasse „S“ kann davon ausgegangen werden, dass zumindest hohe thermische Ansprüche erfüllt werden müssen.

Es ist demnach davon auszugehen, dass bei einer Dachabdichtung mit Flüssigkunststoffen, die nach Angabe des Bauherrn in der Anwendungskategorie K2 geplant und ausgeführt werden soll, die zu verwendenden Materialien die Anforderung erfüllen, sich nicht innerhalb von 25 Jahren (W3) so zu verändern, dass die Funktion und der Bestand während der Nutzungsdauer der Dachabdichtung beeinträchtigt werden.

Gewährleistung

Es wurde bereits beschrieben, dass der Hersteller der Flüssigabdichtungen der Ausführende ist. Üblicherweise haftet dieser bei wirksam geschlossenen VOB-Werkverträgen vier Jahre und bei Werkverträgen nach BGB fünf Jahre. Hier wird der Anschein erweckt, dass es längere Gewährleistungszeiten zu geben scheint. Aber selbst wenn es keine Gewährleistung, sondern nur eine Garantie wäre, würde der Ausführende trotzdem wieder in die Verantwortung genommen werden können. Bei der Gewährleistung haftet der Ausführende im vollen Umfang für die Mangelfreiheit seiner erbrachten Leistung. Das beinhaltet sowohl die Gewährleistung für gelieferte Materialien oder Werkstoffe als auch für die handwerklich erbrachte Leistung. Eine Garantie hingegen ist ein freiwilliges Versprechen, dass ein Gegenstand unter bestimmten Voraussetzungen und/oder Einschränkungen einen zeitlich und technisch definierten Nutzungszweck erfüllt.

Beispiel

Ein Hersteller einer Bitumenbahn gibt eine Garantie von 15 Jahren auf sein Produkt. Verändert sich das Produkt innerhalb dieser Zeit in der Art, dass die Funktionalität nicht mehr gegeben ist, so wird der Hersteller für dieses Produkt eine Ersatzlieferung vornehmen (müssen). Je nach Garantieversprechen werden die Transportkosten mit übernommen (frei Baustelle) oder nicht (frei ab Werk). Die Kosten zur Neuerstellung, also die Kosten der handwerklichen Leistung, möglicherweise Entsorgungskosten, Kosten für Sicherungsmaßnahmen etc., sind in den überwiegenden Fällen nicht in dem Garantieversprechen enthalten. Das kann nur dann der Fall sein, wenn der Hersteller in die Subsidiärhaftung geht. Bei der Subsidärhaftung würde der Hersteller gesamtschuldnerisch auch für den ausführenden Dachbauunternehmer in die Haftung gehen und dann dessen Kosten ebenfalls übernehmen.

Bei den Dachabdichtungen mit Flüssigkunststoffen ist der Ausführende aber gleichzeitig der Hersteller. Insofern muss er, wenn keine anderslautenden Vereinbarungen wirksam getroffen werden, zumindest dem Anschein nach bis zu 25 Jahre garantieren, schlimmer noch: gewährleisten.

Entgegen der Aussage in Abschnitt „2.2 Anwendungskategorien für Dachabdichtungen“ (siehe Abschnitt 3.6.2, Seite 58) muss hier festgestellt werden, dass bei der „erwarteten“ Nutzungsdauer nicht nur von der geplanten Nutzungsdauer ausgegangen werden kann. Unabhängig von der Anwendungskategorie muss auch für die Forderung W3 ein realer (Haltbarkeits-)Zeitraum Berücksichtigung finden.

Hier werden u. U. Begehrlichkeiten bei den Bauherren und/oder Planern geweckt, deren Folgen ein Anwender/Ausführender gar nicht übersehen oder übernehmen kann.

Die Formulierungen der Norm und der Fachregel, deren Bestandteil auch das Produktdatenblatt ist, beinhalten ein riesiges Streitpotenzial.

Tipp

Dem Dachhandwerker kann nur die dringende Empfehlung gegeben werden, bereits während der ersten Beratungsgespräche darauf hinzuweisen, dass er nicht bereit ist, alleine ein solches, unübersehbares Haftungsrisiko einzugehen. Er sollte zur eigenen Sicherheit zusätzlich den jeweiligen Hersteller der einzelnen Komponenten als Vertragspartner gewinnen. Dieser sollte während der Ausführungen zumindest stichprobenartig anwesend sein und die fertige Leistung unter dem Aspekt der fachgerechten handwerklich erbrachten Erfüllung abnehmen.

Dachneigung

Die Dachneigungen sind folgendermaßen eingestuft:

S1 = < 5 %,

S2 = 5–10 %,

S3 = 10–30 %,

S4 = > 30 %.

Nutzlast

Neu sind bei Flüssigkunststoffen die Einstufungen nach Nutzlasten.

P1 = geringe Beanspruchung, nicht begehbar (kommt im Grunde nicht vor),

P2 = mäßige Beanspruchung, begrenzt begehbar z. B. für Instandhaltung,

P3 = begehbar für Instandhaltung und privaten Fußgängerverkehr und

P4 = besonders hohe Beanspruchung, z. B. für Dachterrassen, begrünte Dächer.

Oberflächen-temperatur

Die niedrigsten Oberflächentemperaturen, bei denen die Flüssigkunststoffabdichtungen einwandfrei funktionieren müssen, definieren sich über TL (temperature low), wobei gilt:

TL1 = +5 °C,

TL2 = –10 °C,

TL3 = –20 °C und

TL4 = –30 °C.

Die höchsten Oberflächentemperaturen, bei denen die Flüssigkunststoffabdichtungen nicht versagen dürfen, definieren sich über TH (temperature hight), wobei gilt:

TH1 = +30 °C,

TH2 = +60 °C,

TH3 = +80 °C und

TH4 = +90 °C.

(3) Flüssigabdichtungen sollen vollflächig haftend aufgetragen werden. Eine vollflächige Haftung ist unter Baustellenbedingungen nicht immer erzielbar. Einzelne z. B. durch Unebenheiten entstehende, geringfügige Fehlstellen können nicht ausgeschlossen werden.

Vollflächige Haftung

Die vollflächig haftend aufzutragende Flüssigabdichtung erfordert anders als bei Dachabdichtungen mit Bitumenbahnen und/oder Kunststoff- und Elastomerbahnen höhere Anforderungen an den Untergrund. Insbesondere die Temperatur des Untergrunds, die bei Bitumenbahnen in erster Linie bei dem Gießverfahren eine Rolle spielt und bei lose verlegten Kunststoff- und Elastomerbahnen gar keine, sowie der Feuchtegehalt z. B. bei Beton oder Estrich müssen berücksichtigt werden (siehe auch Absätze 5 und 6).

Bei den „erlaubten" Fehlstellen gibt es einen Unterschied zwischen den Abdichtungen mit Bitumen und denen mit Flüssigkunststoffen. Bei den Flüssigkunststoffen wird zunächst die erste Schicht auf dem Untergrund aufgetragen. Danach erst kommt die Vlieseinlage, die anschließend wieder mit der zweiten Schicht getränkt wird. Entstehen nun kleinere Hohlstellen, so ist dieses nur zwischen der ersten Schicht und der Vlieseinlage möglich.

(4) Eine Vorbehandlung des Untergrunds ist erforderlich (z. B. säubern, grundieren, anschleifen).

Untergrund-vorbehandlung

Ebenso wie bei den Ausführungen mit Bitumen-, Kunststoff- oder Elastomerbahnen muss der Untergrund, auf dem eine Flüssigabdichtung aufgebracht werden soll, gesäubert werden. Selbstverständlich muss der Untergrund fettfrei sein.

Das Grundieren des Untergrunds, z. B. mit speziellen und vom Hersteller der Einzelkomponenten freigegebenen Primern, bindet Staub und erhöht die Haftfähigkeit.

Neu und nur bei Dachabdichtungen mit Flüssigkunststoffen ist, dass der Untergrund ggf. an- oder abgeschliffen muss. Bei Flüssigkunststoffen können, anders als bei Kunststoff- oder Elastomerbahnen, keine Trenn- oder Ausgleichslagen angeordnet werden. Schon kleinere Unebenheiten durch eine raue Oberfläche im Untergrund werden sich fast unvermindert in der Oberfläche der Kunststoffabdichtung abzeichnen. Um die Mindestschichtdicke einzuhalten, muss mehr Kunststoffmasse in der ersten Schicht aufgebracht werden, damit die Rauigkeit sich nicht in der Oberfläche übermäßig abzeichnet und gleichzeitig die Mindestschichtdicke im Bereich eines oberen Punktes eingehalten wird.

Beton
Estrich

(5) Der Untergrund soll trocken und frei von losen oder haftmindernden Bestandteilen sein. Bei Untergründen aus Beton oder Estrich darf die Feuchtigkeit maximal 6 GEW.-% betragen.

Schalöle, z. B. im Bereich von vor Ort erstellten Attiken aus Beton, vermindern die Haftfähigkeit des Kunststoffes so weit, dass sie eher als unzulässige Trennschicht fungierten. Staubablagerungen wie Zementschlemmen, die sich beim Trocknen des Ortbetons bilden können, wenn es während oder kurz nach dem Betonieren geregnet hat, sind gründlich zu entfernen.

Feuchtigkeit im oder am Untergrund vermindern die Haftung des Flüssigkunststoffes enorm. Beton oder Estriche müssen ausreichend abgebunden und nach Regenereignissen ausreichend abgetrocknet sein. Gegebenenfalls ist die Feuchtigkeit im Beton nachzuweisen.

(6) Bei der Ausführung der Arbeiten muss die Oberflächentemperatur mindestens +3 K über der Taupunkttemperatur liegen. Bei Unterschreitung kann sich auf der Oberfläche ein trennend wirkender Feuchtigkeitsfilm bilden.

Oberflächentemperatur

Gemeint ist hier die Oberflächentemperatur des Untergrunds, auf dem die Dachabdichtung mit Flüssigkunststoff aufgebracht werden soll.

Als Taupunkttemperatur bezeichnet man die Temperatur, bei der aus Wasser in gasförmigem Zustand Wasser in tropfbarer Form wird. Das ist zusätzlich in Abhängigkeit von der relativen Luftfeuchtigkeit zu betrachten.

Beispiel

Eine Dachfläche mit einem glatten und nicht oder gering saugendem Untergrund soll mit einer Dachabdichtung aus Flüssigkunststoff versehen werden. In der Nacht sind die Temperaturen der Umgebungsluft auf ca. +10 °C gesunken. Gegen 10.00 Uhr am Morgen beträgt die Temperatur der Umgebungsluft durch Sonneneinstrahlung +20 °C bei einer relativen Luftfeuchtigkeit von ca. 60 %. Durch Verschattungen von aufgehenden Bauteilen wird der Untergrund für die Dachabdichtung nicht durch die Sonneneinstrahlung erwärmt. Dessen Oberflächentemperatur beträgt um die angegebene Uhrzeit lediglich +12 °C.

Bei einer Temperatur von ca. 12,6 °C würde die relative Luftfeuchtigkeit von 60 % bei gleicher absoluter Luftfeuchtigkeit auf 100 % ansteigen. Dann fällt Tauwasser aus.

Um nun den Tauwasserausfall auf der Oberfläche des Untergrunds zu vermeiden, muss dessen Temperatur höher als die Taupunkttemperatur sein. Im Beispiel müsste sie mindestens +13 °C betragen.

Was geschieht, ist folgendermaßen zu erklären: Bauphysikalisch betrachtet findet immer ein Ausgleich von einer hohen Temperatur in Richtung einer geringeren Temperatur statt. Ein hoher Luftdruck gleicht sich immer in Richtung des geringeren Drucks aus. Ebenso verhält es sich mit der in der Luft enthaltenden Feuchtigkeit.

In unserem Beispiel versucht die warme Luft, sich mit der kühleren auszugleichen. Dabei streicht sie an den kühleren Bauteilen vorbei. Durch die eigene Abkühlung, die entsteht, weil die warme Luft versucht, das kühlere Bauteil aufzuheizen, sie also Wärme abgibt, kann sie die in ihr enthaltene Luftfeuchtigkeit nicht mehr halten und muss sie z. B. an das kühlere Bauteil abgeben. Dort fällt sie dann bei weiterer Abkühlung als Wasser in tropfbarer Form (Feuchtigkeitsfilm auf der Oberfläche) aus.

Nach diesem Prinzip funktionieren z. B. auch Bautrockner. In denen sind viele große Metallplatten enthalten, deren Oberflächentemperatur heruntergekühlt wird. Durch Ventilatoren versucht man einen Unterdruck im Gerät herzustellen. Die warme Raumluft streicht an den zu trocknenden Bauteilen entlang und nimmt Feuchtigkeit auf. Durch den Unterdruck wird dann diese Luft an die kühlen Metallplatten geführt. Sie kühlt erheblich ab und gibt die Feuchtigkeit an die Metallplatten ab, wo sie als Tauwasser ausfällt und als Wasser in tropfbarer Form in einem Auffangbehälter gesammelt wird.

Die Forderung nach +3 Kelvin über der Taupunkttemperatur ergibt sich aus dem Umstand, dass Tauwasser prinzipiell schon bei einer relativen Luftfeuchtigkeit von 80 % (unabhängig von der Lufttemperatur) ausfallen kann. Den entstehenden Feuchtigkeitsfilm wird man unter Baustellenbedingungen kaum erkennen können. Trotzdem würde er eine trennende Wirkung haben. Die geforderte Temperaturdifferenz dient der Sicherheit für eine tatsächlich tauwasserfreie Oberfläche.

(7) Wenn die hier genannten Anforderungen an die Oberflächenbeschaffenheit des Untergrunds (z. B. Rauigkeit, Temperatur, Feuchtigkeit) nicht erfüllt werden, sind ggf. Trennlagen oder Trägerlagen z. B. aus Bitumenbahnen einzuplanen.

Trennlage
Trägerlage

Dieser Absatz widerspricht im ersten Anschein dem Absatz 3, in dem ein vollflächiger Auftrag mit einer vollflächigen Haftung gefordert wird. Plötzlich können oder müssen Trennlagen oder Trägerlagen eingeplant werden.

Wenn aus den oben genannten Gründen eine Trennlage oder Trägerlage erforderlich ist, muss die Flüssigabdichtung vollflächig und mit vollflächiger Haftung auf die Trenn- oder Trägerlage aufgebracht werden. Die Forderung aus Absatz 3 ist damit erfüllt.

(8) Werden Flüssigabdichtungen auf Unterlagen aus Holzschalung, Holzwerkstoffen oder unkaschierten Wärmedämmstoffen verlegt, sollen Trennschichten/-lagen angeordnet werden.

Trennschicht

Hier spielen zwei wesentliche Gründe eine Rolle. Eine Trennschicht muss immer dann angeordnet werden, wenn nicht sichergestellt ist, dass sich der Untergrund mit der Abdichtung chemisch verträgt. Das kann bei einigen

Holzschutzmitteln oder Leimen möglich sein.

Der zweite Grund liegt im Schwind- und Quellverhalten von Holz und/oder Holzwerkstoffen. Von der Flüssigabdichtung müssten u. U. hohe Spannungen auf schmalen Raum aufgenommen werden. Das kann im Laufe der Zeit zu Ermüdungserscheinungen und damit zum Bruch oder Riss in der Abdichtung führen.

Abb. 15: Die Überlappung ist gut an der geänderten Schichtdicke zu erkennen.

(9) Flüssigabdichtungen müssen mindestens zweischichtig mit Einlage ausgeführt werden. Das Auftragen kann durch Streichen, Rollen oder Spritzen erfolgen. Als Einlage müssen Kunststofffaservliese, mindestens 110 g/m², eingesetzt werden. Die Einlage ist in eine vorgelegte Menge Flüssigkunststoff einzuarbeiten und frisch-in-frisch abzudecken, sodass die Einlage vollständig abgedeckt ist und keine sichtbaren Lufteinschlüsse vorhanden sind. Die einzelnen Bahnen der Einlage sollen mindestens 50 mm überlappt werden (Abb. 15).

Einlage

Die Einlage dient in erster Linie dazu, die erforderliche Schichtdicke der Flüssigabdichtung einzuhalten. Ist die Struktur der Einlage nach dem Aufbringen der oberen Schicht nicht mehr erkennbar, kann billigerweise davon ausgegangen werden, dass die Schichtdicke eingehalten ist. Schon bei den Abdichtungen mit Kunststoffbahnen wurde festgestellt, dass eine Einlage keinen statischen Einfluss auf das Reiß- oder Dehnverhalten der Bahnen hat. Für den Bereich der Flüssigkunststoffe kann man von dieser Ansicht etwas abweichen. Das Vlies kann durchaus als eine Art Armierung angesehen werden. Die Wirkung sollte aber in keine Berechnung einfließen, sondern lediglich als ein „Pünktchen obendrauf" verstanden werden.

Das Verarbeiten frisch-in-frisch ist unbedingt einzuhalten. Nur so kann ausreichend sichergestellt werden, dass sich die beiden Schichten durch die Einlage hindurch ausreichend miteinander verbinden. Im Bereich der Überlappungen muss dabei besonders sorgfältig gearbeitet werden, da der Flüssigkunststoff auch zwischen die Einlageschichten dringen muss, um eine hohlraumfreie Verarbeitung zu gewährleisten.

(10) Flüssigabdichtungen erhärten durch chemische Reaktion. Systemkonforme Zuschläge und andere Zusatzstoffe können beigemischt sein oder getrennt geliefert werden. Die Aushärtung beginnt nach dem Mischen. Die für die Verarbeitung zur Verfügung stehende Zeit (Verarbeitungszeit, Topfzeit) ist zeitlich begrenzt. Bei manchen Systemen sind die Wartezeiten zwischen dem Auftrag der einzelnen Schichten (Intervallzeit) nach oben und ggf. unten begrenzt. Reaktive Systeme, die mittels der Luftfeuchtigkeit erhärten (einkomponentige Polyurethansysteme), benötigen keine zusätzliche Härterkomponente. Bei diesen Systemen existiert keine nennenswerte zeitliche Begrenzung der Verarbeitungszeit (Topfzeit). Die Verarbeitungstemperatur bestimmt die Re-

aktionsgeschwindigkeit und damit alle zeitlichen Abläufe. Hohe Temperaturen beschleunigen, niedrige Temperaturen verzögern den Härtungsverlauf der Abdichtung.

Aushärtung

Im Produktdatenblatt für Flüssigabdichtungen werden vier Möglichkeiten der Aushärtung bei den verschiedenen Kunststoffen beschrieben:

„Polymethylmethacrylatharze (PMMA)
PMMA-Flüssigkunststoffe sind zweikomponentig und bestehen aus Methacrylsäureresten und härten durch Polymerisation aus.

Flexible ungesättigte Polyesterharze (UP)
Flexible UP-Systeme sind zweikomponentig und bestehen aus Polykondensaten, die in Styrol gelöst sind. Die Aushärtung erfolgt durch Vernetzung der ungesättigten Anteile und Copolymerisation mit Styrol.

Polyurethanharze (PUR)
Bei dieser Stoffgruppe wird zwischen einkomponentigen Polyurethanharzen (PUR-1K) und zweikomponentigen Polyurethanharzen (PUR-2K) unterschieden.

Einkomponentige PUR-Harze sind Flüssigkunststoffe aus Polyurethanprepolymeren, die durch Reaktion mit der Luftfeuchte erhärten.

Zweikomponentige PUR-Harze sind Flüssigkunststoffe, die durch Polyaddition von Polyisocyanaten und Polyalkoholen entstehen.“

PUR-Harze brauchen die Luftfeuchtigkeit (optimal ca. 50 %) und Temperatur (optimal ca. +23 °C), um überhaupt reagieren und damit abbinden oder besser aushärten zu können. Ähnliche Probleme kennt man aus dem Bereich der Verklebung von z. B. expandiertem Polystyrol (EPS) mit den handelsüblichen PUR-Klebern. Ist die Luftfeuchtigkeit zu gering, schäumen die Kleber meistens nicht ausreichend auf und die Klebkraft ist eingeschränkt.

(11) Bei Arbeitsunterbrechungen ist ein ausreagierter Übergangsbereich vorzubehandeln.

Ausreagierter Übergangsbereich

Ist die Reaktion, also das Aushärten des Flüssigkunststoffes, einmal abgeschlossen, würden nachfolgende Schichten nur noch durch Kleben verbinden, nicht aber einen homogenen Verbund herstellen. Die Oberfläche des Übergangsbereichs muss also wieder reaktiviert werden, was unter der Vorbehandlung zu verstehen ist. Hierzu dürfen nur die vom Hersteller der Einzelkomponenten vorgegebenen oder empfohlenen Stoffe verwendet werden.

(12) Die Dicke der fertigen Flüssigabdichtung muss, soweit in der Zulassung keine höheren Anforderungen gestellt werden, für die Anwendungskategorie K1 mindestens 1,8 mm und für die Anwendungskategorie K2 mindestens 2,1 mm betragen.

Siehe hierzu auch Tabelle „7: Bemessung von flüssig aufzubringenden Dachabdichtungen“ der Fachregel für Abdichtungen.

(13) Dachabdichtungen der Anwendungskategorie K1 mit einer Neigung unter 2 % sind wie K2 zu bemessen.

Diese Forderung ist analog zu den Abdichtungen mit Bitumen-, Kunststoff- oder Elastomerbahnen zu sehen (siehe Abschnitt „2.3.1 Dachneigung/Gefälle").

(14) Es wird empfohlen, über die Untergrundvorbereitung, die Art der Flüssigabdichtung, die verwendete Einlage und die verarbeiteten Mengen eine Dokumentation zu erstellen.

Dokumentation

Bereits am Anfang des Abschnitts wurde ausgeführt und dargestellt, welche Probleme der Dachbauhandwerker im Rahmen seiner Leistungserfüllung und darüber hinaus haben kann. Über die Empfehlung aus Absatz 14 hinaus kann zusätzlich geraten werden, Aufzeichnungen oder Dokumentationen vom baubegleitenden Architekten und (ggf. wichtiger) Bauherrn durch Gegenzeichnen bestätigen zu lassen. Aus den oben beschriebenen Gründen sollten die Aufzeichnungen nicht vor Ablauf von 25 Jahren nach der Abnahme der Leistung vernichtet werden. Es kann sinnvoll sein, die Arbeiten durch den Hersteller der Einzelkomponenten ebenfalls begleiten und abnehmen zu lassen und dessen Aufzeichnungen/Protokolle den Unterlagen hinzuzufügen.

Oberflächenschutz

2.5.7 Oberflächenschutz

Leichter Oberflächenschutz

2.5.7.1 Leichter Oberflächenschutz

In diesem Absatz wird die Möglichkeit angegeben, werkseitig beschieferte Bahnen oder z. B. Schiefersplitt-Bestreuungen in Polymerbitumenkaltmasse zu verwenden, um einen leichten Oberflächenschutz zu erreichen.

Schwerer Oberflächenschutz

2.5.7.2 Schwerer Oberflächenschutz

Kiesschüttung

2.5.7.2.1 Kiesschüttung

(1) Die Kiesschüttung muss zum Zeitpunkt des Einbaus mindestens 50 mm dick sein. Übernimmt die Kiesschüttung gleichzeitig die Sicherung gegen Abheben durch Windsog-Kräfte, so ist die Dicke der Schüttung auch abhängig von den anzusetzenden Soglasten (siehe auch Abschnitt 2.6.3.2).

Dieser Absatz ist aus der Vorgängerfassung übernommen worden. Wichtig ist hier der Hinweis, dass die Schüttdicke zum Zeitpunkt des Einbaus mindestens 50 mm Dicke haben muss. Im Streitfall muss der Ausführende diese nachweisen können. Das alleinige Behaupten durch den Ausführenden wird wohl nicht gerichtsbeständig sein.

Der zweite Teil des Absatzes bekommt eine neue Bedeutung, da sich die anzuwendenden Lasten (siehe auch DIN 1055-4) z. T. erheblich verändert haben.

Schutzlage

(2) Bei einlagigen Abdichtungen wird die Anordnung einer Schutzlage empfohlen.

Wie bereits mehrfach beschrieben, z. B. im Abschnitt 2.5.6.2 (9), muss eine einlagig ausgeführte Dachabdichtung dieselben Aufgaben erfüllen wie eine mehrlagige. Einlagige Dachabdichtungen sind i. d. R. dünner und bieten schon von daher einen geringeren Widerstand gegen mechanische Einflüsse. Bei Schüttungen aus Kies sind Brüche der Steine nicht zu verhindern. Es können z. T. scharfe Bruchkanten entstehen. Eine ungeschützte einlagige Dachabdichtung kann bei einer weiteren Auflast, wie sie bei Wartungsarbeiten oder Inspektionen unvermeidbar ist, schnell beschädigt werden.

Sehr häufig werden Bekiesungen unter Zuhilfenahme eines Krans oder Autokrans erstellt. Der Kies wird aus dem Betonmischer in die Betonbombe gefüllt und über die Dachfläche gezogen. Dort wird die Bombe geöffnet und der Kies unter Schwenken des Krans verteilt. Die Belastungen, die hierbei auf die einlagige Dachabdichtung einwirken, unterscheiden sich nur minimal von denen einer pneumatischen Förderung, wie sie in Absatz 3 beschrieben ist. Insofern sollte die Empfehlung zumindest in eine bedingte Forderung umgewandelt werden, von der nur in begründeten Einzelfällen abgewichen werden darf.

(3) Bei pneumatischer Förderung des Kieses ist mit erhöhtem Bruchanteil und einer hohen Aufprallgeschwindigkeit zu rechnen. In diesem Fall ist bei einlagigen Abdichtungen die Anordnung einer Schutzlage erforderlich.

Plattenbelag
Formstein
Rasengitterstein

2.5.7.2.2 Plattenbeläge, Formsteine und Rasengittersteine

(1) Plattenbeläge und Formsteine als Oberflächenschutz und Auflast werden in der Regel in Kies oder Splittbett verlegt. Auf mehrlagigen Abdichtungen kann, auf einlagigen Abdichtungen muss eine Schutzlage verlegt werden.

In der Vorgängerfassung wurden in diesem Punkt die „begehbaren Beläge" erläutert. Durch die erforderliche Umstrukturierung der Flachdachrichtlinie ist dieser Punkt in die Regel für Abdichtungen genutzter Dächer und Flächen verschoben worden.

In diesem Absatz ist der Belag ausschließlich als Auflast und Oberflächenschutz definiert.

(2) Bei einer Verlegung ohne Kies- oder Splittbett auf der Abdichtung ist die Anordnung einer Schutzlage erforderlich.

Schutzlage

Vliese sind hier als Schutzlage nicht dienlich, da sie zu dünn sind. Betonplatten können scharfe Kanten aufweisen. Um die Abdichtung nachhaltig zu schützen, sind dickere und reißfeste Schutzlagen zu verwenden. Zur Pufferung oder zum Abfedern von Belastungen, die durch Inspektions- oder Wartungsarbeiten entstehen, kann der Einsatz von Gummigranulatmatten sinnvoll sein.

(3) Zur Lagestabilisierung von Kiesschüttungen können Rasengittersteine verwendet werden.

Kiesschüttung

Es ist ein häufig beobachtetes Phänomen, dass Kiesschüttungen im Eckbereich im Laufe der Zeit verweht werden (Abb. 16).

Damit geht nicht nur der u. U. notwendige UV-Schutz der Dachabdichtung verloren. Auch die erforderliche Auflast zur Windsog-Sicherung ist nicht mehr gegeben. Das Problem besteht darin, dass ein einzelner Kieselstein allein nicht das Gewicht hat, dem Winddruck oder -sog ausreichend Widerstand zu bieten. Kleinere Steine werden regelrecht über die Dachfläche gefegt. Rasengittersteine haben Kammern, in die der Kies gefüllt wird. Durch die Stege zwischen den Kammern wird der Kies deutlich stabiler in seiner

Abb. 16: Kiesverwehung am Dachrand

Lage gehalten, insbesondere dann, wenn die Kammern nicht bis zu ihrer Oberseite aufgefüllt werden.

Dachbegrünung

2.5.7.2.3 Dachbegrünung

(1) Als extensive Begrünung werden flächige Bepflanzungen mit dünnem Schichtenaufbau bezeichnet. Sie wird mit niedrig wachsenden Pflanzen ausgeführt. Die Funktion als Auflast zur Sicherung gegen Abheben durch Windsog-Kräfte muss gesondert nachgewiesen werden.

Siehe auch Erläuterung zu Abschnitt „1.2.18 Extensivbegrünung", Seite 22.

Begrünungsaufbau

(2) Ein extensiver Begrünungsaufbau besteht in der Regel aus folgenden Schichten (Reihenfolge der Schichten kann sich systembedingt ändern):

- *Schutzschicht gegen Wurzeldurchwuchs*
- *Schutzschicht gegen mechanische Beschädigung*
- *Entwässerung- und Dränageschicht*
- *Filterschicht*
- *Vegetationsschicht.*

Dieser Absatz wurde neu ins Regelwerk aufgenommen. Inwieweit sich die Reihenfolge des Aufbaus sinnvoll ändern könnte, ist wohl nur mit Weglassen oder Hinzufügen zu beschreiben. Eine Ausnahme könnte darin bestehen, den Wurzelschutz und den Schutz vor mechanischen Beschädigungen u. U. in umgekehrter Reihenfolge auszuführen. Es ist z. B. möglich, eine Dachabdichtung aus Bitumenbahnen zu erstellen, die nicht wurzelbeständig ist. Auf diese Dachabdichtung wird der Schutz vor mechanischen Beschädigungen aufgebracht. Als Wurzelschutz könnte anschließend eine Kunststoffbahn mit FLL-Zulassung eingesetzt werden.

Bei hochwertigen Dachflächen, insbesondere bei solchen, die nach der Anwendungskategorie K2 geplant und ausgeführt werden, ist eine Trennung der Funktionsschichten eine durchaus sinnvolle Vorgehensweise. Sie kann gerade dort nützlich sein, wo bei der Ausführung zusätzlich eine exakte Gewerketrennung vorliegt (Dachdecker erstellt Dachabdichtung, Spezialunternehmer erstellt die Dachbegrünung) und getrennte Gewährleistungen erbracht werden müssen (siehe auch Absatz 4).

Die Entwässerung- und Dränageschicht verhindert, dass die Wurzeln der Pflanzen ständig im Wasser stehen und faulen. Die Filterschicht sorgt dafür, dass Fein- oder Schwebteile der Substratschicht nicht in die Entwässerungssysteme gelangen und diese verstopfen.

Die Vegetationsschicht nimmt schließlich die Anpflanzungen auf.

Lagesicherung

(3) Zur Lagesicherung der Dachbegrünung können insbesondere in der Anwuchsphase zusätzliche Maßnahmen, z. B. Abdeckung mit Erosionsschutzgewebe, erforderlich werden.

Eine Erosion kann sowohl durch Windeinwirkung als auch durch Niederschlagswasser gefördert werden, bei dessen Ableitung kleine Ströme in der Vegetationsschicht entstehen können. Damit bei einem neu aufgebrachten Substrat, bei dem das Pflanzenwachstum z. B. durch Wurzelausbildung noch nicht für einen ausreichenden Halt des Substrats gesorgt hat, die Nährstoffschichten nicht abgeleitet oder durch Windeinwirkung verlagert werden, sollte ggf. Erosionsschutzgewebe angeordnet werden. Diese zersetzen sich oftmals im Laufe der Zeit und werden biologisch abgebaut. Das Schutzgewebe kann vor allem dann erforderlich sein, wenn die extensive Dachbegrünung gleichzeitig die Auflast als Windsog-Sicherung darstellt.

Durchwurzelungs-schutzlage

(4) Die Funktion der Durchwurzelungsschutzlage kann mit den Abdichtungslagen erfüllt werden. Bei mehrlagigen Abdichtungen ist die Durchwurzelungsschutzlage als oberste Lage zu verlegen. Die Durchwurzelungsschutzlage kann auch als zusätzliche Lage verlegt werden. Hierbei ist zu beachten, dass die Durchwurzelungsschutzlage in der Fläche, in den An- und Abschlussbereichen und bei Durchdringungen nicht von Wurzeln hinterwandert werden kann.

Siehe hierzu auch Absatz 2. Dass die Durchwurzelungsschutzlage bei der Ausführung als zusätzliche Lage in der Art angeschlossen werden muss, dass eine Hinterwanderung von Wurzeln ausgeschlossen ist, bedeutet, dass die Lage auch an Dachabläufe dicht angeschlossen werden muss/müsste. Das kann zu Problemen bei der Entwässerung der eigentlichen Dachabdichtung führen. Die Durchwurzelungsschutzlage kann an diesen Punkten nicht durchwurzelungssicher im Sinne der Fachregel und der DIN 18531-3 angeschlossen werden. Hier sind frei zugängliche Kontrollschächte erforderlich. Vor diesen muss zusätzlich eine Kiesschüttung erfolgen. Bewuchs und Wurzelausbildung müssen aus diesen Bereichen ferngehalten werden. Auch in der „Richtlinie für die Planung, Ausführung und Pflege von Dachbegrünungen" wird im Abschnitt „6.2.3 Ausführung" lediglich auf die Fachregel für Abdichtungen verwiesen, die aber ebenso wie die DIN 18531-3 zu diesem Detailpunkt keine Ausführungen enthält.

Bei den Anschlüssen an Dachränder oder an aufgehendes Mauerwerk muss die Lage mindestens bis zur Oberkante der Vegetationsschicht geführt und dort dicht an die Dachabdichtung angeschlossen werden. Sinnvoller ist es, die Lage bis zur Oberkante der Dachabdichtung zu führen, wo sie spaltfrei angeschlossen werden sollte.

(5) An- und Abschlüsse sowie Durchdringungen sollen von Bewuchs freigehalten werden. Dafür sind Streifen mit Kiesschüttungen oder Plattenbelägen zweckmäßig.

Kiesstreifen

Kiesstreifen, die An- und Abschlussbereiche dauerhaft frei von Bewuchs halten sollen, bedürfen ständiger Kontrolle und Reinigung. Das gilt insbesondere dann, wenn die Kiesstreifen aus Brandschutzgründen erforderlich sind.

(6) Hinsichtlich Widerstandsfähigkeit gegen Flugfeuer und strahlende Wärme und der Brandübertragung bei Wänden und Dächern mit Öffnungen sind die Brandschutzanforderungen der Länder zu beachten.

Brandschutzanforderung

In der DIN 4102-4 zu Brandverhalten von Baustoffen und Bauteilen werden keine Festlegungen für den vorbeugenden Brandschutz für Dachbegrünungen getroffen. Eine Fachkommission einer Arbeitsgemeinschaft der zuständigen Minister und Senatoren der Länder erarbeitete 1989 einen Ministererlass über das „Brandverhalten begrünter Dächer“. Die Bundesländer haben diesen Mustererlass in unterschiedlichem Umfang z. B. in der Landesbauordnung oder in entsprechenden fachlichen Anweisungen umgesetzt und eingeführt.

Demzufolge werden Dachbegrünungen als ausreichend widerstandsfähig gegen strahlende Wärme und mögliches Flugfeuer angesehen, wenn extensive Dachbegrünungen die nachfolgenden Anforderungen erfüllen bzw. nachfolgende Eigenschaften aufweisen:

- mineralisch bestimmte Zusammensetzung der Vegetationsschicht und 3 cm Mindestschichtdicke,
- Vegetationsformen mit geringer Brandlast,
- Abstandstreifen aus massiven Platten oder Grobkies von i. d. R. > 50 cm Breite gegenüber Öffnungen in der Dachfläche (Lichtkuppeln, Dachfenster) oder aufgehenden Wänden mit Fenstern, wenn sich deren Brüstung weniger als 80 cm oberhalb der Oberfläche des Substrates befindet,
- alle 40 m eine 30 cm hohe Aufkantung aus nicht brennbaren Stoffen oder ein 1 m breiter Steifen aus massiven Platten oder Grobkies, wenn die Brandwände nicht über das Dach geführt werden müssen.

(Quelle: Dachbegrünungsrichtlinie Ausgabe 2008)

Umkehrdach

Der Abschnitt „2.5.7.2.4 Umkehrdach“ beschreibt, dass die oberhalb der Dachabdichtung aufgebrachte Wärmedämmung mit Filterschicht und Auflast die Funktion eines Oberflächenschutzes mit hoher Schutzwirkung erfüllt. So vermindert die Wärmedämmung die Anforderungen an den thermischen Widerstand der Abdichtung. Gleichzeitig stellt sie wie die Kiesschüttung einen hervorragenden Schutz gegen mechanische Einflüsse oberhalb der Abdichtung dar. Die Dicke der Kiesschüttung wird aufgrund des möglichen Auftriebs der Wärmedämmung dicker als die in der Fachregel geforderte Mindestdicke von 50 mm ausfallen, was sich u. a. positiv für den Brandschutz darstellt.

3.6.6 Sicherungsmaßnahmen

Sicherung

2.6.1 Maßnahmen zur Aufnahme horizontaler Kräfte

(1) Bei Dächern mit Abdichtungen treten Horizontalkräfte in der Abdichtungsebene auf. Diese sind abhängig von Unterkonstruktion, Wärmedämmung, Auflast und Abdichtungsart.

Horizontalkraft

Horizontalkräfte entstehen in erster Linie durch Schrumpfungen des Materials. Bei Bahnen aus Bitumen sind hierfür die Trägerlagen aus Polyestervliesen verantwortlich. Bei den meisten PVC-Bahnen ist es der Kalanderschrumpf, den man mittlerweile durch das Anordnen von Trägereinlagen minimieren konnte.

Weiterhin sind Bewegungen der Unterkonstruktion, z. B. Schwinden und Quellen bei Holzkonstruktionen oder Winddruck, der seitlich an Gebäuden Kraft ausübt, die Ursache. Nicht ausreichend abgelagerter Polystyrol-Extruderschaum neigt ebenso zum Schrumpfen. Handelt es sich um Klapp- oder Rolldämmbahnen, kann die Kaschierung zusammengezogen werden. Werden Kaltselbstklebebahnen auf großformatige Platten aufgebracht (die Seitenlängen der Plattenkanten **sollten** nicht länger als 1,25 m sein), können sich diese ebenfalls zusammenziehen, was zur Faltenbildung mit einem möglichen Bruch der Trägereinlagen führen kann.

Eine Auflast kann den Reibungswiderstand der Dachabdichtung auf den Wärmedämmstoffen so weit erhöhen, dass das Schrumpfen der Dachabdichtung etwas minimiert wird.

Wichtig ist, dass die Fachregel keinen Unterschied zwischen Dachabdichtungen mit Bitumenbahnen und denen mit Kunststoff- oder Elastomerbahnen macht.

Horizontalkraft

(2) Zur Vermeidung nachteiliger Auswirkungen auf den Dachaufbau sind Maßnahmen zur Aufnahme horizontaler Kräfte erforderlich

- *bei lose verlegten einlagigen Abdichtungen,*
- *bei Unterkonstruktionen aus Stahltrapezprofilen (außer bei vollflächig verklebtem Schichtenaufbau mit Schaumglas) sowie*
- *bei Dachaufbauten mit leichtem Oberflächenschutz und Wärmedämmstoffen aus Hartschaum, die mit Kaltkleber mit Nachklebeeffekt verklebt sind.*

Lose verlegte einlagige Abdichtungen beinhalten sowohl einlagige Dachabdichtungen mit Polymerbitumenbahnen als auch Abdichtungen mit Kunststoff- oder Elastomerbahnen. Hier sind in jedem Fall Maßnahmen zur Aufnahme horizontaler Kräfte erforderlich.

Unterkonstruktionen aus Stahltrapezprofilen neigen zum Schwingen. Diese Schwingungen entstehen durch Winddruck und -sog ebenso wie durch das Begehen der Dachfläche zu Inspektions- oder Wartungszwecken.

Wird z. B. die Feldmitte eines Daches mit Stahltrapezprofilen belastet, so biegt sich die gesamte Konstruktion nach unten durch. Dadurch wird die

Strecke von einem Hochpunkt im Bereich des Auflagers zur Feldmitte hin länger. Die Bahnen werden auf Zug beansprucht, Horizontalkräfte entstehen.

Dachkonstruktionen, bei denen Schaumglas die Wärmedämmung bildet, schwingen deutlich geringer, da durch das starre Dämmmaterial die Lasten insgesamt seitlich abgeleitet werden.

Wie bereits ausgeführt, können Wärmedämmstoffe aus Hartschaumplatten schrumpfen. Kaltkleber mit Nachklebeeffekt können zwar Vertikalkräfte durch Windsog aufnehmen, Horizontalkräfte hingegen nicht oder nur geringfügig. Die Wärmedämmung „schwimmt". Ein schwerer Oberflächenschutz könnte das durch die Erhöhung des Reibewiderstands verhindern oder zumindest erheblich vermindern.

Werden nach etlichen Jahren Dachflächen mit einer Unterkonstruktion aus Stahltrapezprofilen und einem Aufbau aus Hartschaumplatten als Wärmedämmung, die mit Kaltklebern aufgeklebt wurde, geöffnet, ist festzustellen, dass vorwiegend in den Randbereichen der Dämmstoff fehlt. Ursache ist der – wenn auch geringfügige – Schrumpf der Hartschaumplatten, aber auch die nicht immer ganz fugenfreie Verlegung der Platten.

Mechanische Befestigung

(3) In den in (2) genannten Fällen ist die Dachabdichtung an Dachrändern, Anschlüssen an aufgehenden Bauteilen, Bewegungsfugen, Lichtbändern, Lichtkuppeln etc. mechanisch zu befestigen. Diese Befestigungen sind nur dann voll wirksam, wenn sie in oder unmittelbar über der Abdichtungsebene, am Übergang zu senkrechten oder geneigten Flächen, angeordnet und ausgeführt werden. Einbinden oder Einklemmen in höher liegende Randprofile oder unter Randabdeckungen sowie Verklebungen sind keine Befestigungen in diesem Sinne.

Sicherlich kann eine Schraube auf Zug mehr Kräfte aufnehmen als auf Biegung, aber dennoch ist die Randbefestigung nur dann wirksam, wenn sie direkt in der Abdichtungsebene ausgeführt wird. Andernfalls wird die Bahn aus dem Übergang zum aufgehenden Bauteil herausgezogen und liegt hohl.

Am Beispiel einer Lichtkuppel, an der die Abdichtung am Kranz hochgeführt und an der Oberkante in einer Klemmschiene fixiert wird, wird deutlich, dass eine solche Fixierung die Horizontalkräfte zwar aufnehmen kann oder könnte, die Abdichtung aber zuvor von dem Lichtkuppelkranz weggezogen wird und hohl liegt.

Verklebungen sind im Normalfall nicht in der Lage, die Kräfte ausreichend sicher aufzunehmen und abzuleiten.

(4) Maßnahmen zur Aufnahme horizontaler Kräfte sind von der Gebäudehöhe unabhängig.

Eine Randfixierung als Maßnahme gegen horizontale Kräfte hat nichts mit der Sicherung gegen Windsog zu tun, es sei denn, es handelt sich um die in Absatz 8 vorgegebenen Maßnahmen. Dort ist von geringen horizontalen Kräften die Rede, die bei entsprechender Anzahl und Anordnung von Befestigern über die Reibungskräfte aufgenommen werden können. Die liegen aber z. B. bei PVC-P-Bahnen mit Schrumpfeigenschaften nicht vor.

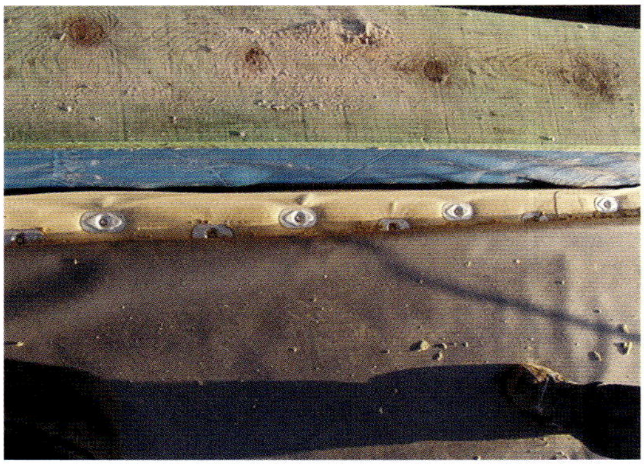

Abb. 17: Fehlerhafte lineare Befestigung

Der Absatz sagt damit aus, dass eine Maßnahme zur Aufnahme horizontaler Kräfte immer, unabhängig von der Größe und der Lage der Dachfläche, ausgeführt werden muss.

Linienbefestigung Lineare Befestigung

(5) Die Befestigung der Abdichtung mit der Unterkonstruktion erfolgt durch Linienbefestigung oder durch lineare Befestigung.

Der Unterschied zwischen einer Linienbefestigung und einer linearen Befestigung wird in den nachfolgenden Absätzen 6 und 7 beschrieben. Dieser Absatz gibt nur diese beiden Möglichkeiten vor. Andere Arten sind nicht zugelassen (siehe auch Absatz 3).

(6) Linienbefestigungen können mit Metallbändern, Profilen aus Metall oder Verbundblech ausgeführt werden. Diese sollten mit mindestens drei Befestigern pro Meter mit der tragenden Unterkonstruktion verbunden werden.

(7) Lineare Befestigungen sind in Reihe angeordnete punktweise Einzelbefestigungen. Diese sollten mit mindestens drei Befestigungselementen pro Meter ausgeführt werden.

Der Unterschied liegt also darin, dass bei Linienbefestigungen lange Streifen eines biegesteifen Materials (Ausnahme: Verbundbleche) die Aufgabe der Befestigung bzw. der Druckverteilung übernehmen, während bei der linearen Befestigung einzelne Befestiger diese Aufgabe übernehmen. Die Linienbefestigung hat den Vorteil, dass der Druck durch die Streifen gleichmäßig auf der Abdichtungslage verteilt wird. Dadurch ist es nebensächlich, ob die Befestiger, mit denen die Streifen am Untergrund fixiert werden, exakt in einer Linie angeordnet sind. Bei der linearen Befestigung ist das hingegen sehr wichtig. Häufig werden lineare Befestigungen im Versatz angeordnet. In diesem Fall übernimmt der vorderste Befestiger, also der, der zur Dachfläche zeigt, die meiste Last (Abb. 17).

Dieser Aufgabe ist er aber nicht gewachsen. Entweder kommt es zu einer Rissbildung im Material der Abdichtung oder der Befestiger selber versagt. Lineare Befestigungen müssen stets in einer Linie ausgeführt werden, damit die Last gleichmäßig verteilt wird.

Werden Verbundbleche als Linienbefestigung ausgewählt, so muss die Verbindung zwischen der Bahn und dem Blech gleichmäßig verlaufen. Es sind Schäden beobachtet worden, die daraus resultierten, dass durch eine sehr unregelmäßige Verschweißung der Abdichtung auf dem Verbundblech ungleiche Spannungen entstanden sind, die zu Rissbildungen in der Abdichtung geführt haben.

(8) Bei Dachabdichtungen, die gegen Abheben durch Windkräfte mittels mechanischer Befestigung gesichert sind, kann auf zusätzliche Maßnahmen zur Aufnahme geringer horizontaler Kräfte verzichtet werden, wenn die Anzahl, Anordnung und Art der mechanischen Befestigung geeignet ist, durch hohen Anpressdruck und damit verbundene Reibungskräfte die horizontalen Kräfte aufzunehmen.

Bei Kunststoff-Dachbahnen mit einer Breite > 1,5 m wird die Anzahl der Befestiger selbst bei einer mechanischen Befestigung gegen Windsog nicht in der Art bzw. Anzahl anzuordnen sein, dass eine lineare oder Linienbefestigung entfallen könnte. Sinnvoll und nachvollziehbar ist das hingegen bei 1 m breiten Polymerbitumen-Schweißbahnen bei einer einlagigen oder mehrlagigen Dachabdichtung mit Bitumenbahnen.

Gefälle

2.6.2 Zusätzliche Maßnahmen bei Gefälle über 3°

(1) Bei Flächen mit einem Gefälle über 3° (~5 %) können zusätzliche Maßnahmen notwendig werden, die ein Abgleiten der Schichten des Dachaufbaus insbesondere bei Erwärmung durch Sonneneinstrahlung in Richtung des Gefälles verhindern.

Insbesondere bei nach Süden ausgerichteten Dachflächen mit einem Gefälle kann die Sonneneinstrahlung zu hohen Temperaturen auf der Dachfläche führen. Bitumenbahnen, insbesondere Dachaufbauten mit Dachdichtungsbahnen, bei denen ein Blockbitumen 100/25 verwendet wurde, erwärmen recht schnell und rutschen ab. Dachaufbauten mit Plastomerbitumen-Schweißbahnen haben eine höhere Standfestigkeit als Aufbauten, bei denen Elastomerbitumen verwendet wurde. Probleme können die etwas dünneren Schnellschweißbahnen oder auch Kaltselbstklebebahnen in der Unterlage bereiten. Ihr Schweißbitumen ist i. d. R. sehr weich eingestellt, damit eine schnelle Erweichung zu einer schnelleren Verschweißung führt.

(2) Folgende konstruktive Maßnahmen können bei bahnenförmigen Abdichtungen, einzeln oder kombiniert, erforderlich werden:

- *Sicherung der Dachbahnen am oberen Rand durch versetzte Nagelung mit höchstens 0,10 m Nagelabstand.*

Versetzte Nagelung

Vergleicht man die Sicherung am oberen Bahnenrand mit der linearen Befestigung zur Aufnahme horizontaler Kräfte, fällt auf, dass bei der Sicherung am oberen Bahnenrand eine versetzte Nagelung gefordert ist. Die Kräfte, die entstehen, sind aber prinzipiell die gleichen. Auch hier wird der zur Traufe zeigende Nagel am höchsten belastet. Die Forderung nach der versetzten Nagelung stammt aus einer Zeit, in der die Trägereinlagen noch keine hohe Reißfestigkeit hatten. So wurde im Jahr 1991 noch ein Befestigungsabstand von 0,05 m gefordert. Bei Bahnen mit einer Trägereinlage aus Jutegewebe würde eine rein lineare Befestigung dazu führen, dass sich der dann betroffene Schussfaden (= Querfaden) über die Kettfäden (= Längsfäden) nach oben verschiebt und die Bahn nach unten in Richtung Traufe absackt. Bei modernen Trägereinlagen wie Polyestervliesen gibt es dieses Problem nicht mehr. Die Vliese bestehen aus amorphen Fasern, die thermisch miteinander verbunden werden und dadurch die fast gleichmäßige Reißfestigkeit erhalten.

- *Befestigung unter Verwendung von Metallbändern bzw. Verbundblechen*
- *Durchziehen der Bahnen über den First und kopfseitige Befestigung*

Diese Art der Ausführung wird nur bei mehrlagigen Dachabdichtungen und hier in den unteren Bahnen möglich sein. Wenn die Oberlage über den First geführt und auf der Rückseite der Dachfläche kopfseitig befestigt wird, dann wäre die Befestigung „blank", denn die Bahnen der Dachabdichtung auf der Rückseite sollten von dieser Bahn überdeckt werden, auch wenn im Absatz 3 des Abschnitts „2.5.6.2.2 Überdeckung und Nahtverbindung" beschrieben wird, dass die Überlappung der Bahnen z. B. bei An- und Abschlüssen sowie Einbauteilen gegen den Wasserlauf geführt werden können. Wenn trotzdem gegen den Wasserlauf überlappt wird, dann muss die oben liegende Überlappung auch mechanisch gegen Abrutschen fixiert werden. Dann ist diese Nagelung ebenfalls „blank".

Tipp

Soll die Bahn der Oberlage über den First geführt werden, z. B. um die Trägereinlage im Bereich der Nagelung zu entlasten, dann sollte das ausschließlich für die Bahn gelten, deren Dachfläche nach Süden oder Westen ausgerichtet ist, da diese Dachseiten stärker erwärmt werden. Die gegenüberliegende Bahn wird überlappend bis zum First geführt und fixiert. Als Abschluss sollte ein Zuschnittstreifen als Firstkappe angeordnet werden.

- *Einbauen von Stützkonstruktionen zur Fixierung von Dämmschichten und Abdichtungslagen*

Stützkonstruktion

Solche Konstruktionen werden üblicherweise als Schubbohlen ausgeführt. Dabei werden an den Traufen Holzbohlen angeordnet, die gleichzeitig die Aufgabe zur Aufnahme von Rinnenhaltern oder -eisen und Einhangblechen übernehmen. In gleichmäßigen Abständen werden parallel dazu weitere Holzbohlen angeordnet. Die Dämmstoffe werden bündig eingelegt und je nach Erfordernis geklebt oder mechanisch gegen Windsog gesichert. Die Bahnen der Dachabdichtung können ebenfalls an den Bohlen befestigt werden. Der Abstand der Bohlen untereinander sollte so gewählt werden, dass die Wärmedämmstoffe mit einer geringen Anzahl von Schnitten vor Ort versehen werden müssen, um eine möglichst hohe Passgenauigkeit im Bereich der Holzbohlen zu gewährleisten. Gleichzeitig muss der erforderliche Versatz der Quernähte berücksichtigt werden.

Tipp

Die Holzbohlen sollten oberhalb der Dampfsperre angeordnet werden, da andernfalls feuchtwarme Luft bis unter die Oberkante der Holzbohlen – und damit der Dampfsperre – gelangen kann und dort durch Abkühlung als Tauwasser ausfällt.

– Einbauen von zusätzlichen Nagelleisten bei nicht nagelbarem Untergrund

Eine solche Maßnahme kann bei einer Unterkonstruktion z. B. aus Betonfertigteilen in Verbindung mit einer großen Dachneigung erforderlich sein. Ist in diesem Fall keine Wärmedämmung vorgesehen (z. B. bei der Abdichtung des Daches eines nicht beheizten Parkhauses), so müssen ausreichend dimensionierte Holzbohlen oder vergleichbare nagelbare Konstruktionen bündig mit der Oberfläche der Fertigteile in den Fertigteilen eingelassen sein, um den Wasserfluss nicht zu behindern.

– mechanische Befestigung in der Fläche, z. B. Befestiger mit Halteteller

Befestiger

Die Befestigung ausschließlich im Seitenrandbereich der Bahnen ist bei Dachabdichtungen mit Bitumenbahnen nicht ausreichend. Durch die Erwärmung der Bahnen rutschen diese auf der nicht befestigten Seite in Richtung Traufe ab. Es entsteht eine deutlich erkennbare, schräg verlaufende Faltenbildung in den Bahnen. Eine zusätzliche Befestigung im Kopfbereich der Bahnen ist unbedingt erforderlich. Ist eine dicke Wärmedämmung vorhanden, so muss bei der Wahl der Befestiger berücksichtigt werden, dass diese nicht nur auf Windsog ausgelegt sind, sondern auch der Belastung durch Biegen standhalten.

Tipp

Bei stark geneigten Dachflächen mit Wärmedämmung sollte immer eine Kombination aus Schubbohlen und zusätzlicher mechanischer Befestigung gewählt werden.

(3) Im Bezug auf die Abdichtungsbahnen können zusätzlich folgende Maßnahmen erforderlich werden:

– Verwendung von Bahnen mit hoher Wärmestandfestigkeit

Das können Plastomer-Bitumenbahnen (PYP) sein, deren Erwärmungspunkt und dadurch bedingt höhere Wärmestandfestigkeit deutlich über dem einer Bitumenbahn mit Elastomerbitumen (PYE) liegt.

– für Klebeschichten Verwendung von standfester Klebemasse oder anderer geeigneter Kleber

Verklebung

Für die Verklebung von Bitumenbahnen auf Dachneigungen von 3° und von Elastomerbitumen-Dachdichtungsbahnen sind Klebemassen aus Oxid- oder Polymerbitumen mit einem Erweichungspunkt von 100 °C zu verwenden [Quelle: abc der Bitumenbahnen]. Diese Anforderungen erfüllt die Klebemasse 100/25. Die früher als „Steildachmasse“ bezeichnete 100/15 wird nicht mehr hergestellt.

Adhäsivkleber sind ungeeignet, da die Bahnen seitlich abrutschen können.

– Verwendung von Dachbahnen mit hoher Zugfestigkeit

Hierunter fallen alle Bahnen mit einer Trägereinlage aus Polyestervliesen.

– Verlegung der Bahnen in Gefällerichtung

Die Verlegung muss dabei von oben nach unten erfolgen. Wird von der Traufe in Richtung First verlegt, wird die Trägereinlage gestaucht. Als Folge rutscht die Bahn im Laufe der Zeit nach unten ab, was z. B. an der Traufe zu unzulässiger Faltenbildung führt. Um die Überlappungen durch den Wasserlauf zu entlasten, können die Bahnen leicht schräg zur Senkrechten verlegt werden.

- *Unterteilen der Bahnenlängen*

Diese Möglichkeit bietet sich bei Bahnen mit einer Länge > 5 m an. Bei großen Dachneigungen in Verbindung mit Bitumen-Dachdichtungsbahnen besteht die Gefahr, dass die Bahnen allein durch das hohe Eigengewicht aufgrund der Länge nach unten abrutschen.

- *Bahnenteilung im Übergangsbereich wegen unterschiedlicher Verhältnisse durch starke Erwärmung infolge Sonneneinstrahlung und Schattenwirkung, z. B. bei Shedflächen*

Shedfläche

Bei steilen Shedflächen wird sehr häufig nur der obere Bereich der Dachfläche durch direkte Sonneneinstrahlung erwärmt. Die unteren Bereiche bleiben durch die südlich angeordneten folgenden Shedflächen und der daraus resultierenden Verschattung deutlich kühler. Im oberen Bereich können die Bahnen trotz Fixierung im Kopfbereich, allein bedingt durch die Ermüdung der Trägereinlagen, etwas abrutschen. Im Übergangsbereich zu den kühleren Bereichen, in denen die Bahnen nicht abrutschen, wird es zu einer Faltenbildung in der Dachfläche kommen.

(4) Bei mehrlagiger Dachabdichtung über 3° Neigung kann die Oberlage im Überlappungsbereich durch verdeckte Nagelung befestigt werden. Dabei wird die untere Lage durch Befestiger bzw. Nagelung durchdrungen.

Dieser Absatz ist neu in der Fachregel. Durch die positiven Erfahrungen, die mit den Polymeren-Bitumenbahnen in den letzten Jahren gemacht wurden, kann davon ausgegangen werden, dass bei einer im Sinne der Fachregel vollflächigen Verklebung einer mehrlagigen Dachabdichtung aus Bitumenbahnen die Wasserdichtheit durch die Durchdringungen nicht gefährdet ist.

Windsogsicherung

2.6.3 Maßnahmen zur Aufnahme vertikaler Kräfte (Windsogsicherung)

2.6.3.1 Allgemeines

(1) Die Sicherung von Dachabdichtungen und den dazugehörigen Schichten gegen Abheben durch Windkräfte kann erfolgen durch

- *Auflast*
(siehe hierzu Abschnitt „2.6.3.2 Sicherung durch Auflast"),

- *Verklebung*
(siehe hierzu Abschnitt „2.6.3.3 Sicherung durch Kleben"),

- *mechanische Befestigung*
(siehe hierzu Abschnitt „2.6.3.4 Sicherung durch mechanische Befestigung").

Windlast

(2) Für die Festlegung der Windlasten sind DIN 1055 „Einwirkungen auf Tragwerke – Teil 4: Windlasten" und die „Hinweise zur Lastenermittlung" zu berücksichtigen.

Ergänzend hierzu muss der Anhang I der Fachregel für Abdichtungen, der ebenso wie die „Hinweise zur Lastenermittlung" Bestandteil der Fachregeln für das Dachdeckerhandwerk ist, ebenfalls beachtet werden.

Windzone

(3) Die auf die Dachabdichtung einwirkende Windbelastung ist abhängig von:

– Windzone (1 bis 4)

Die Windlasten ergeben sich u. a. aus der Einteilung nach der Windzonenkarte in der Tabelle 1 bzw. Abbildung 1 im Anhang I. Das Deutsche Institut für Bautechnik (DIBt) hat eine präzisere Einteilung nach Landkreisen in den einzelnen Bundesländern vorgenommen (die entsprechende Link-Adresse finden Sie im Quellenverzeichnis).

Die Windzone 1 beinhaltet die Bereiche, in denen die geringsten Windlasten zu erwarten sind. Innerhalb eines Kreises können allerdings verschiedene Windzonen liegen.

Beispiel

Kreis Hameln-Pyrmont (Niedersachsen)

Windzone 1	alle Gemeinden, soweit nicht in Windzone 2
Windzone 2	Gemeinde Bad Münder

Hier ist eine einzelne Gemeinde in die höhere Windzone 2 eingestuft worden.

In der Windzone 2 sind die Regionen eingestuft, die noch eine mäßige Belastung zu erwarten haben. Fast der gesamte Bereich der Ostseeküste sowie das Hinterland der Nordseeküste ist in der Windzone 3 enthalten. Die Insel Rügen gehört ebenso wie der gesamte Nordseeküstenbereich, einschließlich der Ost- und Nordfriesischen Inseln, zur höchsten Windzone 4.

Hinweis

Es kann auch in niedrig eingestuften Windzonen eng begrenzte Bereiche geben, bei denen man von einer exponierten Lage sprechen muss. So können z. B. durch Bauwerke oder Bergformationen Winddüsen entstehen, bei denen die Windgeschwindigkeit um ein Vielfaches höher liegen kann, als es in unmittelbarer Nähe der Fall ist. Als exponierte Lagen sind nach Verständnis der DIN 1055 die unmittelbaren Bereiche an den Küsten zu bezeichnen. Ebene Landschaften mit geringem Bewuchs und geringer Bebauung zählen in diesem Sinne nicht als exponierte Lage. Uferbereiche, z. B. bei großen Binnenseen mit einer 5 km freien Wasserfläche in Windrichtung, müssen individuell betrachtet werden (siehe DIN 1055-4 Abschnitt 10.3 (6) und Anhang B).

Für die Bereiche der Windzone 4 ist immer ein Einzelnachweis zur Windsogsicherung erforderlich (siehe hierzu auch Fachregel für Abdichtungen, Anhang I, Abschnitt 1).

– Geländekategorie (I bis IV oder Mischprofile Küste und Binnenland)

Geländekategorie

Die Geländekategorien: Geländefaktor k_T

I = offene See; glattes, flaches Land ohne Hindernisse (nur in Zone 4 anwendbar),

II = landwirtschaftlich genutztes Gelände mit einzelnen Häusern und Bäumen,

III = Vororte von Städten oder Industrie- und Gewerbeflächen; Wälder,

IV = Stadtgebiete, bei denen mindestens 15 % der Fläche mit Gebäuden bebaut ist, deren mittlere Höhe 15 m überschreitet.

Uferbereiche, z. B. bei großen Binnenseen mit einer 5 km freien Wasserfläche in Windrichtung, müssen gemäß Tabelle B.1 der DIN 1055-4 in die Geländekategorie I eingestuft werden.

– *der Gebäudehöhe*

Gebäudehöhe

Je höher ein Gebäude ist, desto höher ist der Winddruck und damit letztlich auch der Windsog. Die Bezugshöhe „ze“ (Bezugshöhe für den Außendruck, „z“ = Höhe über Grund, e = extern) ist bei Gebäuden ohne Attika in m über Gelände anzusetzen.

– *der Dachform*

Dachform

Bei der Dachform ist die Dachgeometrie, also der Grundriss, einschließlich Dachrandausbildung und/oder mögliche Durchdringungen bedeutsam.

– *der Dachneigung*

Dachneigung

Die DIN 1055-4 und der Anhang I definieren Dächer als Flachdächer, wenn sie eine Neigung < 5° haben. Dächer, die eine höhere Neigung haben, bedürfen des Einzelnachweises.

– *der Dachbereiche (Ecke – Rand – Innenbereiche)*

Dachbereich

Die Dachbereiche kommunizieren sehr eng mit der Dachform. Sie werden letztlich aus der Gebäudehöhe, der Gebäudebreite sowie dem Grundriss ermittelt.

– *Attikahöhe und -form*

Attika

Hier wird unterschieden in Ausbildung des Dachrands mit Attika, deren Höhe über der Dachfläche mit „hp“ angegeben wird, in Gebäude mit abgerundetem Dachrand und in Gebäude mit abgeschrägtem Dachrand.

– *Lasteinzugsfläche (Außendruckbeiwerte $C_{pe,1}$ bis $C_{pe,10}$)*

Lasteinzugsfläche

Hierzu wird im Anhang I eine weitere Erklärung gegeben. Es sei aber schon an dieser Stelle gesagt, dass der vorliegende Anhang die Lagesicherheit bei Dachdeckungen, Dachabdichtungen und Außenwandbekleidungen unter der Verwendung der $C_{pe,1}$-Werte angibt.

– *Innendruck bei offenen Gebäuden*

Innendruck

Der Innendruck gewinnt nur bei offenen Deckunterlagen, z. B. Stahltrapezprofilen, an Bedeutung. Bei geschlossenen Deckunterlagen, z. B. Stahlbeton, ist eine Berücksichtigung nicht erforderlich.

Es gibt eine Vielzahl von Gebäuden mit Abdichtungen, die zumindest einseitig geöffnet sind, wie z. B. Garagen, bei denen die Tore dauerhaft geöffnet sind, oder einfache Unterstände, z. B. für landwirtschaftliche Geräte, die an drei Seiten geschlossen sind.

Insgesamt kann festgehalten werden, dass in der neuen Fachregel für Abdichtungen nicht nur die Anforderungen an die Gebäude neu bewertet werden. So wurden zwar bisher die Lage des Gebäudes, die Gebäudehöhe, die

Gebäudeart, die Dachform, die Dachneigung die Eckbereiche und die Deckunterlage berücksichtigt und beschrieben, dieses aber nicht so im Detail – z. B. Attikahöhe und -form, Lasteneinzugsfläche und Innendruck –, wie es die neue Regel fordert. Auch die Berechnungsausführungen sind erheblich umfangreicher, aber leider auch weniger verständlich geworden. Die Neufassung der DIN 1055 wurde aufgrund der veränderten Klimadaten und den daraus resultierenden vermehrten Sturmereignissen erforderlich.

Geschwindigkeitsdruck

(4) Eine Karte der Windzonen ist dem Anhang I Abb. 1.1 „Windzonenkarte der Bundesrepublik Deutschland" beigefügt. Eine genaue Einteilung ergibt sich aus der Veröffentlichung des DiBt, die unter www.dibt.de erhältlich ist. Bei Gebäuden, die auf der Grenzlinie zwischen zwei Windzonen stehen, ist immer die nächst höhere Windzone anzusetzen. Der anzusetzende Geschwindigkeitsdruck ist bei Höhenlagen über 800 m ü.NN zu erhöhen.

Windzone

Der Absatz 4 beinhaltet im Wesentlichen die Angaben, die im Absatz 3, hier „Windzone", bereits ausgeführt sind. Er beschreibt aber auch die Notwendigkeit, wonach bei Gebäuden, die auf der Grenzlinie zwischen zwei Windzonen stehen, immer die nächsthöhere Windzone anzusetzen ist. Weiterhin ist der anzusetzende Geschwindigkeitsdruck (q in kN/m²) bei Höhenlagen über 800 m ü. NN (Normalnull = Seehöhe) zu erhöhen.

Böengeschwindigkeitsdruck

Die DIN 1055-4 beschreibt im Abschnitt 10 „Böengeschwindigkeitsdruck für nicht schwingungsanfällige Bauwerke und Bauteile" das Verfahren zur Ermittlung des Böengeschwindigkeitsdrucks.

Im Abschnitt 10.2 „Vereinfachte Annahmen für den Böengeschwindigkeitsdruck bei Bauwerken bis zu einer Höhe von 25 m über Grund" wird erläutert, dass der Geschwindigkeitsdruck bei Bauwerken mit einer Höhe bis 25 m über Grund zur Vereinfachung konstant über die gesamte Gebäudehöhe angenommen werden darf. Die Werte für den jeweils entsprechenden Geschwindigkeitsdruck sind in Tabelle 2 für die vier Windzonen nach Anhang A angegeben.

Die Werte der Tabelle 2, die für die Küste angegeben sind, gelten nur für küstennahe Gebiete in einem Streifen entlang der Küste mit 5 km Breite landeinwärts sowie auf den Inseln der Ostsee. Auf den Inseln der Nordsee ist das vereinfachte Verfahren nur bis zu einer Gebäudehöhe von 10 m zugelassen. Bei höheren Gebäuden ist nach Abschnitt 10.3 zu verfahren. In diesem Abschnitt wird der höhenabhängige Böengeschwindigkeitsdruck im Regelfall beschrieben. Das Profil des Geschwindigkeitsdrucks wird maßgeblich durch die Bodenrauigkeit als Resultat aus Bewuchs und Bebauung bestimmt. Bei Bauwerken mit einer Höhe von > 25 m über Grund muss dieser Einfluss genauer erfasst werden (Gleichungen 10 bis 17 bzw. nach Anhang B). (Siehe hierzu Absatz 3 zur Geländekategorie im Abschnitt 2.6.3.1 „Allgemeines", Seite 147.)

Die höhere Einstufung und die Forderung nach der Erhöhung des anzunehmenden Geschwindigkeitsdrucks sind sinnvoll. Auch wenn wie oben beschrieben die Windzonen oft sehr genau eingegrenzt sind, stellt die Erhöhung auf die nächste Zone einen erheblichen Sicherheitsaspekt dar.

Der Orkan Kyrill hat im Januar 2007 eindrucksvoll bewiesen, dass die Schäden in den Hochlagen, z. B. des Sauerlandes, aufgrund des erhöhten Geschwindigkeitsdrucks des Windes erheblich höher waren als die, die in tieferen Lagen entstanden sind. Lediglich der Umstand der niedrigen Siedlungsdichte und der damit verbundene geringere Gebäudebestand in den Höhenlagen war dafür verantwortlich, dass die Gesamtschadenhöhe nicht überproportional über der aus den tieferen Regionen lag.

(5) DIN 1055 „Einwirkungen auf Tragwerke – Teil 4: Windlasten“ teilt Dachflächen in Eckbereiche (F), Randbereiche (G), Innenbereich (H) und Innenbereich (I) ein. Hierfür ergeben sich unterschiedliche Beiwerte für die Windlastermittlung.

Dachflächeneinteilung

Bislang wurden die Dachflächen lediglich in Eck- und Randbereiche und die Fläche eingeteilt. Nunmehr gibt es zwei Innenbereiche (H) und (I).

Die verschiedenen Dachbereiche werden auch vollständig neu ermittelt. Insbesondere spielt die Gebäudegeometrie eine bedeutendere Rolle als vorher, was die Berechnungen nicht einfacher macht. Zusätzlich werden die verschiedenen Anströmungsrichtungen berücksichtigt und nach den Gebäudebreiten unterschiedlich bewertet.

Aus der neuen Fachregel ist die vereinfachte Flächeneinteilung beim Flachdach herausgenommen worden. Hiernach hatte ein Randstreifen immer eine Mindestbreite von 1 m, war aber maximal auf 2 m begrenzt. Nach den neuen Verfahren ist diese Vereinfachung nicht mehr zulässig.

Berechnung

Die nunmehr erforderlichen Angaben, insbesondere bei Sanierungen von Dachflächen, bei denen kein externer Planer eingeschaltet ist, müssen entweder vom Bauherrn, erstellt durch einen Statiker, vorgegeben werden oder der Auftragnehmer erstellt die Berechnungen mit dem eigenen Risiko in Eigenverantwortung. Soll ein durch den Auftragnehmer beauftragter Statiker die Berechnungen durchführen, so sollten sich Bauherr und Auftragnehmer vorher über die Kostenübernahme einigen. Teilweise bietet die Industrie die Berechnungen kostenlos an. In beiden Fällen sollte über die möglichen Haftungsgrundlagen ein besonderer Punkt im Vertrag Bauherr/Auftragnehmer vereinbart werden und es muss ein wirksamer Vertrag zwischen Auftragnehmer und dem Statiker/der Industrie geschlossen werden. In dem Vertrag zwischen Bauherrn und Auftragnehmer sollte u. a. geregelt sein, dass im Fall einer Betriebsaufgabe oder Insolvenz des Auftragnehmers der Bauherr ein Durchgriffsrecht zum Statiker/der Industrie erhält. Diesem Durchgriffsrecht muss der Statiker/die Industrie ausdrücklich zustimmen.

Dieser Hinweis ist für den Bauherrn von Bedeutung.

Beispiel

Es kommt zu einem Schaden durch ein Windereignis, welches < 8 Beaufort Windstärke hat. Die erforderlichen Berechnungen und Angaben wurden von der Industrie erstellt. Der Auftragnehmer ist insolvent. In diesem Fall bleibt der Bauherr auf dem Schaden sitzen. Versicherungen treten erst bei Starkwindereignissen der Windstärke 8 und höher in die Pflicht. Durch die Insolvenz besteht kein direktes Vertragsverhältnis zwischen Bauherrn und Industrie. Der Auftragnehmer ist durch die Insolvenz aus der Haftung heraus. Nur mit einem wirksam vereinbarten Vertrag mit einer Durchgriffsklausel kann dem entgegengewirkt werden.

(6) Im Anhang I sind Ausführungsarten für Flachdächer geschlossener Gebäude, bis Dachneigung < 5° und Gebäudehöhen bis 25 m als Beispiele aufgeführt. Bei Überschreitung dieser Werte ist ein Einzelnachweis nach DIN 1055-4 erforderlich.

Berechnungsverfahren

Bislang standen die Tabellen aus Anhang I für Dachneigungen ≤ 10° zur Verfügung.

Im Vergleich zur Vorgängerfassung der Fachregel wurden die vereinfachten Berechnungsverfahren für Gebäude von ursprünglich bis zu 30 m Höhe auf jetzt 25 m Gebäudehöhe reduziert.

(7) Bei Einzelnachweis nach DIN 1055-4 können sich gegenüber den im Anhang I aufgeführten Beispielen geringere Werte ergeben.

In Beispielen und in den Tabellen I bis III sind ausreichende Sicherheiten enthalten.

(8) Bei offenen Gebäuden entsteht Innendruck. Dieser kann sich bei offener Unterlage, z. B. Stahltrapezprofile, auf die Abdichtung auswirken und ist bei der Bemessung zu berücksichtigen.

In der alten Fachregel war der Unterschied zwischen einer offenen und einer geschlossenen Unterlage erklärt. Diese Erklärung ist nun nicht mehr enthalten. Dennoch hat sich an der Gültigkeit der Erklärung nichts geändert. Stahltrapezprofile gelten weiterhin als offene Unterlage, Stahlbetondecken als geschlossene Unterlage. Die neue Fachregel schränkt die Bedeutung auf offene Gebäude ein.

Auflast

2.6.3.2 Sicherung durch Auflast

(1) Als Auflast zur Sicherung gegen abhebende Windkräfte werden z. B. verwendet:

- *Schüttung aus Kies 16/32, Mindestdicke im Einbauzustand 50 mm,*
- *Plattenbeläge aus Betongehwegplatten oder gleichwertig mindestens 400/400/40 mm zur Abdeckung von Kies oder direkt auf einer Schutzlage verlegt,*
- *Betonformsteine, auf Kies und/oder Schutzlage verlegt,*
- *Betonplatten, an der Einbaustelle betoniert oder vorgefertigt, Größe und Bewehrung nach statischen Erfordernissen bis maximal 2,50 × 2,50 m, auf Schutz- und zwei Gleitlagen verlegt*

Neu in diesem Abschnitt ist die Möglichkeit der vor Ort gefertigten Betonplatten. Die Größenbeschränkung ist notwendig, weil diese Betonplatten erheblichen thermischen Längenänderungen unterliegen. Aus diesem Grund ist die Forderung nach einer Schutzlage und zusätzlich zwei Gleitschichten so wichtig und zu berücksichtigen. Wird keine ausreichende Schutzschicht angeordnet, drückt die Betonplatte durch das hohe Eigengewicht in die Dachabdichtung ein. Ist keine funktionierende Gleitschicht vorhanden, auf der die Platten „schwimmen" können, um die thermischen Längenänderungen abzubauen, so wird zuerst die Schutzschicht und danach die Dachabdichtung zerrieben.

Vegetationssubstrat

– *Vegetationssubstrate (für die Bemessung ist das Trockengewicht maßgebend).*

Diese Forderung ist eindeutig. Wenn das Gewicht nach einer durchfeuchteten Substratschicht bemessen würde, wäre es nicht ausreichend, wenn das Substrat austrocknen würde. Erheblich größere Probleme ergeben sich aber dort, wo hohe trockene Substratschichten wegen der zu erwartenden Windlasten aufgebracht werden müssen. Bei Unterkonstruktionen, z. B. Stahltrapezprofilen, ergeben sich bei Durchfeuchtung oder sogar Durchnässung erhebliche zusätzliche Lasten, die von den Stahltrapezprofilen ohne Schaden aufgenommen und abgeleitet werden müssen. Einige Substrate erhöhen bei maximaler Wasseraufnahme das Gewicht um 50 %.

Auch bei nachträglich erstellten extensiven Dachbegrünungen auf Stahltrapezprofilen muss grundsätzlich der Statiker die geplante Ausführung prüfen und freigeben. Gegebenenfalls sind zusätzliche Maßnahmen, wie z. B. dickere Bleche oder geringere Auflagerabstände, vorzunehmen.

Kies
Plattenbelag

(2) In Abhängigkeit von der Gebäudehöhe können die Schüttdicken von Kies, Körnung 16/32, der in Anhang I angegebenen Werte als ausreichende Sicherung gegen Abheben durch Windkräfte angesehen werden. Bei einer Auflast aus anderen Stoffen (z. B. Plattenbelägen) muss die Auflast in kN/m² mindestens den angegebenen Werten des Windsogs entsprechen.

Kies erreicht durch die Schüttdicke das erforderliche Gewicht. Plattenbeläge oder andere Materialien müssen die erforderliche Auflast durch ihr Eigengewicht herstellen. Anders als bei Kies, bei dem nicht das einzelne Korn betrachtet wird, können mehrere Lagen einer anderen Auflast zwar insgesamt die erforderliche Auflast bringen, durch die Mehrlagigkeit ist jedoch jede Lage einzeln zu betrachten. Das führt dazu, dass derartige Schichten nicht ausgeführt werden können. Die einzelne Schicht würde vom Windsog abgehoben.

(3) In Rand- und Eckbereichen können bei Schüttungen Verwehungen auftreten. Dort empfiehlt sich die Verwendung von Plattenbelägen, Rasengittersteinen mit Kiesverfüllung oder Betonformsteinen.

(Siehe hierzu auch Absatz 3 im Abschnitt „2.5.7.2.2 Plattenbeläge, Formsteine und Rasengittersteine".)

Begrünung
Verklebung
Mechanische Befestigung

(4) Dachaufbauten mit Begrünung können zur Lagesicherung genutzt werden, sofern ihr Flächengewicht zur Beschwerung ausreicht und das Substrat ausreichend verwehsicher bzw. lagesicher ist. Bei nicht ausreichendem Flächengewicht ist der darunterliegende Schichtenaufbau durch Verklebung oder mechanische Befestigung zu sichern.

Wie schon zu Absatz 3 im Abschnitt „2.5.7.2.3 Dachbegrünung" beschrieben (siehe Seite 137), können zusätzliche Maßnahmen, wie z. B. eine Abdeckung mit Erosionsschutzgewebe, erforderlich werden. Muss das Gewebe auch nach der dort beschriebenen Anwuchsphase dafür Sorge tragen, dass das Substrat nicht verweht werden kann, so muss ein witterungsbeständiges Gewebe verwendet werden. Gegebenenfalls können hier wie bei einer Kiesschüttung Rasengittersteine angeordnet werden.

Wird das Substrat verweht, so muss die Dachabdichtung trotzdem sturmsicher erhalten bleiben. In diesem Fall ist die Verklebung oder mechanische Befestigung nicht als Zusatzmaßnahme, sondern als die eigentliche Maßnahme gegen Abheben durch Windsog zu betrachten.

Kleben

2.6.3.3 Sicherung durch Kleben

In Absatz 1 wird ausgeführt, dass der Untergrund für eine gute Klebehaftung geeignet sein muss. Ist das nicht der Fall, muss eine Haftbrücke, z. B. ein Bitumenvoranstrich auf Lösungsmittelbasis, angeordnet werden.

(2) Erfahrungsgemäß können für geschlossene Gebäude bis 25 m Höhe bei Verlegung ohne Auflast Ausführungen nach Tabelle 8 als ausreichende Sicherung gegen Abheben durch Windkräfte angesehen werden.

Tabelle 8: Verklebung bis 25 m Höhe bei geschlossenen Gebäuden

Bereiche	**Heißbitumen**	**Kaltbitumen**[1)]**ca. 100 g/m und Streifen**	**PUR- Kleber**[1)]**ca. 40 g/m und Streifen**
Innenbereich (I)	10 % der Fläche	2 Streifen/m²	4 Streifen/m²
Innenbereich (H)	20 % der Fläche	3 Streifen/m²	5 Streifen/m²
Randbereich (G)	30 % der Fläche	3 Streifen/m²	6 Streifen/m²
Eckbereich (F)	40 % der Fläche	4 Streifen/m²	8 Streifen/m²

1) Bei Kaltverklebung sind die entsprechenden Angaben der Hersteller zu beachten. Für Kaltbitumenkleber und PUR-Kleber sind insbesondere folgende Herstellerangaben erforderlich:
- Haltbarkeitsdatum
- Anwendungs- und Klimarandbedingungen
- Verarbeitungsvorschriften, z. B. Angaben zur Menge, Verteilung, Untergrundvorbehandlung

In der Tabelle 8 werden nunmehr vier statt wie bisher drei Bereiche aufgeführt. Geändert wurden zusätzlich die Angaben bei PUR-Klebern, die bislang ausschließlich nach Herstellerangaben zu verwenden waren. Jetzt wurde festgelegt, dass z. B. ein Streifen PUR-Kleber mit einer Länge von 1 m ca. 40 g Masse haben soll. Auch die Anzahl der Streifen in den verschiedenen Dachbereichen wurde festgelegt.

Bei den Kaltbitumen wurde von der Breitenangabe 40 mm/Streifen ebenfalls auf eine Massenangabe umgestellt.

Die Tabelle 4 „Klebung von Bitumen- und Polymerbitumenbahnen“ in der DIN 18531-3 wurde im November 2005 erstellt und hinkt offensichtlich den Forderungen aus der DIN 1055-4 hinterher. Dort sind nur drei Bereiche angegeben. Die Daten der Tabelle entsprechen denen der alten Tabelle aus der Fachregel für Dächer mit Abdichtungen. Allerdings gilt das in der DIN 18531 auch nur für Gebäudehöhen mit einer Höhe von bis zu 20 m.

Tipp

Es wird empfohlen, dass sich der Planer und Ausführende immer nach den höheren Anforderungen richten und die Dächer entsprechend planen und ausführen sollte.

Herstellerangabe

In die Tabelle wurde neu als Fußnote ein eigenständiger Satz der alten Fachregel zu erforderlichen Herstellerangaben über das Haltbarkeitsdatum und – besonders wichtig – die Anwendungs- und Klimarandbedingungen (z. B. Verarbeitungstemperatur und relative Luftfeuchtigkeit etc.) sowie die Verarbeitungsvorschriften aufgenommen. Die Angaben der Tabelle 8 stellen die Mindestanforderungen dar. Schreibt ein Hersteller z. B. mehr Streifen vor oder macht eine höhere Massenangabe zu den einzelnen Streifen, so sind diese Angaben zu beachten und anzuwenden.

Nur so kann gewährleistet werden, dass eine ausreichende Klebekraft vorhanden ist.

Abreißfestigkeit

(4) Die Abreißfestigkeit jeder zu klebenden Lage oder Schicht und die Eigenfestigkeit der Klebstoffverbindungen müssen so groß sein, dass die angesetzten Windlasten lagesicher abgeleitet werden können.

Jede Kette ist so stark wie ihr schwächstes Glied. Genauso ist es bei einem verklebten Dachaufbau, bei dem die Verbindungen jeder einzelnen verklebten Schicht in der Lage sein müssen, die Kräfte sicher aufzunehmen. Das bedeutet, dass die Klebeverbindung der Dampfsperre auf dem Untergrund ebenso ausreichend sein muss wie die der Kaschierung der Wärmedämmstoffe oder nachfolgender Schichten.

(5) Wenn eine der zu klebenden Lagen oder Schichten keine ausreichende Abreißfestigkeit aufweist, sind mechanische Befestigungen oder Auflast anzuwenden.

Dieser Absatz ist der Umkehrschluss zu Absatz 4. Die Art und Anzahl der mechanischen Befestigungen oder die Masse der Auflast richtet sich nach der schwächsten Klebeverbindung des Schichtenaufbaus. Ist eine der Klebeverbindungen nicht nachweisbar, so sollte die mechanische Befestigung oder die Auflast allein die Aufgabe als Sicherung gegen Abheben durch Windkraft übernehmen.

Systemklebstoff

(6) Bei der Verklebung von Kunststoff- und Elastomerbahnen sind produktbezogene Systemklebstoffe zu verwenden.

Dieser Absatz wurde neu in die Fachregel aufgenommen. Wegen des hohen Risikos von Materialunverträglichkeiten, wie es gerade bei Kunststoffbahnen häufig der Fall ist, darf nur ein produktbezogener Klebstoff verwendet werden. Dabei muss der Klebstoff nicht direkt vom Hersteller stammen. Es reicht aus, wenn entweder der Hersteller der Kunststoffbahn oder der des Klebstoffes für die Verwendbarkeit die Gewährleistung übernimmt.

Kaltselbstklebung

(7) Kaltselbstklebende Bahnen sind mit unterseitiger Selbstklebeschicht versehen. Diese müssen den Anforderungen der jeweiligen Produktdatenblätter entsprechen. Der Untergrund muss für eine Kaltselbstklebung geeignet und vorbereitet sein. Nach Abziehen des Trennpapiers oder der Trennfolie wird die Selbstklebebahn unter Druck teil- oder vollflächig aufgeklebt.

Abb. 18: Fehlende bzw. unzureichende Verklebung von Rolldämmbahnen

Die Aufnahme dieses Satzes wurde erforderlich, weil die Kaltselbstklebebahnen erstmals in die Fachregel aufgenommen wurden.

In der Tabelle 5 „Übersicht der Bitumen- und Polymerbitumenbahnen für Dachabdichtungen" (Zeile 9) und in Tabelle 7 „Anforderungen an Bitumenbahnen für Dachabdichtung" im Produktdatenblatt für Bitumenbahnen sind die Anforderungen definiert.

Es ist sehr wichtig, bei der Verwendung von Kaltselbstklebebahnen die Herstellerangaben, wie z. B. die erforderliche Verarbeitungs- oder Untergrundtemperatur sowie eine möglicherweise erforderliche Untergrundvorbehandlung, zu beachten. Um die ausreichende Abreißfestigkeit zu erhalten, müssen Staub und lose Oberflächenteile sorgfältig entfernt werden.

Wie bei den meisten Klebstoffen ist bei der Verklebung nicht die Dauer des Drucks, sondern dessen Höhe für die Klebkraft bestimmend.

(8) Für die Klebung von Dampfsperren oder Dämmstoffen unmittelbar auf Trapezprofilen oder Dämmstoffen auf Dampfsperren über Trapezprofilen sollten kalt verarbeitbare Klebemassen verwendet werden. Durch Belastung während der Ausführung können sich einzelne Profilrippen vorübergehend durchbiegen. Heiße Klebemassen aus Oxidationsbitumen sind bei Wärmedämmungen aus Hartschaum nicht geeignet. Bei Kaltbitumenklebern kann der notwendige Klebekontakt erst nach der Entlastung eintreten (Nachklebeeffekt).

Kalt verarbeitbare Klebemassen haben überwiegend den Vorteil, dass sie elastischer sind als abgekühltes und erhärtetes Heißbitumen. Bei stark schwingenden Unterkonstruktionen sollte Heißbitumen deshalb nur als vollflächige oder teilweise Verklebung von Bitumendachdichtungsbahnen verwendet werden (Abb. 18).

Wird Polystyrol mit Heißbitumen in Kontakt gebracht, schmilzt das Polystyrol und der Kontakt kommt nicht ausreichend zustande. Zudem würde das starre Polystyrol bei Schwingungen des Untergrunds vom Dämmstoff abreißen. Eine Nachverklebung, wie z. B. bei Adhäsivklebern, ist nach dem Abkühlen der Masse nicht möglich.

Mechanische Befestigung

2.6.3.4 Sicherung durch mechanische Befestigung

(1) Mechanische Befestigung wird vorzugsweise bei Dachabdichtungen auf Trapezprofilen und Schalung angewendet. Die Befestigung kann als lineare Befestigung (punktweise mit Einzelbefestigungen) oder Linienbefestigung (mit durchlaufenden Metallprofilen oder -bändern, auch Verbundbleche) erfolgen. Diese kann hergestellt werden durch

- *Befestigung in der Überlappung*
- *nahtunabhängige Befestigung*
- *unterseitige Befestigung.*

Mechanische Befestigungen werden nicht mehr ausschließlich und bevorzugt auf Stahltrapezprofilen oder Schalungen verwendet. Bei Dachabdichtungen mit Kunststoffbahnen ist die mechanische Befestigung auch bei einer Unterkonstruktion aus Beton durchaus üblich. Werden bei Dachabdichtungen mit Bitumenbahnen Wärmedämmstoffe verwendet, bei denen eine Verklebung des Dachaufbaus nicht möglich ist (z. B. bei unbehandelten Mineralfaserdämmstoffen), wird eine mechanische Befestigung sehr häufig bevorzugt, um die Auflast aus einer Kiesschüttung zu vermeiden.

Der Unterschied zwischen einer linearen Befestigung und einer Linienbefestigung wurde bereits in den Absätzen 6 und 7 im Abschnitt „2.6.1 Maßnahmen zur Aufnahme horizontaler Kräfte“ ausführlich beschrieben (siehe Seite 142 f.). Der wesentliche Unterschied zwischen den Abschnitten 2.6.1 und 2.6.3.4 liegt in der Art der Belastung. Im Abschnitt 2.6.3.4 werden die Maßnahmen gegen vertikale Kräfte durch Windsog ausgeführt. Die Befestiger werden hier mehr auf Zug als auf Biegung beansprucht. Weiterhin sind die Anzahl und die Lage der Befestiger nicht ausschließlich in den Rand- oder Anschlussbereichen zu suchen, sondern es wird hier nach Rand-, Eck- und Innenbereichen unterschieden.

Nach Möglichkeit wird bei Dachabdichtungen mit Bitumenbahnen die Befestigung innerhalb des Überlappungsbereichs (verdeckte Befestigung) der Bahnen gewählt. Es handelt sich überwiegend um eine lineare Befestigung mit Einzelelementen. Bei Kunststoffbahnen kann im Überlappungsbereich ebenso eine lineare Befestigung erstellt werden (siehe Absatz 2).

(2) Bei Befestigung in der Überlappung wird die lineare punktweise Einzelbefestigung im überdeckten Bahnenrand angeordnet. Hierbei werden die Bahnen in der Regel quer zur Spannrichtung des Trapezblechs bzw. der Holzschalung verlegt. Bei der Ausführung ist darauf zu achten, dass der Abstand von mindestens 10 mm zwischen Lastverteilteller und Bahnenkante eingehalten wird. Für die Klemmwirkung ist ein ausreichend druckfester Untergrund erforderlich.

Verlegerichtung

Welche Probleme bei Klappdämmbahnen, deren Kaschierung als erste Lage der Dachabdichtung dienen soll, in Verbindung mit Stahltrapezprofilen auftreten, wurde bereits im Absatz 4 im Abschnitt „2.5.4 Wärmedämmung“ beschrieben (siehe Seite 103 f.).

Werden Klapp- oder Rolldämmbahnen mit einer einfachen Kaschierung, die nicht die Aufgabe als erste Lage der Dachabdichtung übernehmen soll,

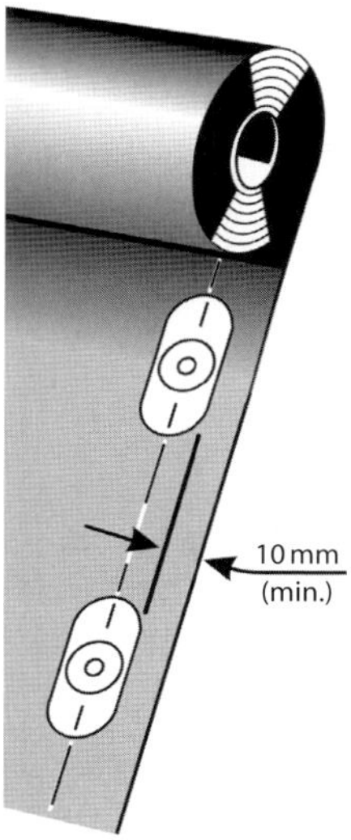

Abb. 19: Abstand Tellerrand zur Bahnkante ≥ 10 mm

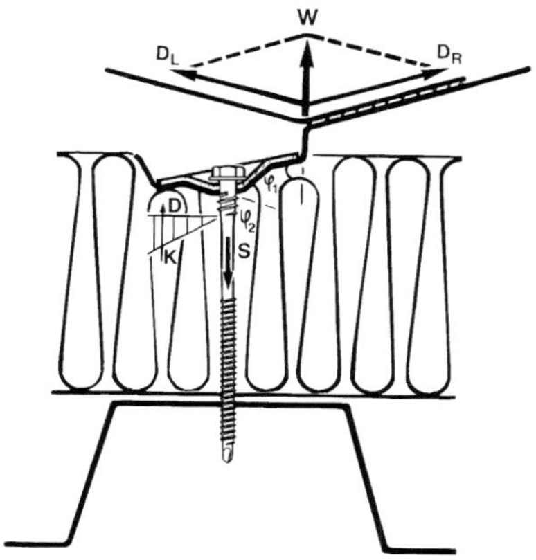

Abb. 20: Flexibler Befestigungsteller. Der Stift wird nicht auf Biegung beansprucht.

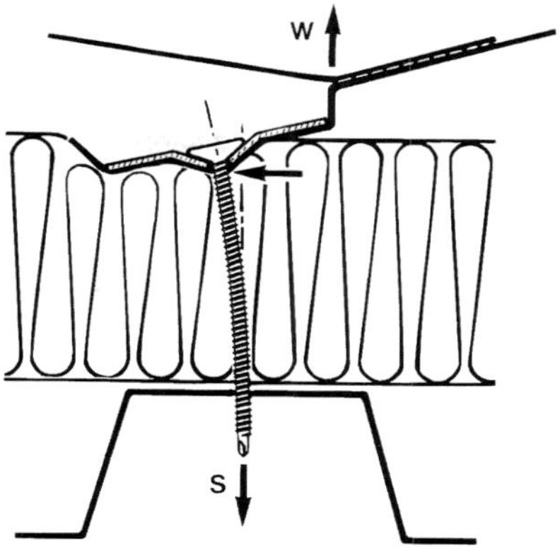

Abb. 21: Starrer Befestigungsteller. Der Stift muss der Beanspruchung gewachsen sein.

verwendet, dürfen die nachfolgenden Lagen der Dachabdichtung quer zur Verlegerichtung der Klapp- oder Rolldämmbahn angeordnet werden. Der Abschnitt 2.5.6.2 (3) gilt hierfür nicht.

Bei der Verlegung auf Holzschalungen muss die Verlegerichtung der zu fixierenden Bahn immer quer zur Verlegerichtung der Schalung angeordnet werden. Nur so kann vermieden werden, dass die Befestigung der Bahn immer nur auf einem Brett der Schalung angeordnet wird. Die anstehende Belastung durch Windsog könnte in diesem Fall größer sein als die Auszugwerte der Schalungsbefestigung der Unterkonstruktion.

Mechanische Befestigung Befestiger

Die Funktion einer mechanischen Befestigung anhand von Befestigern mit gelagertem Teller als Lastverteiler kann wie folgt beschrieben werden: Zunächst wird die Bahn oder deren Trägereinlage etwas auf Zug beansprucht. Dabei wird die Trägereinlage punktuell im Randbereich belastet, insbesondere in dem Bereich, in dem der Metallstift des Befestigers die Trägereinlage durchdringt. Bietet die Trägereinlage ausreichend Widerstand gegen das seitliche Ausreißen, wird der Metallstift auf Biegung beansprucht. Der lastverteilende Teller des Befestigers kippt in Richtung Bahnenkante um und klemmt die Bahn zwischen sich und dem Untergrund ein. Deshalb ist es besonders wichtig, den Mindestabstand des lastverteilenden Tellers zur Bahnenkante von mindestens 10 mm einzuhalten (Abb. 19).

Bei Befestigern, deren Teller starr mit dem Stift oder Schaft des Befestigers verbunden ist, kippt der Befestiger in die entgegengesetzte Richtung um und klemmt die Bahn zur Bahnenmitte zwischen seinem Rand und dem Untergrund fest (Abb. 20).

Um einen ausreichenden Druck vom Teller auf den Untergrund ausüben zu können, muss der Untergrund selber ausreichend druckfest sein (siehe hierzu auch Absatz 11).

Nahtunabhängige Befestigung

(3) Bei nahtunabhängiger Befestigung werden die Linienbefestigungen oder linearen Befestigungen in erforderlichen Abständen angeordnet und mit zusätzlichen Dachbahnenstreifen überdeckt.

Diese Ausführungsart muss dann vorgenommen werden, wenn z. B. bei Klapp- oder Rolldämmbahnen die Kaschierung als erste Lage der Dachabdichtung dienen soll. Im Abschnitt 2.5.4 „Wärmedämmung" wurde bereits erläutert, warum die Forderung aus diesem Abschnitt als unwirtschaftlich bezeichnet werden muss und daher vermieden werden sollte.

Unterseitige Befestigung

(4) Bei unterseitiger Befestigung von Kunststoff- oder Elastomerbahnen können Streifen oder Teller, z. B. aus Bahnenmaterial, mit Einzelbefestigungen in der Unterkonstruktion befestigt werden. Darauf wird die Dachabdichtung systemspezifisch befestigt.

Es können auch Linienbefestigungen mit beschichteten Blechen vor der Verlegung der Bahn angeordnet werden. Während der Verlegung wird dann bei unkaschierten Bahnen die Unterseite der Bahnen mit den Verbundblechen verschweißt oder verklebt.

Klettverschluss

Es gibt Hersteller von Kunststoffbahnen, die eine Befestigung mittels Klettverschlüssen anbieten. Dabei werden entsprechende Bahnen oder beschichtete Blechstreifen am Untergrund befestigt. Die kaschierten Bahnen verkrallen sich bei der Verlegung mit den Schlaufen der Kaschierung in den Häkchen des Klettbandes oder der Klettschicht. Diese Befestigung ist in der Fachregel nicht vorgesehen. Die Kraft, mit der die Verschlüsse halten, kann nicht definiert oder festgelegt werden. Wird z. B. die Bahn nach dem Auflegen auf die Klettbänder mehrfach wieder angehoben, werden einerseits die Häkchen der Klettverschlüsse und andererseits die Schlaufen der Kaschierungen zerstört. Wie viele „haltbare" Kontakte es dann gibt, ist nicht erkennbar. Eine solche Ausführung muss immer explizit vereinbart werden. Der Bauherr muss dem nach einer nachgewiesenen Aufklärung über die Risiken ausdrücklich zustimmen. Er geht dabei das Risiko ein, dass im Fall eines Starkwindereignisses kein Versicherungsschutz vorhanden ist.

Bei einigen Befestigungselementen werden die Unterteile der Elemente vor der Verlegung der Dachabdichtung in dem Untergrund nach Erfordernis angeordnet. Nach dem Verlegen der Kunststoffbahn werden von der Bahnenoberseite her die oberen Elemente über die unteren gestülpt. Die Kunststoffbahn wird zwischen den Elementen eingequetscht. Dabei unterliegt die Bahn sehr hohen Belastungen im Bereich der Quetschung, was zu einer schnellen Ermüdung des Materials führen kann.

(5) Mechanische Befestigungen müssen im jeweiligen Bereich auf die Fläche bezogen gleichmäßig verteilt angeordnet werden. Bei linearer Befestigung in der Bahnenüberlappung wird empfohlen, die Bahnenbreite von 1,60 m nicht zu überschreiten.

Der erste Teil des Absatzes 5 war schon in der Vorgängerfassung verankert, hat aber regelmäßig zu Irritationen geführt. Der zweite Teil bringt nun mehr Klarheit, auch wenn es zunächst eine Empfehlung ist.

Kunststoffbahnen werden mit Breiten von 2 m und sogar 2,50 m angeboten. Die Befestiger werden üblicherweise in den Überlappungsbereich gelegt, weil das wirtschaftlich ist. Wie bei Breiten der Bahnen von 2,50 m eine gleichmäßige Verteilung der Befestiger erfolgen soll, wurde wie folgt begründet:

„Gleichmäßig verteilt bedeutet ja auch, dass die erforderliche Gesamtzahl der Befestiger gleichmäßig in der Fläche verteilt ist.“ Die erforderliche Mindestzahl von zwei Befestigern pro m^2 wurde rechnerisch dadurch erreicht, dass innerhalb der Überlappung vier Befestiger pro m angeordnet wurden. Dass zwischen den linearen Befestigungsreihen ein Abstand von 2,50 m bestand, der z. B. im Bereich von großen Lichtkuppeln einem Windsog ausgesetzt war, wurde geflissentlich übersehen. Windsogberechnungen, erstellt durch skrupellose Hersteller, rechneten die Anzahl der Befestiger gnadenlos herunter und somit „schön“.

Die Empfehlung der maximalen Bahnenbreite von 1,60 m sollte als Forderung stehen, damit die nachhaltige Lagensicherheit gegeben ist.

Befestigungsanzahl Befestigungsmittel

(6) Die Anzahl der Befestigungen ergibt sich aus den zu berücksichtigenden Windlasten, der Ausführungsart und den Bemessungslasten der Befestigungsmittel. Als Befestigungsmittel gelten Befestigungselemente oder Nagelbefestigungen. Diese müssen auf Ausführungsart und Werkstoffe des Dachaufbaus abgestimmt sein.

Wie schon in Absatz 1 ausgeführt, können Sicherungen mit Klettverschlüssen nicht als mechanische Befestigung im Sinne der Fachregel angesehen werden.

Die Windlasten ergeben sich aus den Berechnungen, die für die Rand-, Eck- und Flächenbereiche erstellt werden müssen. Die Ausführungsart, d. h., ob eine Dachabdichtung mit geschlossener oder mit offener Deckunterlage (z. B. Trapezprofile) vorliegt oder welche Art der Unterkonstruktion (z. B. Beton oder Holzschalung), muss in die Berechnungen einfließen. Wichtiger Faktor ist die Bemessungslast der Befestigungselemente oder Nagelbefestigungen. Bei ihnen müssen die Werte, die die Befestiger selber einhalten müssen (etwa Belastung auf Biegung oder Belastung am Übergang Lastverteiler zu Metallstift/-schraube), berücksichtigt werden. In Kombination mit dem Untergrund ergibt sich der mögliche Auszugswert.

Ist die Windbelastung für einen Bereich ermittelt und ist der Auszugswert festgestellt, kann die Anzahl der Befestigungen berechnet werden.

Aus Anhang I Tabelle I bis III ist die Anordnung und Anzahl der Befestigungselemente und Nägel zu entnehmen, die unter den zugrunde gelegten Randbedingungen erforderlich sind. Die Anzahl der Befestigungselemente soll (bei linearer Befestigung) unabhängig von der errechneten Anzahl mindestens 2 St./m^2 betragen.

Tabellen als Vereinfachung waren auch schon in der Vorgängerfassung der Fachregel enthalten. Allerdings waren diese nicht so umfangreich, wie es nunmehr nach der Anpassung der Fachregel an die Erfordernisse der DIN 1055-4 der Fall ist. Der Anwender muss, bevor er die Tabellen nutzen kann, zunächst die Rand-, Eck- und Flächenbereiche ermitteln. Die Vereinfachungen in der Festlegung nach der alten Fachregel haben keine Gültigkeit mehr. Die Form des Dachrands und der dazugehörigen Fläche muss ebenso berücksichtigt werden.

Weist die Anzahl an Befestigern Nachkommastellen auf, soll die tatsächlich verwendete Anzahl immer nach oben aufgerundet werden.

Mindestanzahl

Es kann vorkommen, dass bei den Berechnungen eine Zahl erforderlicher Befestiger von < 2 St./m² ermittelt wird. Die Fachregel fordert eindeutig und berechtigt, dass die Mindestanzahl von 2 St./m² nicht unterschritten wird.

Diese Anzahl ist bei Bahnen mit einer Breite von 2 m rechnerisch nur dann zu erreichen, wenn in den Bereichen der Überlappung ein Abstand der Befestiger untereinander von maximal 0,25 m eingehalten wird. Werden Bahnen mit einer größeren Breite verwendet, so ist dieser Wert auch rechnerisch kaum noch zu erreichen. Eine solche Anordnung wird man zusätzlich nur schwerlich als „gleichmäßig verteilt" bezeichnen können.

Nachweis

(7) Bei abweichender Befestigungsart mit größeren Befestigungsabständen kann es notwendig werden, die Befestigungen und die Einleitung der Kräfte in die Tragkonstruktion als Einzellasten statisch besonders nachzuweisen.

Wie bereits ausgeführt, muss ein Einzelnachweis alle anstehenden Anforderungen an die Windsogsicherung berücksichtigen. Je größer der Abstand der Einzelbefestigungen ist, desto mehr Last muss das einzelne Element aufnehmen und ableiten können. Die dabei in der Tragkonstruktion entstehende höhere Punktbelastung auf Zug muss ebenfalls grundsätzlich nachgewiesen werden. Insbesondere bei Stahltrapezprofilen oder bei Unterkonstruktionen aus Holzschalungen muss die Verbindung zwischen der Unterlage und der Tragkonstruktion statisch nachgewiesen sein. Diese Berechnungen sind durch den Dachdecker nicht mehr durchzuführen.

Nagelung

(8) Erfolgt die mechanische Befestigung von Bitumenbahnen mit Nagelung, haben sich folgende Nagelreihenabstände bewährt:

- *Innenbereich (I) 0,90 m*
- *Innenbereich (H) 0,90 m*
- *Randbereich (G) 0,45 m*
- *Eckbereich (F) 0,45 m*

Die Abstände in den Innenbereichen (I) und (H) entsprechen denen der Bahnenbreite von 1 m. Dabei ist zu beachten, dass bei einer verdeckten Befestigung, also innerhalb der Überlappung, die Klebeverbindung zwischen den Bahnen die anstehenden Kräfte aufnehmen und weiterleiten kann.

Im Randbereich (G) sowie in der Ecke (F) muss zusätzlich in der Bahnenmitte eine Nagelung angeordnet werden. Soll die befestigte Bahn gleichzeitig die Aufgabe als erste Lage der Dachabdichtung übernehmen, muss in der Mitte über der Nagelung ein zusätzlicher Dichtstreifen angeordnet werden.

Die Nagelreihenabstände in den Eck- und Randbereichen haben sich im Vergleich zur Vorgängerfassung vergrößert. Dort wurde der Abstand noch mit 0,30 m angegeben. Damit war es wirtschaftlich nicht interessant, die durch Nagelung befestigte Bahn als erste Lage der Dachabdichtung zu bewerten, da hier zwei zusätzliche Dichtstreifen hätten angeordnet werden müssen.

(9) Mit der Befestigung der Dachabdichtung können gleichzeitig auch Dämmschicht und Dampfsperre befestigt werden. Werden Dämmplatten nicht ausreichend durch die Befestigung der Dachbahnen erfasst, ist es notwendig, die Dämmplatten für sich getrennt, mechanisch oder durch Kleben, zu befestigen.

Dämmplatte

Das Problem tritt ausschließlich bei Dachabdichtungen mit breiten Kunststoffbahnen auf. Die Kantenlängen der Dämmstoffplatten sollen nach Absatz 7 im Abschnitt „2.4.4 Wärmedämmstoffe" bei Hartschaumplatten die Länge von 1,25 m nicht überschreiten. Werden Kunststoffbahnen mit einer Breite von 2 m oder mehr verwendet, kann es vorkommen, dass Platten auch bei Verlegung im Verbund nicht befestigt werden. Durch den ständigen Wechsel zwischen Sog und Druck (Pumpen der Dachabdichtung) können die Platten im Laufe der Zeit ihre Lage verändern, im schlimmsten Fall können sie sich aufstellen, sodass Plattenkanten scharfe Kanten bilden und eine erhebliche Wärmebrücke mit allen Folgen entsteht. Um solchen Szenarien vorzubeugen, ist die Forderung nach einer separaten Befestigung unbedingt zu befolgen.

(10) Bei mechanischer Befestigung müssen die zu befestigenden Bahnen der Eigenschaftsklasse E1 oder E2 entsprechen, darüberliegende Bahnen eine hohe Durchtrittfestigkeit aufweisen.

Eigenschaftsklasse

In der alten Fachregel wurden Bahnen mit einer hohen Ausreißfestigkeit gefordert. Dieser Begriff kann entfallen, denn Bahnen mit den Eigenschaftsklassen E1 (hoher mechanischer Widerstand in Kombination mit Widerstand bei hoher thermischer Beanspruchung) und/oder E2 (hoher mechanischer Widerstand in Kombination mit Widerstand gegen mäßige thermische Beanspruchung) müssen diese Anforderungen uneingeschränkt erfüllen.

Die hohe Durchtrittfestigkeit ist erforderlich, um bei ungeplanter Belastung, wie sie z. B. bei unbeabsichtigtem Betreten bei Wartungsarbeiten entsteht, zu verhindern, dass die Befestiger von unten durch die nachfolgenden Lagen der Dachabdichtung drücken.

(11) Werden Dämmstoffe aus Mineralwolle mit einer Punktbelastbarkeit < 600 N eingebaut, sind trittsichere Befestigungselemente zu verwenden.

Mineralfaserdämmstoff

Vereinfacht ausgedrückt bedeutet diese Forderung Folgendes: Wird die Wärmedämmung bei einer Belastung mit einem Gewicht von ca. 60 kg/cm² zusammengedrückt, müssen Befestigungselemente verwendet werden, die ggf. der Belastung nach unten folgen, also nicht starr sind. Beim Verbauen dieser Art von Mineralfaserdämmstoffen besteht die Gefahr, dass dieser Dämmstoff mehr als andere Dämmstoffe zusammengedrückt wird. Stünde die Belastung direkt neben einem starren Befestigungselement an, würde das Element durch die Bahnen nach oben durchdrücken, denn selbst hochreißfeste Bahnen oder Trägereinlagen werden Schaden nehmen.

Die Angabe 600 N wurde neu in diese Regel aufgenommen.

(12) An mechanischen Befestigungen auf Stahltrapezprofilen und Schalungen, insbesondere über Räumen mit hoher Luftfeuchtigkeit, kann bei niedrigen Außentemperaturen Tauwasserbildung auftreten. Bei Phenolharz-Hartschaum ist die Korrosionsbeständigkeit der Befestigungselemente zu berücksichtigen.

Jedes durchgehend metallische Befestigungselement stellt für sich eine Wärmebrücke dar, die dazu führt, dass die Umgebungsluft in der Nähe abkühlt und dadurch die in ihr enthaltene Feuchtigkeit an den Metallstift abgibt. Aus der Feuchtigkeit in Gasform wird Feuchtigkeit in tropfbarer Form.

Phenolharz-Hartschaum

Phenolharz ist alkalisch, deshalb müssen bei Phenolharz-Hartschaumplatten korrosionsbeständige und nicht nur korrosionsgeschützte Befestigungselemente verwendet werden. Bei durch Verzinkung geschützten Elementen würde die Verzinkung und letztlich der Metallstift zerstört. Das ist vergleichbar mit Anschlüssen aus Titanzink, die ohne Trennung mit Zement-Mörtel oder Beton Kontakt haben.

Korrosionsbeständige Befestigungselemente bestehen aus Edelstahlstiften.

(13) Bei Trapezprofilen soll der Abstand der Befestigungen auf gleichen Obergurten in Längsrichtung nicht kleiner als 200 mm sein (siehe DIN 18807-3).

Abstand der Befestigung

In der Norm steht im Abschnitt „4.8.2 Löcher in Gurten und Stegen, Satz a)", dass ohne rechnerischen Nachweis der Lochabstand bei Löchern mit einem Durchmesser d von bis zu 10 mm nicht weniger als 200 mm betragen darf.

Satz b) der Norm würde bei einem Durchmesser von maximal 4 mm einen Abstand von > 80 mm erlauben. Die Schrauben der Befestiger haben allerdings einen größeren Durchmesser. Deshalb muss der Abstand von 200 mm als Mindestabstand eingehalten werden, andernfalls wird die Tragfähigkeit des Obergurtes unzulässig gemindert.

Befestigungsmittel

2.6.3.4.1 Befestigungsmittel

(1) Befestigungsmittel zur Windsogsicherung müssen für diesen Zweck geeignet und auf die jeweiligen Werkstoffe sowie die Ausführungsart abgestimmt sein. Im Einzelfall kann es erforderlich sein, Auszugswerte zu ermitteln. Die Eignung von Befestigungssystemen ist vom jeweiligen Hersteller durch Vorlage eines Prüfungszeugnisses einer anerkannten Prüfstelle nachzuweisen.

Grob gesagt kann zwischen drei Hauptkategorien unterschieden werden:

1 Befestigungsmittel, bei denen die Wärmedämmung ebenfalls befestigt wird,

2 Befestigungsmittel, bei denen eine „weiche" Wärmedämmung vorhanden ist (siehe Absatz 2.6.3.4 (11)),

3 Befestigungsmittel, bei denen keine Wärmedämmung befestigt werden soll.

Alle Kategorien unterteilen sich wiederum in die Art des Untergrunds, z. B.:

- nagelbar und nagelhaltend,
- schraubbar mit und ohne Vorbohren,
- schraubbar mit Dübel und Vorbohren.

Danach folgt die Art der Dachabdichtung, grob unterteilt in:

- Dachabdichtung mit Bitumenbahnen,
- Dachabdichtung mit Kunststoff- und/oder Elastomerbahnen.

(2) Dabei sind folgende Faktoren zu berücksichtigen:

- *Betriebsfestigkeit (Bemessungslast) unter Berücksichtigung der Einbauvoraussetzungen, z. B. Unterkonstruktion, Schraubenart, Sicherheit gegen*

Rückdrehen bei dynamischer Belastung, Senkrecht- oder Schrägzug je nach Einbau

Bemessungslast

Die Bemessungslast ist die Gebrauchslast multipliziert mit dem Lastsicherheitsfaktor, wobei die Gebrauchslast die Last im Gebrauchszustand ohne Sicherheitsfaktor beschreibt.

- *Befestigungsart (punkt- oder linienförmig)*

Befestigungsart

Befestigungsmittel, die als punktweise Befestigung dienen sollen, unterliegen völlig anderen Belastungen, als es bei linienförmigen Befestigungen der Fall ist. Das wird insbesondere dann deutlich, wenn eine lineare Befestigung gleichzeitig die Aufgabe zur Aufnahme von horizontalen und vertikalen Kräften durch Windsog übernehmen soll.

- *Sicherheit gegen Durchdrücken der Schrauben bei Punktbelastung im Bereich des Befestigungsmittels (Trittsicherheit)*

Dieser Bereich wurde bereits in Absatz 11 im Abschnitt „2.6.3.4 Sicherung durch mechanische Befestigung“ beschrieben (siehe Seite 161).

- *Art des Korrosionsschutzes bzw. Korrosionsbeständigkeit von Befestigungselementen aus Metall*

Korrosionsbeständiges Befestigungselement

Die meisten Befestigungselemente im Bereich von Dachabdichtungen sind mit einem Korrosionsschutz, z. B. einer Verzinkung, versehen. Unter bestimmten Bedingungen kann es jedoch erforderlich sein, korrosionsbeständige Befestigungselemente vorzusehen. Für den Einsatz bei Phenolharz-Hartschaumplatten wurde das bereits im Abschnitt 2.6.3.4 (12) erläutert.

Es gibt an den Korrosionsschutz oder an die Korrosionsbeständigkeit z. B. auch dann erhöhte Anforderungen, wenn das Innenklima des Bauwerks dies fordert.

Beispiel

Die Dachflächen eines galvanischen Betriebs sollten von einer Eindeckung mit asbesthaltigen Wellplatten auf eine Abdichtung mit Bitumenbahnen umgestellt werden. Auf Wunsch der Betriebsleitung sollte eine Wärmedämmung aus expandiertem Polystyrol einschließlich Dampfsperre und einer mechanischen Befestigung erstellt werden. Die tragende Konstruktion bestand ausschließlich aus einer Holzkonstruktion. Eine Überprüfung der vorhandenen Verbindungsmittel zwischen der alten tragenden Dachlattung und der restlichen Unterkonstruktion ergab, dass die Verbindungsmittel, die vollständig im Holz waren, keinerlei oder nur geringe Korrosionserscheinungen aufwiesen. Die Befestigungen, die ungeschützt der Innenluft ausgesetzt und oberhalb der galvanischen Becken angeordnet waren, wiesen aber z. T. erhebliche Vorschäden auf.

Es ist nicht zu vermeiden, dass die Befestigungsmittel der Dachabdichtung durch die Holzschalung hindurchreichen. Hier musste in Absprache mit dem Hersteller ein Befestiger gewählt werden, der die vorhandenen Gase aushält und die Nachhaltigkeit der Befestigung gewährleistet.

– *Widerstand von Befestigungselementen aus Kunststoff gegen Alterung*

Befestigungs-element aus Kunststoff

Es gibt Befestigungselemente, die bestehen ausschließlich aus Kunststoff. Diese Elemente haben einen im unteren Bereich geteilten Schaft und im oberen Bereich den starren lastverteilenden Teller. Bei diesen Elementen muss vorgebohrt werden. Ein Kunststoffstift, der von oben in den Schaft eingeschlagen wird, spreizt den Schaft und fixiert ihn dadurch im Untergrund.

Grundsätzlich müssen diese Befestigungselemente beständig gegen Alterung sein. Als Problem können sich Unverträglichkeiten zwischen der Polystyrol-Wärmedämmung und dem Kunststoff erweisen. Diese Probleme kann es auch bei flexiblen Befestigungselementen geben. Deren Stift ist eine Metallschraube, dessen oberer Teil ohne Gewinde ist. Das Oberteil einschließlich Teller aus Kunststoff kann bei Belastung, z. B. durch Auftreten, an dem Bereich des Schaftes ohne Gewinde herunterrutschen. Dadurch wird das Element nicht durch die Abdichtung nach oben gedrückt.

(3) Die Bemessungslast für Befestigungssysteme zum Befestigen von Dachaufbauten muss nach DIN 18531 mindestens 0,40 kN/St. betragen. Der Rechenwert ist vom Hersteller anzugeben. Die im Anhang I aufgeführten Tabellen basieren auf einer Berechnung mit einer Bemessungslast von 0,50 kN/St. In Abhängigkeit der Beschaffenheit des Untergrunds und der zu befestigenden Komponenten ist ggf. eine andere Bemessungslast anzusetzen.

Bemessungslast

Die Bemessungslast ist, wie bereits ausgeführt, das Ergebnis aus der anstehenden Last multipliziert mit dem Sicherheitsfaktor. Der Hersteller berücksichtigt diese Mindestangabe und erstellt in Verbindung mit den anderen Parametern (Untergrund etc.) den Rechenwert, mit dem die Anzahl und die Anordnung der Befestigungselemente in den jeweiligen Bereichen auf der Dachfläche berechnet werden muss.

Die Fachregel geht in der Neufassung von einer um 0,10 kN/St. höheren Bemessungslast aus als die Vorgängerfassung und die DIN 18531-3.

Wie bei der Sicherung durch Kleben gilt, dass Planer und Ausführende sich immer nach der höheren Forderung richten sollen, um eine größtmögliche Sicherheit zu erhalten.

Passen die in den Tabellen der Fachregel berücksichtigten Parameter, dann ist der Ausführende auf der sicheren Seite. Ist ein Untergrund mit einer geringeren Haftungssicherheit vorhanden, wie es häufig bei Sanierungen der Fall ist, muss eine höhere Bemessungslast angenommen werden.

(4) Werden bei Instandsetzungen Befestigungselemente durch vorhandene wärmegedämmte Dachaufbauten geschraubt, sollen korrosionsbeständige Befestiger verwendet werden.

Korrosionsbeständiger Befestiger

Diese dringende Empfehlung oder Forderung ist aus zwei vollkommen unterschiedlichen Gründen sehr sinnvoll.

1 In der Vorgängerfassung der Fachregel wurde beschrieben, dass beim Durchbohren von alten Dachabdichtungen mit mineralischen Bestreuungen korrosionsbeständige Befestigungselemente verwendet werden sollen, weil sich während des Durchbohrens eine galvanische oder auch eine Feuerverzinkung vom Metallstift des Befestigers lösen könnte. Da Feuch-

tigkeit im alten vorhandenen Dachaufbau nie mit 100%iger Sicherheit ausgeschlossen werden kann, würde es in diesen Bereichen am Metallstift zu einer ungeplanten Korrosion bis zur Zerstörung des Befestigers kommen.

2 Wird ein alter Dachaufbau mit einer vorhandenen Wärmedämmung belassen, kann es je nach Gesamtaufbau dazu kommen, dass mehr als 20 % des Gesamtwärmedurchlasswiderstands raumseits der alten Dachabdichtung liegen. Kann hier – wenn auch in geringen Mengen – Feuchtigkeit eindiffundieren, wirkt die alte Dachabdichtung wie eine Dampfsperre. Es kommt an ihrer Unterseite zu einem Tauwasserausfall. Die Folgen sind die gleichen wie bei noch in dem Aufbau enthaltener Feuchtigkeit.

(5) Für die Befestigung von Bitumenbahnen auf Schalung sind Befestigungselemente oder korrosionsgeschützte Stifte nach DIN EN 10230 mit extra großem Flachkopf, Kopfdurchmesser ≥ 9 mm, zu verwenden, die mindestens 25 mm lang, bei dickeren Bahnen oder Mehrfachüberdeckungen entsprechend länger sein müssen.

(DIN EN 10230-1, Ausgabe: 2000-01, „Nägel aus Stahldraht – Teil 1: Lose Nägel für allgemeine Verwendungszwecke")

Korrosionsgeschützter Stift

Die Fachregel gab in der Vorgängerfassung bei enger Lesart nur die Befestigung mit korrosionsgeschützten Stiften (im Volksmund: Breitkopfstifte) vor. Nunmehr lässt sie die Befestigung mit Befestigungselementen ebenfalls zu.

Die Länge wird mit mindestens 25 mm angegeben, damit der Schaft des Stiftes im Holz den größtmöglichen Reibungswiderstand hat. Gleichzeitig sollte berücksichtigt werden, dass der Stift dann den größten Auszugwiderstand hat, wenn die Spitze des Schaftes nicht auf der Unterseite der Schalung austritt.

Beispiel

Auf einer Trennlage, bestehend aus einer V 13 fein besandet, lose verlegt, soll die erste Lage der Dachabdichtung direkt auf einer Holzschalung verdeckt befestigt werden. Die Lage besteht aus einer DO/E1 PYE G 200 S4. Es ergibt sich Folgendes:

Schalung, d = 24 mm + Dicke der Trennlage d = 2 mm + Dicke der Bahn d = 4 mm = 30 mm – Länge des Schafts l = 24 mm = Eindringtiefe in das Holz = 18 mm. Bei einer verbleibenden Dicke des Holzes von d = 6 mm wird es nicht auf der Unterseite auf-/abplatzen.

Der Kopfdurchmesser von 9 mm ist erforderlich, um ausreichend Druck auf die Bahn bzw. deren Trägereinlage ausüben zu können. Anders als bei lastverteilenden Tellern bei Befestigungselementen kippt der Nagelkopf nicht seitlich, um dadurch die Bahn zu fixieren. Der Nagelkopf muss diesen Widerstand ausschließlich durch Druck erzeugen.

(6) Der Schaft von Befestigungsmitteln aus Kupfer oder Edelstahl soll aufgeraut oder geharzt sein.

Aus der unbedingten Forderung **muss** aus der Vorgängerfassung ist die bedingte Forderung **soll** geworden.

Edelstahlstift

Die Forderung als solche hat allerdings nach wie vor Bestand. Hintergrund ist, dass Edelstahlstifte sehr glatt sind. Beim Einschlagen des Stifts wird die

Struktur des Holzes kurzfristig gestört. Kurz nach dem „Schockereignis" des Einschlagens richten sich die Fasern im Holz wieder aus und umschließen den Schaft. Dadurch erhöht sich der Reibungswiderstand. Ist der sehr glatte Schaft aufgeraut oder geharzt, verbessert sich der Auszugswert enorm.

Die Drahtstifte bei Nagelsetzautomaten sind sehr häufig geharzt bzw. haben keine ebene Oberfläche.

Die Hersteller von Nagelautomaten beschreiben z. T. in ihren Bedienungsanleitungen, dass nach der Befestigung von Dachlatten im geneigten Dach die befestigte Dachlatte nicht unmittelbar belastet (begangen) werden soll. Der Grund ist derselbe wie der oben beschriebene: Die Holzfasern müssen sich erst wieder um den Schaft schließen.

Kupferstift

Bei Kupferstiften ist ein anderes Phänomen zu beobachten: Die Kupferstifte „wachsen" aus dem Holz wieder heraus. Eine wissenschaftlich nachgewiesene Erklärung für dieses Phänomen gibt es nicht. Eine Vermutung ist, dass bei neueren Schalungen die Ausgleichfeuchte noch nicht hergestellt ist, also noch eine erhöhte Restfeuchte im Holz vorhanden ist. Es ist bekannt, dass Kupferionen einige Zellstrukturen von Pflanzen zerstören. Es wird vermutet, dass die durch die Feuchtigkeit frei werdenden Kupferionen die Zellstruktur um den Nagelschaft herum nach und nach abtötet. Das führt dazu, dass das Loch um den Schaft geringfügig mehr Durchmesser bekommt. Durch das Quell- und Schwindverhalten des Holzes wird der Schaft nach und nach aus dem Einschlagloch herausgedrückt, da das Holz nicht nur in der Länge seine Dimension ändert, sondern auch in der Dicke. Beim Quellen in Längsrichtung verengt sich die Einschlagstelle und durch das Quellen in der Dicke wird der Nagel durch den erhöhten Reibungswiderstand nach oben gedrückt. Schrumpft das Holz wieder, hat der Stift nicht genug Eigenlast oder Druck, um wieder vollständig in das Holz einzudringen.

Die Absätze 5 zu Porenbeton und 8 zu Holzwerkstoffen aus der Vorgängerversion sind in der neuen Fachregel nicht mehr explizit aufgeführt. Sie konnten problemlos herausgenommen werden, denn Absatz 1 der neuen Fachregel umfasst die Forderungen weitreichend.

Tipp

Es wird empfohlen, dass sich Planer und Ausführender immer an einen Statiker oder an die Hersteller der Befestigungselemente wenden. Nur diese können die verschiedenen Kombinationen von Untergrund und Dachaufbauten in Verbindung mit den Auszugswerten, Bemessungslasten oder Rechenwerten sicher berechnen.

Randkonstruktion
Randholz

2.6.3.5 Befestigungen von Randhölzern (Randkonstruktionen)

(1) Für die Befestigung von Randhölzern bzw. -bohlen am Dachrand und im Bereich von Deckenöffnungen haben sich die Ausführungsbeispiele nach Tabelle 9 in der Praxis bewährt. Die Tabellenwerte entsprechen den Anforderungen der DIN 1055-4 nach den vereinfachten Annahmen für den Böengeschwindigkeitsdruck der Windzonen 1 bis 3 für das Mischprofil Binnenland. Befestigerabstände für Randhölzer in Windzone 3, Mischprofil Küste und Inseln Ostsee sowie Windzone 4 sind in der Tabelle 9 nicht berücksichtigt.

Mit diesem Absatz wird die Tabelle „3.8 Verankerungsmittel für Bohlen bei mehrfacher Beanspruchung" der „Hinweise für Holz und Holzwerkstoffe"

(9-2005) bei Dächern mit Abdichtungen unwirksam. Die dort angegebenen Werte stimmen nicht mehr mit denen der Tabelle 9 überein. So sind in der Tabelle 9 grundsätzlich Schrauben mit einem größeren Durchmesser vorgesehen. Die Angaben zu den Gebäudehöhen haben sich ebenfalls geändert. Tabelle 9 fordert schon bei geringeren Gebäudehöhen kleinere Abstände zwischen den Befestigungsmitteln.

Die im Absatz 1 ausdrücklich ausgeschlossenen Bereiche erfordern immer einen Einzelnachweis.

Tipp

Holzbohlen als Randbohlen sollten nicht dicker als 60 mm pro Lage sein. Um Eigendrehungen des Holzes zu vermeiden, sollte die Befestigung im Versatz, besser paarweise, erfolgen. Gegebenenfalls sollte der Statiker befragt werden, ob die Auszugswerte bei paarweiser Befestigung verringert werden dürfen. Bei der Windbelastung sollte berücksichtigt werden, dass jede einzelne Verbindung der Lagen den Anforderungen insbesondere an die Auszugswerte genügen muss.

(2) Die Eignung von Befestigungssystemen ist vom jeweiligen Hersteller nachzuweisen. Andere Befestigungsarten müssen gleichwertig sein. Die Ausführungsart ist bei der Planung festzulegen und in der Leistungsbeschreibung anzugeben.

Gleichwertigkeit

Ein großes Problem ist regelmäßig das Feststellen der Gleichwertigkeit. Im Zweifel muss der Statiker ein System oder eine andere Befestigungsart freigeben. Leider werden seitens der Hersteller nicht immer die entsprechenden Angaben bekannt gegeben.

Der Ausführende wird über die Angaben im Leistungsverzeichnis aufgefordert, sich exakt an diese Angaben zu halten. Nur so kann die statische Wirksamkeit gewährleistet werden.

3.7 Regel für Abdichtungen genutzter Dächer und Flächen

3.7.1 Beanspruchungsarten

Beanspruchungsart

3.1 Beanspruchungsarten

(1) Die Abdichtung von genutzten Dach- und Deckenflächen ist nach DIN 18195-5 als Abdichtung gegen nicht drückendes Wasser auszuführen. Nicht drückendes Wasser ist Wasser in tropfbar flüssiger Form, z. B. Niederschlags- oder Sickerwasser, das auf die Abdichtung keinen oder nur einen geringen hydrostatischen Druck ausübt. Mit diesem Lastfall ist auf allen waagerechten und geneigten Flächen im Freien und im Erdreich zu rechnen, sofern sie nicht durch drückendes Wasser beansprucht werden.

DIN 18195

Wie schon zu Beginn der Ausführungen beschrieben, betreten der Planer und der Ausführende zwar kein völliges Neuland, aber sie betreten ein ungewohntes Territorium. Bislang war für beide die Fachregel für Dächer mit Abdichtungen das gültige Regelwerk, welches zudem den Status der anerkannten Regel der Technik hat(te). In der Vorgängerfassung wurde im Geltungsbereich auf Folgendes hingewiesen: „Bei genutzten Dächern werden die Fachregeln durch Regelungen der DIN 18195 ergänzt bzw. abgegrenzt.“

Des Weiteren wurde in Absatz 4 ausgeführt: „Obwohl die Abdichtung von Balkonen zum Geltungsbereich der DIN 18195-5 gehört, kann sie auch nach den Fachregeln für Dächer mit Abdichtungen ausgeführt werden. Die Abdichtung entspricht dann einer Abdichtung für hoch beanspruchte Flächen nach DIN 18195-5.“

Diese „Wahlmöglichkeiten“ gibt es nun nicht mehr. Die Kombination der modalen Hilfsverben **ist auszuführen** lassen als unbedingte Forderung keine Ausnahmen mehr zu.

Juristisch bedeutet das: Bislang musste die Ausführung nach DIN 18195 explizit vereinbart werden, nunmehr gilt sie automatisch als vereinbart.

Betrachtet man die Norm, so wird im Abschnitt „1 Anwendungsbereich“ nicht unbedingt auf den ersten Blick ersichtlich, dass die Norm für Abdichtungen genutzter Dachflächen anzuwenden ist. Es wird ausgesagt, dass die Norm für die Abdichtung horizontaler und geneigter Flächen im Freien und im Erdreich sowie der Wand- und Bodenflächen in Nassräumen gilt. Die Norm gilt weiterhin auch für Abdichtungen unter intensiv begrünten Bauwerksflächen mit einer Anstaubewässerung bis 100 mm Höhe, wenn die Ausführung der Abdichtung und ihrer Anschlüsse der dabei gegebenen besonderen Wasserbeanspruchung Rechnung trägt.

Die Gültigkeit wird erst im Abschnitt 7 der Norm deutlich. Die Norm unterteilt Flächen nach „mäßig beansprucht“ und „hoch beansprucht“. Zu den mäßig beanspruchten Flächen zählen Flächen wie z. B. Balkone und ähnliche Flächen im Wohnungsbau. Zu den hoch beanspruchten Flächen zählen Dachterrassen, intensiv begrünte Flächen, Parkdecks, Hofkellerdecken und Durchfahrten sowie erdüberschüttete Decken (siehe hierzu Absatz 2 im Abschnitt 3.1).

Dabei stellt die DIN 18195-5 teilweise erheblich geringere Anforderungen an die Abdichtungen, als es die Fachregel für Abdichtungen oder die DIN 18531 tun. Ein Unterschied in dieser Hinsicht ist, dass die DIN 18195-5 keine direkte Anforderung an ein Gefälle kennt bzw. keine Angaben zur Höhe eines Gefälles macht, während die Fachregel für Abdichtungen dieses bei der Ausführung mit Bitumenbahnen tut.

Elementare Unterschiede gibt es auch bei den genannten Abdichtungsstoffen. Nach DIN 18195-5 dürfen nur die Stoffe angewendet werden, die in der DIN 18195-2, der Stoffnorm, beschrieben sind. Die Fachregel kennt keine Produkte wie Asphaltmastix und Gussasphalt oder kalottengeriffelte Metallbänder. Umgekehrt kennt die DIN 18195-2 keine Flüssigkunststoffe.

3.7.2 Anforderungen an genutzte Dächer und Flächen mit Abdichtungen

Durchwurzelungssicherheit

3.2 Anforderungen an genutzte Dächer und Flächen mit Abdichtungen

(1) Bei intensiv begrünten Flächen muss die Abdichtung durchwurzelungssicher sein, es sei denn, zwischen Abdichtung und Bepflanzung wird eine gesonderte, gegen Durchwurzelung dauerhaft schützende Schicht angeordnet. Die Durchwurzelungssicherheit ist nachzuweisen. Als Nachweis des Widerstands

gegen Durchwurzelung kann eine Prüfung nach FLL oder DIN EN 13948 gelten.

(Siehe auch DIN 18195-5, 5.1)

Die Norm, auf die in diesem Abschnitt hingewiesen wird, ist die DIN EN 13948 „Abdichtungsbahnen – Bitumen-, Kunststoff- und Elastomerbahnen für Dachabdichtungen – Bestimmung des Widerstandes gegen Wurzelpenetration".

Aus technischer Sicht ist es immer sinnvoll, die Aufgaben der Abdichtung und die des Wurzelschutzes zu trennen. Gerade bei intensiven Dachbegrünungen ist die Aufbauhöhe der Begrünung deutlich höher als bei einer extensiv begrünten Fläche. Würde es zu Undichtigkeiten in der Fläche kommen, so wären die Reparaturmaßnahmen erheblich aufwendiger. Um eine möglichst hohe Sicherheit zu erreichen, sollte der Dachaubau nicht wasserunterläufig ausgebildet werden. Das ist nur bei Dachabdichtungen mit Bitumenbahnen, die vollflächig verklebt werden, in Verbindung mit einer ggf. erforderlichen Wärmedämmung aus Schaumglas technisch sinnvoll herzustellen. Selbst bei Bitumenbahnen mit einer Metallbandeinlage, die eigenständig eine Zulassung nach FLL-Richtlinie hat, ist die Gefahr der Durchwurzelung im Nahtbereich trotzdem vorhanden. Ein separater Durchwurzelungsschutz als eigenständige Schicht stellt hier eine sinnvolle Alternative dar. Bewährt haben sich dabei Kombinationen von Dachabdichtungen aus hochwertigen Bitumenbahnen mit einem Wurzelschutz aus z. B. PVC-P-weich-Bahnen, die eine Zulassung nach FLL haben. Die ohnehin erforderliche Trennlage zwischen den Schichten sollte dabei mindestens 300 g/m² Gewicht haben. Sie schützt die Abdichtung zusätzlich vor mechanischen Belastungen von oben.

Rissabdichtung

(2) Die Abdichtung muss Risse im abzudichtenden Bauwerk, die z. B. durch Schwinden entstehen, überbrücken können. Durch Planung und Ausführung der Unterkonstruktion ist sicherzustellen, dass solche Risse zum Ausführungszeitpunkt der Abdichtung nicht breiter als 0,5 mm sind. Bei einer eventuellen weiteren Bewegung der Risse müssen die Breite auf höchstens 2 mm und der Versatz der Risskanten in der Abdichtungsebene auf höchstens 1 mm beschränkt bleiben. Sinngemäß gilt das Gleiche für Arbeitsfugen.

(Siehe auch DIN 18195-5, 5.4.)

Schwindrisse können regelmäßig bei Betonkonstruktionen auch lange Zeit nach deren Erstellung auftreten, da Beton über einen sehr langen Zeitraum aushärten kann. Der Planer muss die Entstehung und Ausbreitung der Risse durch eine entsprechende Bewehrung eingrenzen. Nur so kann eine Abdichtung, die u. U. vollflächig aufgebracht ist, um die Unterläufigkeit der Abdichtung zu verhindern, die Risse überbrücken. Der Höhenunterschied, der bei einer möglichen Rissbildung entstehen kann, darf 1 mm nicht überschreiten.

Stabilisierung

(3) Decken aus großformatigen Einzelelementen aus Beton-Fertigteilplatten müssen zur Stabilisierung mit einem bewehrten Aufbeton oder mit anderen Maßnahmen zur Querkraftübertragung versehen sein, um unterschiedliche Bewegungen der Einzelelemente sowohl an ihren Längskanten als auch an den Auflagerfugen zu vermeiden.

Sinngemäß gilt hier auch das, was im vorhergehenden Absatz ausgeführt wurde, da der Grund für diese Forderung derselbe ist.

In der DIN 18195-5 wird im Abschnitt 6.3 dazu ausgeführt, dass durch die Anordnung von bewehrtem Ortbeton unterschiedliche Durchbiegungen vermieden werden sollen.

Dämmschicht
Dämmstoff

(4) Dämmschichten, auf die Abdichtungen unmittelbar aufgebracht werden sollen, müssen für die jeweilige Nutzung geeignet sein. Sie dürfen keine schädlichen Einflüsse auf die Abdichtung ausüben und müssen sich als Unterlage für die Abdichtung und deren Herstellung eignen. Wärmedämmstoffe für genutzte Dach- und Deckenflächen müssen für den jeweiligen Einsatzzweck ausreichend druckbelastbar sein. Für die Bemessung der Dämmstoffe hinsichtlich der Druckbelastungsklassen ist die Tabelle 10 zu beachten.

(Siehe auch DIN 18195-5, 6.4.)

Tabelle 10: Einsatzgebiet Wärmedämmstoffe

Wärmedämmstoff	**Anwendungstyp**[1)]	**Druckbelastbarkeit**[1)]	**Einsatzgebiet**[2)]
EPS	DAA	dh (hohe Belastbarkeit)	Terrasse, Dachbegrünung
XPS	DAADUK	dh (hohe Belastbarkeit) ds (sehr hohe Belastbarkeit)	Terrasse, Dachbegrünung UK-Dach, Parkdeck Pkw[3)]
PUR/PIR	DAA	dh (hohe Belastbarkeit) ds (sehr hohe Belastbarkeit)	Terrasse, Dachbegrünung Parkdeck Pkw[3)]
CG	DAA	dh (hohe Belastbarkeit) ds (sehr hohe Belastbarkeit) dx (extrem hohe Belastbarkeit)	Terrasse, Dachbegrünung Parkdeck (Pkw[3)]) Parkdeck (Lkw[3)])

1) Nach DIN V 4108-10 bzw. bauaufsichtlicher Zulassung

2) Mindestanforderung

3) Je nach Lastverteilung im Belagsaufbau ist auch eine höhere Fahrbeanspruchung möglich; ggf. ist das Langzeitkriechverhalten des Dämmstoffes nachzuweisen.

Die Norm und die Fachregel unterscheiden sich auch in dieser Forderung. Die Norm weist in diesem Zusammenhang zusätzlich auf die möglicherweise erforderlichen Dampfsperren hin, während die Fachregel die Druckfestigkeit der Dämmstoffe angibt, was in der Norm nicht beschrieben ist.

Beide beschreiben die erforderliche Materialverträglichkeit, wie sie bereits bei den nicht genutzten Dachflächen gefordert und erläutert ist.

Gefälle
Entwässerung

3.2.1 Gefälle und Entwässerung

(1) Grundsätzlich ist durch bautechnische Maßnahmen dafür zu sorgen, dass das auf die Abdichtung einwirkende Wasser dauerhaft wirksam so abgeführt wird, dass es keinen bzw. nur einen geringfügigen hydrostatischen Druck ausüben kann. Bei planmäßiger Anstaubewässerung darf der Wasserstand maximal 100 mm betragen.

(Siehe hierzu auch DIN 18195-5, 6.5.)

Bautechnische Maßnahmen können eine Gefällegebung wie auch eine erhöhte Anzahl von Abläufen oder Ablaufrinnen sein. Ein hydrostatischer Druck entsteht bei einer Anstauhöhe von > 100 mm.

(2) Sollten sich geringfügige, aber länger einwirkende Mengen stehenden Wassers (z. B. Pfützen) schädigend auf Schutz- und Belagschichten auswirken (z. B. bei Plattenbelägen im Mörtelbett), ist durch eine planmäßige Gefällegebung oder andere Maßnahmen für eine vollständige Wasserableitung zu sorgen.

(Siehe auch DIN 18195-5, 6.5.)

Verfärbung

Sehr häufig werden bei Plattenbelägen Verfärbungen als Mangel gerügt. Vorwiegend ist das bei Natursteinbelägen der Fall, da diese Beläge wesentlich empfindlicher auf von unten anstehende Feuchtigkeit reagieren als z. B. Betonwerkstoffplatten. Wer aber hat diesen Mangel zu verantworten? Der Dachdecker weiß, dass eine Pfützenbildung auf seiner Abdichtung bis zu einer Dachneigung von 5 % (ca. 3°) nicht gänzlich zu verhindern ist. Aber es reichen bei den Natursteinbelägen oftmals schon geringe Wassermengen aus, um eine Verfärbung hervorzurufen. Die Frage ist, ob die Verfärbung schon ein Schaden ist. Juristisch betrachtet kann ein Mangel auch dann vorliegen, wenn kein Schaden erkennbar oder tatsächlich vorhanden ist. Der Schaden würde hier u. U. dann vorliegen, wenn das Mörtelbett durch Frosteinwirkung zerstört ist. Er ist aber auch dann vorhanden, wenn sich die Verfärbung z. B. durch Ausblühungen, die sich nicht mehr entfernen ließen (z. B. unter einer Oberflächenversiegelung), als dauerhaft herausstellt.

Wasserableitung

Auf die Frage, welche Maßnahmen zu einer vollständigen Wasserableitung führen können, gibt es keine Standardaussage als Antwort. Grundsätzlich ist es aber unabdingbar, dass alle Verantwortlichen vor der Bauausführung darüber informiert werden, welche Art Belag geplant ist. Es ist die Aufgabe des ausführenden Dachdeckers, die geplanten oder schon vorhandenen Unterkonstruktionen kritisch zu betrachten und entweder rechtswirksam Bedenken anzumelden oder die Freigabe zu erteilen. Ein externer Planer ignoriert oftmals derartige Bedenken, was sehr häufig dazu führt, dass ein Rechtsstreit zwischen dem Bauherrn und den Ausführenden der Dachdecker- und/oder Natursteinarbeiten entsteht. Deshalb ist die Anmeldung von Bedenken nicht ausschließlich an den externen Planer zu richten, sondern immer dem Bauherrn direkt zugänglich zu machen. Ist kein externer Planer involviert, so muss der Dachdecker sich mit dem Ausführenden der Natursteinarbeiten in Verbindung setzen und erfragen, welche Voraussetzungen dieser braucht, um ein fachgerechtes Gewerk zu erstellen. Eine enge Kooperation ist bei hochwertigen Ausführungen unumgänglich.

Technische Maßnahmen zur Verminderung oder Vermeidung von Pfützenbildungen können z. B. sein:

- Verlegerichtung der Bitumenbahnen ändern, damit anfallendes Wasser nicht über eine Nahtverbindung hinweggeführt werden muss,
- Erhöhung des Gefälles, was nur dann sinnvoll ist, wenn es sich um recht schmale Terrassen handelt.

Ist das Gefälle bereits mit 5 % geplant und ausgeführt, dann bedeutet das immerhin einen Höhenunterschied von 5 cm/m. Der Belag selber sollte mit einer eigenen Neigung von ca. 2 % bis ca. 3 % (je nach Rauigkeit der Belagoberfläche) ausgeführt werden. Die Differenz muss mit der Unterkonstruktion des Belags ausgeglichen werden, was bei breiten Flächen zu einem hohen Aufbau der Unterkonstruktion führt.

- eine Ausführung nach Absatz 3 der Fachregel

(3) Wird der Wasserabfluss durch Belagschichten so weit verzögert, dass daraus Schäden zu erwarten sind, sind Dränschichten auf der Abdichtung erforderlich.

(Siehe auch DIN 18195-5, 6.5.)

Dränschicht

Die Anordnung von Dränschichten hat sich gut bewährt. Die Schichten dienen zusätzlich als Schutzschicht der Abdichtung und können auch als Gleitschicht angenommen werden. Eine Gleitschicht ist dann erforderlich, wenn bei hohen thermischen Unterschieden der Belag und dessen Unterkonstruktion erheblichen Längenänderungen unterliegt und diese Kräfte auf die Abdichtung abgeleitet werden könnten. Welche Funktionen eine Dränschicht übernehmen kann, ist bei dem jeweiligen Hersteller zu erfragen.

(4) Abläufe zur Entwässerung von Belagoberflächen, die die Abdichtung durchdringen, müssen sowohl die Nutzfläche als auch die Abdichtungsebene dauerhaft entwässern. Sie müssen für Wartungsarbeiten leicht zugänglich sein.

(Siehe auch Absatz 7 im Abschnitt „4.8.1 Dachabläufe/Notab- und Notüberläufe“ sowie DIN 18195-5, 6.7.)

Der Abschnitt „3.2.2 Maßnahmen gegen Wasserunterläufigkeit“ beschreibt die Maßnahmen, die bereits im Abschnitt 2.3.2 ausführlich behandelt wurden (siehe Seite 64 ff.).

3.7.3 Werkstoffe

3.3.1 Stoffe für den Dachaufbau

Bei den genutzten Dachflächen können die gleichen Haftbrücken, Trenn- und Ausgleichsschichten, Dampfsperren und Wärmedämmstoffe, wie sie in Abschnitt „2.4 Werkstoffe und Anforderungen“ aufgeführt sind, verwendet werden. Für den Bereich der Dämmstoffe muss nochmals auf die Tabelle 10 der Fachregel für Abdichtungen verwiesen werden.

3.3.2 Produkte für Abdichtungen genutzter Dächer und Flächen

(1) Für die Anwendung von bahnenförmigen Abdichtungsstoffen ist in DIN V 20000-202 der Anwendungstyp BA (Bahnen für die Bauwerksabdichtung gegen Bodenfeuchte, nicht drückendes und drückendes Wasser) festgelegt.

Abdichtungsstoff

Bislang wurden bei der Verwendung von bahnenförmigen Abdichtungsstoffen keine Unterscheidung zwischen denen gemacht, die für nicht genutzte Dachflächen verwendet werden konnten, und denen, die für genutzte Dächer und Flächen vorgesehen waren (Ausnahmen: Bahnen, die unterhalb von Asphalt angeordnet werden). Nunmehr werden die Bahnen für nicht genutzte Dächer und Flächen in der DIN V 20000-201 geregelt und die für genutzte Dächer und Flächen in der DIN V 20000-202. Diese Bahnen tragen in der Kennzeichnung die Buchstaben „BA".

Eine Bahn für eine Bauwerksabdichtung wird z. B. wie folgt gekennzeichnet:

BA PYE PV 200 S5

Bitumenbahn aus Polymerbitumen (PYE) mit einer Polyestervlieseinlage 200 g/m², Schweißbahn, 5 mm dick, als Lage einer Bauwerksabdichtung.

(2) Für genutzte Dach- und Deckenflächen können Abdichtungen aus Bitumen- und Polymerbitumenbahnen, Kunststoff- und Elastomerbahnen oder Flüssigabdichtungen verwendet werden. Die Produkte müssen den Produktdatenblättern im Regelwerk des Dachdeckerhandwerks entsprechen.

Die Tabelle 6 im Produktdatenblatt für Bitumenbahnen listet die geeigneten Bahnen für Bauwerksabdichtungen auf.

Hinweis

In der Tabelle 6, Zeilen 1 und 2, werden Bahnen mit der Bezeichnung „MSB" und „MSB/BA" aufgeführt. MSB-Bahnen sind ausschließlich als Sperrbahnen unterhalb von Mauerwerken zu verwenden. Bahnen, die die Kennzeichnung „BA" tragen, sind dafür nicht geeignet, Ausnahme ist eine doppelte Kennzeichnung. Bitumen-Schweißbahnen sind z. B. deshalb nicht geeignet, weil die dicken Bitumenschichten auf der Trägereinlage durch den Druck von oben so weit zusammengepresst würden, dass die Trägereinlage als Gleitschicht fungieren würde; das Mauerwerk kann seitlich abrutschen.

Bitumenbahn
Polymerbitumenbahn

(3) Bitumen- und Polymerbitumenbahnen können als Dachdichtungs-, Schweiß- oder Kaltselbstklebebahnen verwendet werden.

Geeignet sind:

- *Bitumenbahnen mit Trägereinlagen aus*
  - *Glasgewebe,*
  - *Kombinationseinlage mit überwiegend Glasanteil,*
  - *Kombinationseinlage mit überwiegend Polyesteranteil,*
  - *Polyestervlies,*
  - *Kupferbandeinlage,*
  - *Polyester-Kupferfolienverbund,*

und Deckschichten aus

- *Oxidationsbitumen,*
- *Polymerbitumen, modifiziert mit thermoplastischen Elastomeren PYE.*

Bei Abdichtungssystemen, die mit Bitumen- oder Polymerbitumen und Trägereinlagen vor Ort hergestellt werden, dürfen nur solche Produkte verwendet werden, die der Bauregelliste entsprechen. Der Eignungsnachweis muss einer Europäischen Technischen Zulassung entsprechen.

Anders als bei den nicht genutzten Dächern und Flächen ist der Einsatz einer Glasvlieseinlage nicht zugelassen. Dafür sind bei Bauwerksabdichtungen Bahnen mit einer Kupferbandeinlage oder einem Polyester-Kupferfolienverbund als obere Lage bei intensiven Dachbegrünungen möglich.

Polymerbitumen mit plastomeren Eigenschaften (PYP) sind bei Bauwerksabdichtungen nicht vorgesehen.

Abdichtungen mit Bitumen- oder Polymerbitumen und Trägereinlagen, die vor Ort hergestellt werden (kunststoffmodifizierte Bitumendickbeschichtungen KMB), sind nur für Abdichtungen mit mäßigen Beanspruchungen einsetzbar.

Asphaltmastix

Asphaltmastix, dessen Verwendung in der DIN 18195-5 auch bei hoher Beanspruchung vorgesehen ist, besteht aus einer Mischung aus Bitumen, dem eine Gesteinskörnung von kleiner Größe (maximal 2 mm Korngröße) beigemischt ist. Eine Trägereinlage ist nicht vorhanden. Insofern ist diese Art der Ausführung gemäß der Fachregel für Abdichtungen nicht vorgesehen. Wird Asphaltmastix in Verbindung mit Gussasphalt als Abdichtung geplant, sollte der nachweisliche Hinweis erbracht werden, dass ein solcher Aufbau zwar der DIN 18195-5 entspricht, nicht aber der Fachregel für Abdichtungen.

(4) Kunststoff- und Elastomerbahnen können als homogene Bahnen mit oder ohne Selbstklebeschicht, Bahnen mit Einlagen mit oder ohne Selbstklebeschicht, Bahnen mit Verstärkung mit oder ohne Selbstklebeschicht bzw. Polymerbitumenbeschichtung oder Bahnen mit Kaschierung mit oder ohne Selbstklebeschicht verwendet werden.

Dabei entspricht die Qualität der Bahnen im Grundsatz dem Absatz 4 im Abschnitt „2.4.5 Produkte für Abdichtungen nicht genutzter Dächer“. Nicht zugelassen sind allerdings Bahnen aus chlorierten Polyethylenen (PE-C) sowie Elastomerbahnen aus Isobutylen-Isopren-Kautschuk (Butylkautschuk IIR).

Flüssigabdichtung

Der Absatz 5 beschreibt die Flüssigabdichtungen, die auch nach Abschnitt 2.4.5 Absatz 5 zugelassen sind. Die Absätze 6 und 7 finden ebenso Anwendung.

Hinweis

Es gibt Hersteller von Einzelkomponenten für Flüssigkunststoffabdichtungen, die unter bestimmten Bedingungen das vollflächige Auftragen von Flüssigabdichtungen direkt auf OSB-Platten erlauben. Bedingung ist es, dass die Platten in den Naht- und Stoßbereichen verleimt sind.

Diese Art der Ausführung ist speziell für Abdichtungen von Dachterrassen oder Balkonen, bei denen eine spezielle Oberflächenbehandlung der Flüssigabdichtung erfolgt ist, als Möglichkeit angegeben. Abgesehen davon, dass Dachterrassen nunmehr eindeutig in den Bereich der DIN 18195 fallen, die wiederum Flüssigabdichtungen aus Kunststoffen gar nicht kennt, entspricht eine solche Ausführung nur bedingt den anerkannten Regeln der Technik und muss explizit vereinbart werden. Hintergrund ist, dass bislang in keiner Regel die Abdichtung gleichzeitig als nutzbarer Belag vorgesehen ist. Auch wenn bei derartigen Ausführungen oberhalb der Abdichtung ein zusätzliches Finish im Verbund mit der Abdichtung angeordnet ist, wird

Abb. 22: Dachterrasse mit Flüssigkuststoff. Grau ist die Abdichtung, Beige das Finish.

streitig bleiben, ob dieses Finish als selbstständiger nutzbarer Belag oder als Teil der Abdichtung zu bewerten ist. Die Fachregel sieht in ihren Ausführungen nur Beläge oder einen Oberflächenschutz für genutzte Dächer oder Flächen vor, die vollkommen separat, durch Trennlagen, Schutz- oder Gleitschichten von der Abdichtung getrennt bewertet werden können (Abb. 22).

Auch die DIN 18195-5 schafft hier keine endgültige Klarheit. In Abschnitt 8.1.8 wird beschrieben, dass die Abdichtung vor Beschädigungen zu schützen ist. Zwischen der Abdichtung und dem Belag ist eine Schutzschicht nach DIN 18195-10 anzuordnen, es sei denn, die Nutzschicht selbst übernimmt diese Funktion. Der Abschnitt 8.1.8 ist ein Unterpunkt des Abschnitts „8.1 Allgemeines", der wiederum vor den Abschnitten „8.2 Abdichtungen für mäßige Beanspruchungen" und „8.3 Abdichtungen für hohe Beanspruchungen" steht und damit für beide Abdichtungsarten Gültigkeit hat.

Die Fachregel für Abdichtungen widerspricht dem Abschnitt 8.1.8 der DIN 18195-5 sehr eindeutig. Sie betont in Absatz 5 im Abschnitt „3.4 Ausführung der Abdichtung": „Abdichtungen nach dieser Fachregel dürfen nicht gleichzeitig als Nutzschicht verwendet werden."

Die Ausführung einer Flüssigkunststoff-Abdichtung mit einer speziellen Oberflächenbehandlung sollte deshalb nicht nur unbedingt mit dem Bauherrn nachweislich vereinbart werden. Zusätzlich sollte für das jeweilige Bauvorhaben die schriftliche Freigabe des Herstellers der Einzelkomponenten eingeholt werden. Ratsam ist es weiterhin, eine Abnahme vom Hersteller durchführen zu lassen und die den Verlegeanleitungen entsprechende Ausführung schriftlich bestätigen zu lassen.

Schutzlage
Schutzschicht

3.3.3 Schutzlagen/Schutzschichten

Grundsätzlich sind hier dieselben Schutzlagen geeignet wie in den Abschnitten „2.4.6.1 Schutzlagen gegen mechanische Einwirkungen" und „2.4.6.2 Schutzlagen gegen Durchwurzelung" beschrieben (siehe Seite 91).

Der Vollständigkeit halber sei erwähnt, dass Platten aus Polystyrol-Extruderschaum (XPS) im Abschnitt 3.3.3 (3) als Schutzschicht eingestuft werden. Hier werden weiterhin noch Schutzestriche und Betonplatten aufgelistet.

3.7.4 Ausführung der Abdichtung

Wie bei den nicht genutzten Dächern kann die Abdichtung gemäß Absatz 1 des Abschnitts „3.4 Ausführung der Abdichtung“ je nach Untergrund und Stoffart vollflächig oder punktweise verklebt oder lose verlegt werden.

(2) Für die Ausführung der Abdichtung an aufgehenden Bauteilen, Balkon- oder Terrassentüren, Durchdringungen, Dachrandabschlüssen, Bewegungsfugen und Dachentwässerungen ist Kapitel 4 zu beachten.

(3) Für die Bemessung der Maßnahmen zur Aufnahme von Windsoglasten ist Abschnitt 2.6.3 und Anhang I zu beachten.

(4) Beim Abschluss der Abdichtung von Decken überschütteter Bauwerke ist die Abdichtung mindestens 200 mm unter die Arbeitsfuge zwischen Decke und Wänden herunterzuziehen und mit einer ggf. vorhandenen Wandabdichtung zu verbinden.

(Siehe auch DIN 18195-5, 8.1.5.)

Arbeitsfuge

Die Arbeitsfuge entsteht beim Betonieren des Bauwerks. Die Wände werden üblicherweise zuerst betoniert und härten aus, um die Belastung durch die Decke aufnehmen zu können. Da in oberen Bereichen normalerweise nicht mit Fugenblechen oder vergleichbaren Dichtbändern gearbeitet wird, wie es z. B. bei sog. weißen Wannen im Übergang Kellersohle/Kellerwände üblich ist, entsteht hier fast zwangsläufig ein Schwachpunkt, durch den Feuchtigkeit eindringen kann. Um diese Fuge oder Schwachstelle sicher zu überbrücken und abzudichten, muss die Abdichtung mindestens 20 cm tiefer als die Fuge nach unten geführt werden. Bei mehrlagigen Abdichtungen empfiehlt es sich, die erste Lage mindestens 20 cm herunterzuführen, die nachfolgende Lage mindestens 10 cm tiefer. Das gilt auch dann, wenn eine einlagige Wandabdichtung vorhanden ist.

(5) Die Abdichtung ist vor Beschädigung zu schützen. Auf der Abdichtung ist eine Schutzlage oder Schutzschicht nach Abschnitt 3.3.3 anzuordnen, es sei denn, die Nutzschicht selbst übernimmt diese Funktion. Schutzlagen und Schutzschichten sind möglichst unverzüglich nach Fertigstellung der Abdichtung herzustellen. Andernfalls sind Schutzmaßnahmen (siehe Abschnitt 1.2.34) gegen Beschädigungen zu treffen. Abdichtungen nach dieser Fachregel dürfen nicht gleichzeitig als Nutzschicht verwendet werden.

(Siehe auch DIN 18195-5, 8.1.7.)

Hinweis

Schutzmaßnahmen sind nicht in Abschnitt 1.2.34 beschrieben. Der korrekte Verweis muss auf den Abschnitt 1.2.31 lauten.

Diese Forderung entspricht auch in wesentlichen Teilen der VOB-B.

Der Dachhandwerker muss dafür Sorge tragen, dass die Abdichtung nicht beschädigt wird. Über die möglichen Kosten, die durch die notwendigen Schutzmaßnahmen insbesondere dann entstehen, wenn es sich um vorübergehende Maßnahmen handelt, muss er vor der Ausführung mit dem Planer, besser mit dem Bauherrn, eine Einigung erzielt haben.

Ist eine dauerhafte und damit verbleibende Schutzmaßnahme vorgesehen, so kann empfohlen werden, die Leistung der eigentlichen Abdichtung vor der

Anordnung der Schutzmaßnahmen durch den Bauherrn bzw. dessen Bevollmächtigten abnehmen und schriftlich die Abnahme bestätigen zu lassen. Die Schutzmaßnahmen können und sollten ebenfalls abgenommen werden. Das ist regelmäßig dann sinnvoll, wenn die Maßnahmen ihrerseits länger ohne den endgültigen Belag auf der zu schützenden Fläche verbleiben sollen oder müssen.

(6) An allen An- und Abschlüssen und Durchdringungen ist die Abdichtung gegen mechanische Beschädigung z. B. mit Abdeck- oder Schutzblechen zu schützen.

(Siehe auch Absatz 11 im Abschnitt „1.4 Gestaltungs- und Planungshinweise" Seite 35 ff.)

Bitumenbahn Polymerbitumenbahn

3.4.1 Abdichtung mit Bitumen- oder Polymerbitumenbahnen

(1) Für mäßig beanspruchte Abdichtungen, z. B. auf Balkonen, ist die Abdichtung aus mindestens einer Lage Polymerbitumenbahnen mit Gewebe-, Polyestervlies- oder Kombinationseinlage herzustellen. Bei mehrlagigen Abdichtungen ist die Oberlage aus Polymerbitumenbahnen mit Gewebe-, Polyestervlies- oder Kombinationseinlage herzustellen.

Diese Forderung ist der DIN 18195-5, 8.2.1 entnommen. Da die Einlagigkeit der Abdichtung für mäßig beanspruchte Flächen in der Fachregel für Abdichtungen eigenständig aufgenommen ist, können nunmehr Abdichtungen von mäßig beanspruchten Flächen auch ohne explizite Vereinbarung der Norm einlagig vorgenommen werden. Die Vorgängerfassung der Fachregel kannte bis dahin bei Abdichtungen mit Bitumenbahnen eine mindestens zweilagige Abdichtung.

Allerdings fordert die Fachregel wie die DIN bestimmte Anforderungen an die Bitumenbahnen. Es dürfen ausschließlich Bahnen der Tabelle 6, Zeilen 8 bis 11, des Produktdatenblatts für Bitumenbahnen verwendet werden. Demnach ist die Mindestanforderung eine PYE G 200 DD bzw. PYE G 200 S4.

Hinweis

Bei Bahnen mit einer Glasgewebeeinlage, die als obere Lagen bei Dachabdichtungen eingesetzt wurden, sind häufiger Blasenbildungen zwischen dem Glasgewebe und dem Deckbitumen beobachtet worden. Ursache war eine kapillare Wirkung des Schussfadens der Einlage. Bei z. B. mechanisch geschmälerten Bahnen war der Schussfaden im Randbereich der Bahn nicht mehr durch das Bitumen geschützt. Niederschlagswasser konnte durch die kapillare Wirkung an den feinen Hohlräumen der einzelnen Kardele des Schussfadens entlangziehen [als Kardel wird der Einzelfaden eines geschlagenen (umeinandergedrehten) Tauwerks bezeichnet; aus mehreren Kardelen wird dann ein dickerer Faden geschlagen]. Bei Erwärmung wurde aus dem Wasser in tropfbarer Form Wasser in Gasform, welches sich ausdehnte und das Gewebe vom Deckbitumen trennte. Insofern sollte bei einlagigen wie auch bei mehrlagigen Abdichtungen eine Polymerbitumenbahn mit Polyestervlies oder eine Kombinationseinlage als Lage oder als obere Lage der Dachabdichtung verwendet werden.

Zweilagige Abdichtung

(2) Für hoch beanspruchte Abdichtungen, z. B. auf Dachterrassen, Loggien und intensiv begrünten Flächen ist die Abdichtung aus mindestens zwei Lagen

Bahnen mit Gewebe-, Polyestervlies- oder Kombinationseinlage herzustellen. Bei intensiv begrünten Flächen können in der oberen Lage auch Bahnen mit Metallbandeinlage bzw. Polyester-Kupferfolienverbund eingesetzt werden. Die obere Lage ist aus einer Polymerbitumenbahn herzustellen. Beträgt das Gefälle der Abdichtungsunterlage unter 2 %, sind mindestens zwei Lagen Polymerbitumenbahnen zu verwenden.

Diese Forderung ist zunächst vollkommen verwirrend. Der Blick in die DIN 18195-5, Abschnitte 5.1 und 8.3.2 sorgt für noch mehr Verwirrung. Dort steht im Abschnitt 5.1, dass „bei intensiv begrünten Flächen die Abdichtung durchwurzelungssicher sein muss, es sei denn, dass zwischen Abdichtung und Bepflanzung eine gesonderte, gegen Durchwurzelung dauerhaft schützende Schicht angeordnet wird", und im Abschnitt 8.3.2 „für Abdichtungen auf genutzten Dachflächen (z. B. begehbare oder bepflanzbare Flächen) ist die obere Lage aus einer Polymerbitumenbahn herzustellen".

Zunächst muss festgestellt werden, dass die Abdichtung aus mindestens zwei Lagen **herzustellen ist**, was eine unbedingte Forderung ist. Dann wird erläutert, dass bei intensiv begrünten Flächen die obere Lage auch eine mit einer Metallbandeinlage sein **kann**. Dies ist vollkommen unverbindlich. Als Nächstes wird in der Fachregel festgestellt, dass die obere Lage aus einer Polymerbitumenbahn **herzustellen ist**, was wiederum eine unbedingte Forderung ist.

Sowohl die Norm als auch die Fachregel fordern bei Dachneigungen < 2 % sogar, dass mindestens zwei Lagen Polymerbitumenbahnen **zu verwenden sind**.

Die Norm kennt in ihrem Teil 2 (Stoffnorm) insbesondere in der Tabelle 4, Zeilen 4 bis 10, keine Polymerbitumenbahnen mit einer Kupferbandeinlage. Eine solche Bahn ist aber in der Tabelle 5, Zeile 11, im „Produktdatenblatt für Bitumenbahnen" aufgeführt. Die Tabelle 5 listet Bahnen für Dachabdichtungen auf. Die entsprechende Bahn hat den Anwendungstyp DO (Dachabdichtung Oberlage). Maßgeblich für die Ausführung nach Norm und Fachregel ist aber die Tabelle 6 des Produktdatenblatts mit den Bitumen- und Polymerbitumenbahnen für Bauwerksabdichtungen. Die Zeilen 4 und 5 weisen Bahnen mit Metallbandeinlage aus (Anwendungstyp BA). Allerdings sind das keine Polymerbitumenbahnen, sondern lediglich Bahnen mit einem Oxidationsbitumen.

Fazit: Soll der Durchwurzelungsschutz bei intensiv begrünten Dächern oder Flächen durch eine Bitumenbahn mit einer Metallbandeinlage (FLL-Zulassung erforderlich) hergestellt werden, kann diese Bahn zwar als obere Lage aufgebracht, aber nicht als Lage der Abdichtung betrachtet werden. Die Funktionen Abdichtung und Durchwurzelungsschutz werden von getrennten Schichten des Gesamtpakets übernommen.

Der Absatz 3 beschreibt die evtl. Notwendigkeit, einen Voranstrich anzuordnen.

Zusätzlich fordert die Norm, dass bei oberen Lagen aus Bitumen-Dichtungs- und Dachdichtungsbahnen (z. B. Dichtungsbahnen Cu 0,1 D, G 200 DD, PV 200 DD) ein Bitumendeckanstrich erforderlich ist.

Im Absatz 4 werden wie im Abschnitt „2.5.6.2.1 Verklebung" die Klebeverfahren aufgeführt und die erforderlichen Überdeckungen und Nahtverbindungen nach Abschnitt „2.5.6.2.2 Überdeckung und Nahtverbindung" angegeben.

3.4.2 Abdichtung mit Kunststoff- und Elastomerbahnen

PIB
ECB

3.4.2.1 Abdichtung mit Kunststoffbahnen aus PIB oder ECB

(1) Die Abdichtung ist aus einer Lage Kunststoffbahnen mit Mindestdicke nach Tabelle 11 herzustellen. Die Abdichtung kann in verklebter Verlegung auf einer unteren Lage aus einer Bitumenbahn oder einer entsprechenden Kaschierung einer Wärmedämmung mit Klebemasse im Bürstenstreich- oder im Flämmverfahren aufgebracht werden. Beim Flämmverfahren wird die Bahn auf eine erhitzte Bitumendeckschicht aufgebracht.

Bei loser Verlegung ist die Abdichtung zwischen zwei Schutzlagen einzubauen.

Flämmverfahren

PIB und ECB sind bitumenverträglich und können deshalb auch in Bitumenklebemasse verlegt werden. Eine Verlegung im Gießverfahren ist nicht vorgesehen, weil die Klebemasse durch die Hitze die Kunststoffbahnen zu stark angreifen würde. Beim Bürstenstreichverfahren kühlt die Masse etwas ab, bevor die Bahnen eingerollt werden. Beim Flämmverfahren wird zunächst ein Deckanstrich aus Bitumen auf dem Untergrund aufgebracht. Mit einer offenen Gasflamme wird ausschließlich das Bitumen erhitzt und die Bahn eingerollt.

Die Schutzlage ober- und unterhalb der Bahn ist bei loser Verlegung erforderlich, weil nicht ausgeschlossen werden kann, dass die Bahnen durch den hohen Druck bei Unebenheiten im Untergrund Schaden nehmen.

Tabelle 11: Bemessung von Abdichtungen aus Kunststoffbahnen

Stoff	**mäßige Beanspruchung**	**hohe Beanspruchung**
	Mindestdicke in mm[1)]	
ECB Ethylencopolymerisat-Bitumen	2,0	2,0
EVA Ethylen-Vinylacetat-Terpolymer	1,2	1,5
FPO Flexibles Polyolefin	1,2	1,5
PIB Polyisobutylen	1,5	1,5
PVC-P Polyvinylchlorid, weich, nicht bitumenverträglich homogen	1,5	1,5
PVC-P Polyvinylchlorid, weich, nicht bitumenverträglich mit Einlage, Verstärkung oder Kaschierung	1,2	1,5
PVC-P Polyvinylchlorid, weich, bitumenverträglich	1,2	1,5

1) Dickenangabe ohne Kaschierung und Selbstklebeschicht

EVA
FPO
PVC-P

3.4.2.2 Abdichtung mit Kunststoffbahnen aus EVA, FPO und PVC-P

(1) Die Abdichtung ist aus einer Lage Kunststoffbahnen mit Mindestdicke nach Tabelle 11 herzustellen, die lose zu verlegen, selbstklebend oder mit einem geeigneten Klebstoff aufzubringen ist. Bei bitumenverträglichen Kunststoffbahnen kann die Bahn auch in Bitumenklebemasse im Bürstenstreich- oder im Flämmverfahren aufgeklebt werden.

(2) Auf der Abdichtung ist eine Schutzlage aus geeigneten Bahnen nach Abschnitt 3.3.3 vorzusehen.

Schutzlage

DIN und Fachregel unterscheiden sich in diesem Punkt. Die Norm fordert in Abschnitt 8.3.4, dass bei einer losen Verlegung die Abdichtung zwischen zwei Schutzlagen aus geeigneten Stoffen erfolgen muss. Die Fachregel fordert eine Schutzlage als unbedingte Forderung nur oberhalb der Abdichtung. Zwar wird in Absatz 5 im Abschnitt „2.5.6.3 Dachabdichtungen aus Kunststoff- und Elastomerbahnen" ausgeführt: „Unter der Dachabdichtung ist eine Trenn- oder Ausgleichschicht zu verlegen, wenn die Unterlage dies erfordert." Wenn der Untergrund aus technischer Sicht eine Schutzlage nicht erfordert, dann muss sie nach DIN eingebaut werden, nach Fachregel aber nicht?

Tipp

Dem Dachdecker kann nur empfohlen werden, sich der weiter gehenden Forderung, in diesem Fall der der Norm, anzuschließen. Will er das aus wirtschaftlichen Gründen vermeiden, so sollte er den Bauherrn oder den Planer nachweislich auf die unterschiedliche Forderung hinweisen und sich schriftlich bestätigen lassen, dass der Einbau einer Schutzlage unterhalb der Dachabdichtung nicht erforderlich ist.

(3) Die Bahnen sind an Nähten mindestens 40 mm zu überlappen. Die Mindestfügebreite ist nach Tabelle 12 zu bemessen.

Die erforderlichen Mindestfügebreiten entsprechen denen der Tabelle 6 der Fachregel für Abdichtungen.

Elastomerbahn

3.4.2.3 Abdichtung mit Elastomerbahnen

(1) Die Abdichtung ist aus einer Lage Elastomerbahnen mit Mindestdicke nach Tabelle 13 herzustellen, die lose zu verlegen, selbstklebend oder mit Bitumenklebemasse oder einem geeigneten Kaltklebstoff aufzubringen sind.

(2) Auf der Abdichtung ist eine Schutzlage aus Bahnen nach Abschnitt 3.3.3 vorzusehen.

(Siehe auch Anmerkung zu Absatz 2 im Abschnitt 3.4.2.2.)

(3) Die Bahnen sind an Nähten mindestens 40 mm zu überlappen. Die Mindestfügebreite ist nach Tabelle 14 zu bemessen.

Tabelle 13: Bemessung von Abdichtungen aus Elastomerbahnen

Stoff	mäßige Beanspruchung	hohe Beanspruchung
	Mindestdicke in mm[1]	
EPDM Ethylen-Propylen-Dien-Terpolymer mit Verstärkung	1,3	1,6
EPDM Ethylen-Propylen-Dien-Terpolymer homogen	1,1	1,3

1) Dickenangabe ohne Kaschierung und Selbstklebeschicht

Tabelle 14: Breite der Schweißnähte

Fügeverfahren	Stoff	Mindestfügebreite in mm
Warmgas- oder Heizkeilschweißen	EPDM[1]	30
Dichtrand/Abdeckband	EPDM	40
Kontaktklebstoffe	EPDM	50
Heißvulkanisation (Hot Bonding)	EPDM	20

1) Mit thermoplastischen Eigenschaften oder mit vorkonfektioniertem thermoplastischen Dichtrand

Flüssigkunststoff
Flüssigabdichtung

3.4.3 Abdichtung mit Flüssigkunststoffen

(1) Flüssigabdichtungen sollen vollflächig haftend aufgebracht werden.

(2) Die Vorbehandlung und Bewertung des Untergrunds ist erforderlich und muss nach Abschnitt 2.5.6.4 erfolgen.

(3) Flüssigabdichtungen müssen mindestens zweischichtig mit Einlage ausgeführt werden. Das Auftragen und die Verwendung der Einlage muss nach Abschnitt 2.5.6.4 erfolgen.

(4) Die Dicke der fertigen Flüssigabdichtung muss, soweit in der Zulassung keine höheren Anforderungen gestellt werden, den Angaben der Tabelle 15 entsprechen.

Die Dickenangaben haben sich im Vergleich zur Tabelle 7 verändert. Wurde dort in der Anwendungskategorie K1 bei den Flüssigkunststoffen UP und PUR 1K und 2K noch eine Dicke von 1,8 mm gefordert, so müssen sie bei den genutzten Dachflächen mindestens 2 mm betragen.

Bei den PMMA-Kunststoffen, die in der Tabelle 7 in der Anwendungskategorie K2 mit einer Dicke von 2,1 mm vorgesehen sind, muss die Dicke nach Tabelle 15 nur noch 2 mm betragen. Allerdings haben sich die Leistungsstufen bei PMMA denen der Anwendungskategorie K1 angepasst (Klimazone M, tiefste Oberflächentemperatur TL3 und höchste Oberflächentemperatur TH3).

Tabelle 15: Bemessung von flüssig aufzubringenden Abdichtungen

Stoffe	mäßige und hohe Beanspruchung	
	Mindestschichtdicke²⁾ in mm	Leistungsstufen
Flexible ungesättigte Polyesterharze (UP) Flexible Polyurethanharze (PUR) 1K, 2K Flexible reaktive Polymethylmethacrylate (PMMA)	2,0	Klimazone M Erwartete Nutzungsdauer W3 Nutzlast P 4 Dachneigung[1] S1, S2, S3, S4 Tiefste Oberflächentemperatur TL3 Höchste Oberflächentemperatur TH3

1) Unabhängig von der tatsächlichen Neigung sind alle Neigungsstufen S1 bis S4 nachzuweisen.
2) Wenn die in der ETA angegebene Mindestschichtdicke höher ist, gilt der höhere Wert.

3.8 Details

3.8.1 Allgemeines

Dachdetail

4.1 Allgemeines

(1) Dachdetails sollten so ausgebildet und gestaltet sein, dass diese zur Überprüfung und Wartung stets zugänglich sind.

(Siehe auch Absatz 11 im Abschnitt „1.4 Gestaltungs- und Planungshinweise" sowie DIN 18195-9, 5.1.)

(2) An- und Abschlüsse von Dachabdichtungen müssen bis zu ihrem oberen Ende wasserdicht sein, bei nicht genutzten Dachabdichtungen der Beanspruchungsklasse IA sowie den zu erwartenden sonstigen Beanspruchungen aus Abschnitt 2.1.5 entsprechen.

(Siehe auch DIN 18195-9, 4.1.)

Inhaltlich hat sich an dieser Forderung im Vergleich zur Vorgängerfassung nichts geändert. Redaktionell wurde aus den „zu erwartenden mechanischen und thermischen Beanspruchungen" die eingefügte Beanspruchungsklasse IA.

Dieser Abschnitt gilt aber nur für nicht genutzte Dachabdichtungen. Genutzte Dächer und Flächen werden auch bei den Anschlussdetails gemäß DIN 18195-9 ausgeführt.

Die Anforderungen aus der Norm weichen nicht grundsätzlich von denen der Fachregel ab. Da in der Fachregel für Abdichtungen im Abschnitt „4 Details" nicht weiter auf die Anforderungen der DIN eingegangen wird, werden bei erheblichen Abweichungen Fachregel/Norm die Anforderungen aus der Norm ergänzt.

Der Abschnitt „2.1.5 Sonstige Beanspruchung" beschreibt die Beanspruchung aus Ozon und UV-Strahlung sowie chemische und biologische Beanspruchungen.

(3) Es wird unterschieden zwischen Anschlüssen an Bauteilen, die mit der Unterlage fest verbunden sind (starrer Anschluss), und Anschlüssen an Bauteilen, die gegenüber der Unterlage Bewegungen verschiedener Art unterworfen sind (beweglicher Anschluss).

Starrer Anschluss

Starre Anschlüsse können sowohl bei nicht genutzten Dachabdichtungen als auch bei genutzten Dachabdichtungen immer dort ausgeführt werden, wo Bewegungen zwischen dem anzuschließenden Bauteil und dem Untergrund der Dachabdichtung nicht zu erwarten sind. Im Normalfall sind das z. B. Anschlüsse von Dachabdichtungen, die auf einer Unterkonstruktion aus Beton angeordnet sind und bei denen aufgehende Bauteile auf derselben Unterkonstruktion weitergeführt werden.

Beweglicher Anschluss

Bewegliche Anschlüsse sind immer dort zu erwarten, wo verschiedene Bauteile aneinandergrenzen und durch einen Anschluss verbunden werden müssen.

Als Beispiel kann hier der Anschluss einer Dachabdichtung auf einer Stahltrapez-Unterkonstruktion einer Lagerhalle an ein stirnseitig aufgehendes Verwaltungsgebäude dienen.

(4) Eine starre Verbindung der Abdichtung an Bauteilen, die statisch voneinander getrennt sind, ist auf jeden Fall zu vermeiden, um eine Überbeanspruchung im Anschlussbereich durch Zug-, Schub- und Scherkräfte auszuschließen. Bei Anschlüssen an beweglichen Bauteilen sind deshalb entsprechende konstruktive Maßnahmen vorzunehmen.

Die DIN 18531-3 erklärt darüber hinaus, dass bewegliche Anschlüsse nicht nur im Verlauf von Bewegungsfugen vorliegen. Sie können auch durch geplante Verformungen an aneinander angrenzenden Bauteilen in der Dachabdichtungsebene vorkommen.

Statische Trennung

Als statisch getrennt gelten z. B. nachträglich an vorhandenen Gebäuden angebaute Bauteile auf eigenen Fundamenten. Müssen in den Übergangsbereichen der alten vorhandenen Dachabdichtung zum Mauerwerk des neuen Bauteils Anschlüsse erstellt werden, sind konstruktive Maßnahmen zu ergreifen.

Eine solche Maßnahme kann z. B. wie folgt ausgeführt werden:

Beispiel

Wie bei Stahltrapezprofilen werden z. B. Winkelbleche aus verzinktem Stahl mittels einer thermischen Trennung an der Unterkonstruktion der Dachabdichtung befestigt. Zwischen den Blechen und dem neuen aufgehenden Bauteil wird ein Zuschnittstreifen aus einer trittfesten Mineralfaser angeordnet. Um ein Abkippen der Winkelbleche in Richtung der Dachfläche zu vermeiden, sind die Winkel im Übergang vom waagerechten Schenkel zum senkrechten stumpfer als nach den Vorgaben vor Ort ausgebildet. Die Metallwinkel lehnen sich nunmehr mit der Oberkante an die senkrechte Wärmedämmung. Auf der Vorderseite der Winkelbleche wird der Anschluss der Dachabdichtung in der erforderlichen Höhe hochgeführt und am oberen Rand gegen Abrutschen fixiert. Der regensichere Übergang wird durch Metallabkantungen, die ihrerseits an der Fassade des aufgehenden Bauteils befestigt werden, erstellt.

Ist bereits eine Attika, z. B. aus Beton, vorhanden, so kann eine konstruktive Maßnahme auch darin bestehen, die Attika zu belassen und das neue Bauteil auf der von der Dachfläche abgewandten Seite mit einer Fuge anzuschließen. Metallische Abkantungen können den erforderlichen regensicheren Übergang darstellen.

(5) An- und Abschlüsse sollen aus den gleichen Werkstoffen wie die Dachabdichtung hergestellt werden. Werden unterschiedliche Werkstoffe verwendet, so müssen diese für den jeweiligen Zweck geeignet und untereinander dauerhaft verträglich sein.

Werkstoffverträglichkeit

Diese bedingte Forderung, die aus der Vorgängerfassung übernommen ist, wird nicht immer befolgt. Auch heute gibt es noch Ausführungen, bei denen die Dachabdichtung mit Bitumenbahnen hergestellt ist, die Anschlussbereiche aber mit bitumenverträglichen Kunststoffbahnen ausgeführt sind. Die Erfahrung zeigt, dass trotz der Bitumenverträglichkeit der Kunststoffbahnen die Verklebungen zwischen den Bitumenbahnen und den Kunststoffbahnen nach kurzer Zeit Lösungserscheinungen aufweisen.

Ein großes Problem stellen insbesondere Anschlüsse von Bauwerksabdichtungen an Terrassentürelemente dar (siehe auch Kapitel „3.8.4 Anschlüsse an Türen“ auf Seite 202 ff.).

Flüssigkunststoff

In jüngerer Zeit werden häufiger Anschlüsse bei Dachabdichtungen mit Flüssigkunststoffen ausgeführt. Bei komplizierten Anschlussdetails kann das eine sinnvolle Alternative zu einem bituminös erstellten Anschluss darstellen. Wesentliche Vorteile derartig erstellter Anschlüsse sind:

a) Es entstehen keine Verfärbungen an Bauteilen, z. B. durch Ruß oder Verbrennungen,

b) Flüssigkunststoffe sind leicht in nahezu jede Form zu bringen.

Es muss dabei sichergestellt werden, dass sich die unterschiedlichen Materialien nachhaltig miteinander bewähren. Bei einigen einkomponentigen Flüssigkunststoffen in Verbindung mit beschieferten Polymerbitumenbahnen-Elastomer (PYE) wurden Ablösungserscheinungen im Bereich der Beschieferung der Bahnen beobachtet.

(6) Durchdringungen an An- und Abschlüssen können bei Verwendung von Systembauteilen, z. B. Attikaabläufen, abweichend von Abschnitt 1.4 (7) ausgeführt werden.

Durchdringung

Der Absatz 7 im Abschnitt „1.4 Gestaltungs- und Planungshinweise“ fordert einen Mindestabstand von Durchdringungen untereinander und zu anderen Bauteilen von 0,30 m.

Dieser Absatz wurde erforderlich, weil die Regenspenden (die Menge des Niederschlags) durch die Novellierung der Entwässerungsnormen nach oben korrigiert werden mussten. Veränderte Berechnungsverfahren und erhöhte Anforderungen machten es notwendig, bei einer Vielzahl von Gebäuden zusätzliche Notüberläufe anzuordnen. Die Notüberläufe sollen im Normalfall frei auf das Grundstück entwässern können. Bei der überwiegenden Anzahl von Dachflächen ist dieser Forderung durch die Anordnung von Notüberläufen im Attikabereich relativ einfach nachzukommen.

Die Anordnung dieser Art von Notentwässerung widersprach aber dem Abschnitt 5.4.1 (3), der in der Neufassung der Fachregel im Absatz 7 des Abschnitts 1.4 aufgeht.

Für den Bereich der genutzten Dachflächen nach DIN 18195-5 werden bei Abständen von Durchdringungen gemäß DIN 18195-9, Abschnitt „5.2 Klebeflansche, Anschweißflansche und Manschetten" im Regelfall so angeordnet, dass sie mindestens 150 mm und bei Bewegungsfugen mindestens 300 mm Abstand untereinander und zu anderen Bauteilen haben. Bei Los- und Festflanschkonstruktionen beträgt der Abstand mindestens 300 mm von Bauwerkskanten und -kehlen sowie mindestens 500 mm von weiteren Bauwerksfugen.

Die Norm aus dem Jahr 2004 hinkt hier ganz klar den technischen Anforderungen hinterher. Viele der Attikaabläufe haben eine sichere Los- und Festflanschkonstruktion. Nach strenger Lesart der Norm müssten diese einen Abstand zur Attika oder Aufkantung von mindestens 500 mm einhalten.

Tipp

Auch wenn es den Ausführungen der Norm widerspricht, sollte der Dachdecker auf den Absatz 6 des Abschnitts 4.1 hinweisen. Er sollte sich die mögliche Anordnung von Attikaabläufen nach diesem Absatz schriftlich bestätigen lassen.

3.8.2 Klemmkonstruktionen

Der Gesamtabschnitt „4.2 Klemmkonstruktionen" wurde neu in die Fachregel für Abdichtungen aufgenommen. Das wurde erforderlich, weil die DIN 18195 in ihrem Teil 9 derartige Konstruktionen ausführlich beschreibt.

Allerdings gilt dieser Abschnitt nicht ausschließlich für genutzte Dächer und Flächen, er gilt für die gesamte Flachdachrichtlinie. Die DIN 18531 beschreibt in keinem ihrer Normenteile Klemmkonstruktionen.

Klemmschiene

4.2.1 Klemmschienen

(1) Klemmschienen müssen Anschlüsse gegen Hinterlaufen durch Wasser und hochgeführte Anschlüsse zusätzlich gegen Abgleiten schützen. Klemmschienen und die zu ihrer Befestigung verwendeten Schrauben sowie der Abstand der Schrauben untereinander müssen der Ebenheit des Untergrunds angepasst sein.

(2) Im Regelfall sind Klemmschienen mit einer Breite ≥ 45 mm und einer Dicke von 5–7 mm zu verwenden. Sie sind mit Sechskantschrauben mit einem Durchmesser von 8 mm in Dübeln zu befestigen; bei geeigneter Abmessung mit mindestens gleichem Widerstandsmoment, aber kleinerem Schraubenabstand können auch Schrauben ≥ 6 mm verwendet werden. Der Abstand der Schrauben untereinander sollte, abhängig von Art und Ebenheit des Untergrunds, 150–200 mm betragen. Die Einzellängen der Klemmschienen sollten 2,50 m nicht überschreiten.

Klemmschienen haben im Unterschied zu Klemmprofilen keine Profilierungen zum Aussteifen. Deshalb benötigen sie dickeres Material. Außerdem sind massivere Schrauben zu verwenden, um einen gleichmäßig und hohen Anpressdruck zu erreichen. Je unebener der Untergrund, desto geringer sollte der Abstand der Schrauben untereinander sein. Die Forderung nach einer maximalen Einzellänge ergibt sich u. a. aus den thermischen Längenänderungen des Materials.

(3) Die Abdichtungsränder müssen zwischen Klemmschienen und Bauwerksflächen eingeklemmt werden. An Bauwerkskanten und -kehlen und über Fugen sind Klemmschienen so zu unterbrechen, dass sie sich bei temperaturbedingter Ausdehnung nicht gegenseitig behindern. Es können auch Klemmprofile verwendet werden, wenn sie dieselben Anforderungen erfüllen wie Klemmschienen.

Der Abdichtungsrand, also die Oberkante der Anschlussbahn(en), muss zwischen der Klemmschiene und der Bauwerksfläche eingeklemmt werden. Das muss in der Art geschehen, dass die Bahnen nicht bei Erwärmung abrutschen können. Dafür muss die gesamte Schienenbreite als Klemmbreite verwendet werden.

Da Klemmschienen thermischen Längenänderungen unterliegen, dürfen sie bei Gebäudeaußenkanten nicht in der Art angebracht werden, dass eine der Schienen bei temperaturbedingter Ausdehnung die überlappende Schiene abdrückt. Insbesondere bei Montage in der kalten Jahreszeit muss der Ausführende beachten, dass sich die Länge der Klemmschienen mit zunehmender Erwärmung des Materials ändert. Bei Innenecken muss deshalb, wie bei Schienenstößen, ein größerer Abstand zwischen den Klemmschienen belassen werden, als wenn diese im Hochsommer montiert würden.

Klemmprofil

4.2.2 Klemmprofile

(1) Klemmprofile sind in Abhängigkeit von ihrer Funktion zu dimensionieren und zu befestigen. Der Befestigungsabstand sollte nicht mehr als 200 mm betragen. Ihre Einzellänge sollte 2,50 m nicht überschreiten. Klemmprofile, die außer der Randfixierung gleichzeitig auch die Sicherung der Abdichtung gegen Hinterlaufen durch Anpressung übernehmen sollen, müssen ausreichend biegesteif sein, um eine durchgehende Anpressung sicherzustellen. Sie müssen durch Schrauben im Untergrund dauerhaft befestigt werden.

Der Begriff „Klemmprofil" wird erstmals in den Fachregeln erwähnt. Bislang wurde in diesem Zusammenhang von Pressschienen gesprochen, was aber der eigentlichen Bedeutung nur unzureichend gerecht wurde. Der Begriff „Klemmprofil" ist eindeutiger.

Anders als Klemmschienen erhalten Klemmprofile ihre Biegesteifigkeit durch eine Profilierung. Während Klemmschienen meist aus biegesteifem Stahl hergestellt werden, können Klemmprofile aus Aluminium geformt werden. Klemmprofile haben in den meisten Fällen vorgestanzte Langlöcher, die eine thermische Längenänderung problemlos und zwängungsfrei ermöglichen. Trotzdem sollte bei der Montage ähnlich wie bei Klemmschienen auf den jahreszeitlich abgestimmten Abstand zwischen den Einzellängen geachtet werden.

Erstmals wird in der Fachregel ein Hinweis auf die zu verwendenden Befestigungsmittel gegeben. So müssen die Klemmprofile mit Schrauben gesichert werden. Das ist eine klare unbedingte Forderung. Schlagschrauben, Schlagdübel oder Schlagnieten waren zwar auch bisher keine adäquaten

Befestigungsmittel, jedoch wurde das nirgends beschrieben. Nunmehr dürfen sie zur Befestigung von Klemmprofilen nicht mehr verwendet werden.

Diese Forderung ist allein aus zwei Gründen von Bedeutung:

Zum Ersten kann nur beim Schrauben gewährleistet werden, dass der Anpressdruck gleichmäßig hoch ist. Bei Schlagnieten oder Schlagdübeln ist das nicht oder nur sehr unzureichend möglich.

Zum Zweiten lassen sich Schrauben zu Reparaturzwecken leicht entfernen. Schlagdübel oder Schlagnieten können nur ausgebohrt oder bauteilzerstörend zurückgebaut werden.

(2) Wird der obere Rand des Klemmprofils nicht durch einen Überhangstreifen oder die Wandbekleidung vor der Bewitterung geschützt, ist er durch Abkanten so zu gestalten, dass eine Dichtstofffase von mindestens 10 mm Breite und 6 mm Dicke eingebracht werden kann oder durch vorkomprimierte Bänder für eine zusätzliche Abdichtung gesorgt wird. Dichtstofffasen sind regelmäßig zu warten.

Auch dieser Absatz ist neu in der Fachregel. Eine detaillierte Ausführung eines Klemmprofils war bislang nur in den Abbildungen der „Fachregel Dächer mit Abdichtungen" zu finden. Dort sind jedoch Klemmprofile nur in Verbindung mit Überhangstreifen abgebildet (Ausnahme: Abb. 4.1). Die Regensicherheit wird durch den Überhangstreifen erbracht. Nunmehr beschreibt die Fachregel eine Ausführung, die dem Klemmprofil auch ohne zusätzliche Maßnahme, wie einer Kittschnur, die Funktion des regensicheren Übergangs und des Einklemmens überträgt. Gleichzeitig führt sie aber aus, dass Fugen mit Dichtstofffasen/Versiegelungsmassen sog. Wartungsfugen sind, die der regelmäßigen Überprüfung und ggf. Ausbesserung bedürfen.

Ausführungen mit Dichtstofffasen/Versiegelungsmassen haben aber weitere z. T. erhebliche Nachteile. Viele der verwendeten Putze, sei es bei Zementputz oder denen bei einem Wärmedämmverbundsystem, nehmen Niederschlagswasser auf. Selbst bei einer Eindringtiefe von wenigen Millimetern kann dieses Niederschlagswasser hinter die Versiegelung gelangen und hinter die Anschlüsse geleitet werden.

Ein großes Problem ist die fehlerhafte Verarbeitung von Dichtstoffmassen/ Versiegelungsmassen.

Dichtstoffmassen/Versiegelungsmassen dürfen, um ihrer dichtenden Aufgabe gerecht zu werden, nur eine Zwei-Flanken-Haftung aufweisen. Die Abb. 4.1 im Anhang II zeigt diese Zwei-Flanken-Haftung deutlich. Viele der handelsüblichen Klemmschienen weisen an der Oberkante eine Abkantung auf, die unter ca. 45° geneigt ist. Die Bitumenbahnen werden bis zu der Oberkante der geraden Fläche, also bis zu dem Knick zur Schrägen, geführt. Der Dachhandwerker füllt nun im guten Glauben die entstehende Fuge vollständig mit Dichtstoffen aus. Schon nach recht kurzer Zeit kommt es aber zu Abrisserscheinungen des Dichtstoffes von der Klemmschiene oder dem Untergrund an der Wandfläche. Die Ursache ist in den überwiegenden Fällen nicht auf ein ungeeignetes Klemmprofil oder einen ungeeigneten Dichtstoff zur Versiegelung zurückzuführen. Ursache ist eine Dreiflanken-Haftung zwischen Klemmschiene, dem Untergrund des aufgehenden Bauteils und der Oberkante der Anschlussbahn. Einige Hersteller von Dichtstoffen empfehlen für diese Fälle, auf der Oberkante der Anschlussbahnen Quarzsand oder vergleichbare Hilfsstoffe einzustreuen, um eine Haftung zu vermeiden. Verschiedene Dichtstoffe sind nicht bitumenverträglich. Hier ist vor der Verwendung der Beipackzettel oder die Kartuschenaufschrift zu beachten.

Je nach Untergrund und Herstellervorgaben sind besondere Haftbrücken anzuordnen.

Los-Festflanschkonstruktion

4.2.3 Los-Festflanschkonstruktionen

Los-Festflanschkonstruktionen stellen bei richtiger Ausführung eine der sichersten Verbindungen verschiedener Arten von An- und Abschlüssen und bei Anschlüssen von Durchdringungen jeder Art dar. Sie widerstehen hydrostatischem Druck problemlos und sind durchwurzelungssicher. Los-Festflanschkonstruktion werden im Dachdeckerhandwerk häufig bei Dachabläufen, insbesondere bei Druckentwässerungen, sowie bei einer Vielzahl von Attikaabläufen und sonstigen Notüberläufen eingesetzt.

(1) Los-Festflanschkonstruktionen müssen im Regelfall aus schweißbarem Stahl bestehen und ihre Maße müssen den Werten der Tabelle 16 entsprechen. Die Losflansche dürfen nicht steifer ausgebildet sein als die Festflansche. Ihre Länge darf 1,50 m nicht übersteigen und muss so gewählt werden, dass sie passgerecht ohne Beschädigung der Bolzen eingebaut werden können.

Würde der Losflansch steifer als der Festflansch ausfallen, besteht die Gefahr, dass der Festflansch bei unsachgemäßem Anziehen der Schraubverbindungen reißt. Da der Festflansch i. d. R. bündig in der Oberfläche des Bauteils eingelassen ist, wäre eine Nachbesserung sehr aufwendig. Außerdem ist eine Rissbildung im Festflansch nicht visuell erkennbar, da der Flansch durch die einzuklemmenden Abdichtungsbahnen verdeckt ist.

Die Längenangabe ergibt sich u. a. aus der thermischen Längenänderung des Materials. Die Beschädigung eines Bolzens, z. B. Verbiegen oder Schaden am Gewinde, kann dazu führen, dass die Schraubverbindung nicht ausreichend fest angezogen werden kann. Dadurch können die betroffenen Bereiche wasserunterläufig werden.

(2) Der Zwischenraum zwischen zwei Losflanschen darf im Regelfall nicht mehr als 4 mm betragen. Über den Stoßstellen der Festflansche sollten auch die Losflansche gestoßen sein. Alle Schweißnähte, die den Wasserweg unterbinden sollen, müssen wasserdicht und Baustellennähte zweilagig ausgeführt sein. Die Stumpfstöße der Festflansche sind voll durchzuschweißen und auf der Abdichtungsfläche plan zu schleifen.

Abstand

Wird der Einbau von mehreren Festflanschen nebeneinander erforderlich, wie es bei längeren Anschlüssen an aufgehende Bauteile üblich ist, darf der Abstand zwischen den Enden der Losflansche nicht breiter als 4 mm sein, da ansonsten der betroffene Bereich hinterläufig werden kann. Nur in begründeten Ausnahmefällen darf von dieser Forderung abgewichen werden.

Jedem Festflansch wird ein eigener Losflansch zugeordnet.

Beispiel

Der anzuschließende Bereich hat eine Gesamtlänge von 3 m. Der bereits eingebaute Festflansch hat eine Länge von 1 m. Als Losflansch stehen zwei Schienen mit einer Länge von je 1,5 m zur Verfügung. Bei Montage der Schienen würde jeder Losflansch über die Hälfte seiner Länge auf einem benachbarten Festflansch reichen. Das ist unzulässig!

Wenn der Anschluss vollständig wasserdicht ausgebildet sein muss, sind ebenfalls die Nahtverbindungen wasserdicht zu erstellen. Wird eine Schweißnaht vor Ort hergestellt, muss diese zweilagig (in zwei Schichten) ausgebildet werden.

Hinweis

Die beim Schweißen entstehenden Überhöhungen müssen planeben mit der restlichen Oberfläche abgeschliffen werden, denn schon kleine Unebenheiten können die Dichtigkeit durch den unregelmäßigen Einpressdruck gefährden.

Gewindebolzen

(3) Für die Gewindebolzen sind bevorzugt aufgeschweißte Bolzen zu verwenden.

Die Bolzenlänge ist so zu bemessen, dass nach Aufsetzen der Schraubmutter im ungepressten Zustand der Abdichtung mindestens ein Gewindegang am Bolzenende frei ist. Ändern sich die Neigungen der Abdichtungsebenen bezogen auf die Längsrichtung von Los- und Festflanschkonstruktionen um mehr als 45°, so sind sie an diesen Stellen mit einem Radius von mindestens 200 mm auszubilden, wobei in der Winkelhalbierenden ein Bolzen anzuordnen ist. In diesem Fall müssen die Losflansche als Passstücke mit Langlöchern hergestellt sein und beim Anschrauben sind Unterlegscheiben zu verwenden.

Wenn die Länge der Bolzen zu gering bemessen ist, besteht die Gefahr, dass während des Anziehens der Schraubmuttern unzulässig viel Druck auf eine zu geringe Anzahl von Gewindegängen, sowohl bei der Schraubmutter als auch beim Gewindebolzen, aufgebaut wird. An beiden Gewinden kann dadurch Schaden entstehen, der dazu führt, dass kein ausreichender Anpressdruck aufgebaut werden kann.

Die Änderung der Neigungswinkel bezieht sich auf Innen- wie Außenwinkel. Die Länge der Passstücke ergibt sich aus dem Neigungswinkel. Um geringe Toleranzen ausgleichen zu können, sind die Löcher der Passstücke als Langlöcher vorzusehen; Zwängungen beim Einbau sind zu vermeiden. In der Mitte der Länge des Passstücks muss ein Bolzen angeordnet sein, um in diesem Bereich einen ausreichenden Pressdruck zu erreichen. Bedingt durch die Langlöcher im Festflansch könnte sich der Pressdruck verringern. Um das zu vermeiden, sind Unterlegscheiben mit einem größeren Durchmesser als dem der Schraubmuttern zu verwenden.

Änderungen bei den Neigungswinkeln können sich z. B. bei den Übergängen von Parkdecks zu den Fahrrampen ergeben. Dabei wäre die Änderung vom oberen Parkdeck zu der Rampe ein Außenwinkel und der von der Rampe zu dem unteren Parkdeck ein Innenwinkel.

Festflanschverankerung

(4) Die Festflansche sind im Bauwerk zu verankern und so einzubauen, dass ihre Oberflächen mit den angrenzenden abzudichtenden Bauwerksflächen eine Ebene bilden. Die der Abdichtung zugewandten Flanschflächen sind

unmittelbar vor Einbau der Abdichtung zu säubern und erforderlichenfalls mit einem Voranstrich zu versehen.

In den überwiegenden Fällen ist es der Rohbauer, der die Festflansche im Rahmen seines Gewerks einbaut. Der Dachhandwerker muss vor Ausführung seiner Leistungen die Ausführungen des Rohbauers abnehmen und ggf. Fehler wirksam anzeigen.

Bevor der Dachhandwerker mit seinen Leistungen beginnt, sind die Flächen der Flansche von evtl. vorhandenen Mörtel- oder Betonresten, Zementschleiern oder Roststellen zu befreien. Nur so kann ein gleichmäßiger Anpressdruck hergestellt werden.

(5) Zum Einbau der Abdichtung in Los- und Festflanschkonstruktionen müssen die wegen der Gewindebolzen erforderlichen Löcher in den einzelnen Abdichtungslagen mit einem Locheisen eingestanzt werden. Notwendige Stöße und Nähte der Abdichtungslagen sind in den Flanschbereichen stumpf zu stoßen und gegeneinander zu versetzen.

Einstanzen

Das Einstanzen von Löchern ist insbesondere bei Kunststoffbahnen ohne Einlage wichtig. Schon kleinere „Klinken" im Ausschnitt können dazu führen, dass die Bahnen nach einigen Jahren z. B. durch Schrumpf einreißen.

Nahtüberdeckungen führen ebenfalls wie Unebenheiten auf dem Festflansch zu ungleichmäßigem Anpressdruck durch den Losflansch. In Absatz 6 wird weiter ausgeführt:

(6) Im Flanschbereich ist deshalb bei mehrlagigen, mit Bitumen geklebten Abdichtungen eine zusätzliche Lage anzuordnen, deren Nähte ebenfalls stumpf zu stoßen sind. Bei einlagig lose verlegten Abdichtungen sind zwei Lagen aus demselben Werkstoff oder stoffverträglichen Elastomeren erforderlich.

Durch die stumpf gestoßenen Nahtstellen soll erreicht werden, dass so wenige Unebenheiten wie möglich entstehen. Der Untergrund für die Losflansche wird also sozusagen aufgefüttert.

(7) Die Bolzen müssen bis zum Aufsetzen der Schraubmuttern vor Verschmutzung und Beschädigung geschützt werden. Die Schraubmuttern sind mehrmals anzuziehen. Der Anpressdruck der Schraubmuttern ist auf die Flanschkonstruktion und auf die Art der Abdichtung abzustimmen.

Verunreinigungen können das Gewinde nachhaltig schädigen. Es kann u. U. der Eindruck entstehen, dass eine Schraubmutter bereits ausreichend angezogen ist, obwohl eigentlich noch ein oder zwei Gewindegänge frei wären.

Mehrfaches Anziehen

Das mehrfache Anziehen der Schraubmuttern kann etwa mit dem Anziehen von Rädern bei einem Kfz verglichen werden. Durch das Nachziehen oder Anziehen einer benachbarten Schraubmutter können die vorherigen wieder etwas gelöst werden.

(8) Bei Abdichtungen aus Bitumenbahnen und bei bitumenverklebten Abdichtungen ist am freien Ende das Ausquetschen der Bitumenmasse zu begrenzen. Hierzu ist erforderlichenfalls eine Stahlleiste anzuordnen.

Könnten die Bitumenmassen oder das Deck- und/oder Schweißbitumen ungehindert austreten, würde sich die Bahn erheblich verdünnen, was wiederum einen zu geringen Anpressdruck zur Folge hätte. Die Stahlschiene verhindert das Austreten zwar nicht gänzlich, aber das Bitumen wird letztlich wieder ein- bzw. zurückgequetscht.

(9) Für die in Tabelle 16 genannten Flanschkonstruktionen ist für bitumenverklebte Abdichtungen aus Bahnen mit Glasgewebeeinlage ein Anziehmoment für dreimaliges Anziehen von 15 Nm, bei sonstigen verklebten Bahnen von 20 Nm und für lose verlegte Abdichtungen mit Kunststoff- und Elastomerbahnen von 30 Nm erforderlich.

Dieser Absatz korrespondiert mit Absatz 7, in dem das mehrmalige Anziehen beschrieben ist. Wie bei Radmuttern am Kfz wird ein Drehmomentschlüssel auf die Kraft (Nm = Newtonmeter) eingestellt, mit der die Schraubmuttern angezogen werden sollen. Dieser Absatz definiert das mehrmalige Anziehen als mindestens dreimaliges Anziehen. Lose verlegte Kunststoffbahnen benötigen einen höheren Anpressdruck, weil sich das Material der Kunststoffbahnen aufgrund ihrer geringen Dicke schlechter verteilt an den Untergrund anpasst.

Tabelle 16: Regelmaße für Los-Festflanschkonstruktionen

Regelmaße für bitumenverklebte Abdichtungen und lose verlegte Abdichtungen mit Kunststoff- und Elastomerbahnen

Lastfall Abdichtungen gegen nicht drückendes Wasser

Losflansch	Breite	≥ 60 mm
	Dicke	≥ 6 mm
	Kantenfasung	ca. 2 mm
Festflansch	Breite	≥ 70 mm
	Dicke	≥ 6 mm (≥ Dicke Losflansch)
Schrauben bzw. Bolzen	Durchmesser	≥ 12 mm
	Abstand untereinander	75–150 mm
	Abstand am Ende des Losflansches	≤ 75 mm
Schweißnaht bei Gewindebolzen	Breite	ca. 2 mm
	Höhe	ca. 3,2 mm
Lochung im Losflansch	Durchmesser	≥ 14 mm
Erweiterung bei Gewindebolzen	Durchmesser	Durchmesser + 2 × Schweißnahtbreite

(10) Weitere Flanschkonstruktionen sind in DIN 18195-9 „Bauwerksabdichtungen; Durchdringungen, Übergänge, Abschlüsse“ beschrieben.

DIN 18195-9 Diese DIN enthält die Tabelle „2 Netto-Pressfläche in mm² und Anziehmomente in Nm“ mit Hinweisen dazu, was beim Abweichen von den Regelmaßen zu beachten ist.

Bei Bolzenabständen, die < 150 mm sind, und Randabständen, die < 75 mm betragen, sind geringere, aber rechnerisch nachzuweisende Anziehmomente erforderlich. Die Flanschdicken sind bei Pressungen über 1 MN/m² (1 Mega-Newton pro m² = 1 N/mm²) rechnerisch zu ermitteln und konstruktiv zu prüfen.

Als zeitlicher Ablauf für das Anziehen wird ein Abstand von mehr als 24 Stunden angegeben. Wichtig ist, dass das letzte Anziehen mit dem Drehmomentschlüssel kurz vor dem Einbetonieren vorgenommen werden soll.

Weiter wird ausgeführt, dass Elastomer-Fugenbänder Zulagen mit der Größe 100 mm × 3 mm aus frischem, unvernetztem Rohkautschuk-Material erfordern, welches nicht älter als 90 Tage ab Herstellungstermin sein darf. Einlagige, lose verlegte Abdichtungen erfordern dauerhaft verträgliche, beidseitig angeordnete Zulagen aus demselben Werkstoff oder aus stoffverträglichen Elastomeren.

3.8.3 Anschlüsse an aufgehende Bauteile

Im nachfolgenden Abschnitt „4.3 Anschlüsse an aufgehende Bauteile" sind im Wesentlichen redaktionelle Änderungen vorgenommen worden. Die Ergänzungen zu der Vorgängerfassung wurden überwiegend aus anderen Regelteilen und der DIN 18531 entnommen. Die Ausführungen der DIN 18195-9 decken sich in weiten Teilen mit diesen Anforderungen. Dadurch vereinfacht sich die Suche nach den entsprechenden Forderungen, die jetzt bis auf wenige Ausnahmen als Bestandteil der Flachdachrichtlinie anzusehen sind.

Anschlusshöhe

4.3.1 Anschlusshöhen

Die Höhe der Abdichtung soll im Hinblick auf Spritzwasser- und Überflutungsschutz

- *bei Dachneigungen bis 5° mindestens 0,15 m und*
- *bei Dachneigungen über 5° mindestens 0,10 m*

über Oberfläche Belag, z. B. Kiesschüttung oder Vegetationsschicht, betragen. In schneereichen Gebieten ist ggf. eine größere Anschlusshöhe erforderlich.

Herausgenommen wurden die Angaben der Dachneigung in Prozent, die aber in der Norm 18531 weiter enthalten sind.

Es hält sich hartnäckig eine Lesart, nach der die Anschlusshöhen über Oberkante der „wasserführenden Schicht" anzunehmen sind. Diese Aussage ist bereits seit etlichen Jahren falsch und ergibt im Hinblick auf die Belastungen z. B. durch Spritzwasser auch sehr wenig Sinn.

Es muss allerdings deutlich herausgestellt werden, dass die Abdichtung bis zu ihrem oberen Ende wasserdicht sein muss. Insofern zählt als Anschlusshöhe die der Abdichtung und nicht die einer Klemmschiene oder eines Klemmprofils.

In schneereichen Gebieten ist eine Erhöhung der Anschlusshöhen notwendig. Denn die Schneelast kann durch Antauen und wieder Gefrieren im

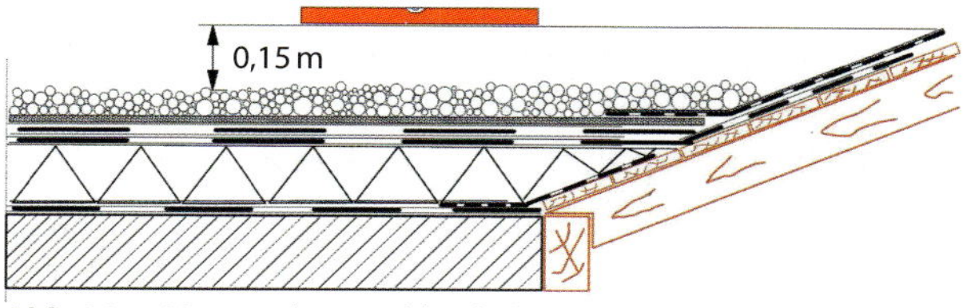

Abb. 23: Messen der Anschlusshöhe

unteren Bereich stark verdichten und nahezu wasserdicht sein. Tauwasser, welches von oben „nachläuft", könnte bei zu geringer Anschlusshöhe hinter den regensicheren Übergang gelangen und zu Undichtigkeiten führen.

Bei der Bemessung der Anschlusshöhen werden regelmäßig Denkfehler begangen. Das betrifft insbesondere Bereiche, bei denen Dachabdichtungen an Dachflächen mit Eindeckungen herangeführt werden.

Beispiel Ein Gebäude hat einen Grundriss in U-Form. Die Dachflächen sind als Satteldächer mit einer Dachneigung von 22° ausgebildet und mit Flachdachziegeln oberhalb einer Unterdeckung eingedeckt. Der vorhandene Innenhof soll nachträglich überdacht werden. Als Abdichtung ist eine solche mit Bitumenbahnen vorgesehen. Der Planer sieht eine Anschlusshöhe der Bahnen unter der Eindeckung von 150 mm vor, gemessen in der Länge des Neigungsverlaufs, und lässt die untere Reihe der Eindeckung aufnehmen und mit einer Holzschalung versehen. Der Dachdecker meldet dagegen Bedenken an. Der Planer beharrt hingegen aus Kostengründen auf seiner Planung.

Dem Dachdecker muss vollumfänglich Recht gegeben werden. Der Grund ist folgender: Der Anschluss muss bis auf einer **Höhe** von 150 mm wasserdicht sein und nicht auf einer Länge von 150 mm. Die Höhe wird im vorliegenden Fall wie folgt ermittelt:

Am Knick, an dem das neue Dach als Flachdach an das geneigte Dach stößt, wird senkrecht 150 mm in die Höhe gemessen. Mit einer Wasserwaage wird von dem ermittelten Punkt die Höhe waagerecht auf das geneigte Dach übertragen und in der Ebene der Unterdeckung angenommen. Es ergibt sich eine Länge des Anschlusses unter die Eindeckung von ca. 450 mm.

Wäre die Ausführung des Planers korrekt, ergäbe sich eine Anschlusshöhe von etwa 60–70 mm, was eindeutig zu gering ist (Abb. 23).

Noch deutlicher würde der Unterschied ausfallen, wenn die Dachneigung der eingedeckten Dachflächen bei einer Eindeckung aus Faserzement-Wellplatten ca. 7° betragen würde.

Bei Dachgräben zwischen zwei geneigten Dachflächen soll die Höhenangabe wie oben beschrieben ermittelt und ausgeführt werden.

4.3.2 Anschlüsse mit Abdichtungen

(1) Anschlussbahnen müssen dauerhaft gegen Abrutschen gesichert werden. Die Sicherung soll im oberen Randbereich mit mechanischer Befestigung erfolgen. Sind Anschlüsse an aufgehenden Bauteilen frei bewittert oder durch Spritzwasser unmittelbar belastet, so sind sie durch Klemmprofile, Klemm-

schienen oder angeschweißte Verbundbleche linienförmig an ausreichend eben hergestellten Untergründen im Regelfall im Abstand von höchstens 0,20 m zu fixieren. Nagelbänder dürfen nicht verwendet werden.

Dieser Absatz ist um die Ausführungen mit Klemmprofilen oder -schienen ergänzt worden.

Anschluss

Hinter einer Fassadenbekleidung, z. B. mit Faserzement-Platten auf einer Holzschalung, würde eine Fixierung durch Nagelung ausreichend sein, da der Anschluss wegen der Bekleidung nicht frei bewittert wird. Ist hingegen der Anschluss an einer Fassade auf dem Außenputz angeordnet, so würde eine Befestigung z. B. mit Schrauben und Unterlegscheiben nicht ausreichend sein. In diesen Fällen ist eine Klemmschiene oder ein Klemmprofil notwendig. Damit die Hinterläufigkeit der Anschlüsse vermieden wird, ist ein ausreichend ebener Untergrund, der einen gleichmäßigen Pressdruck ermöglicht, erforderlich (siehe auch Absatz 5). Der erforderliche Anpressdruck kann nur dann erreicht werden, wenn der Abstand der Befestiger ≤ 20 cm beträgt. Nagelbänder sind nicht ausreichend biegesteif und können keinen Anpressdruck aufbauen. Deshalb sind sie für einen derartigen Einsatz ungeeignet.

(2) Bei ausreichender Haftung mit dem Untergrund kann bei Flüssigabdichtungen auf eine mechanische Befestigung am oberen Rand verzichtet werden.

Flüssigkunststoffe, die als Anschlüsse verwendet werden, weisen eine sehr hohe Klebkraft auf. Bei richtiger Vorbereitung des Untergrunds kann wegen der hohen Klebkraft auf eine weitere mechanische Befestigung verzichtet werden.

Regensicherheit

(3) Das obere Ende von Anschlüssen muss regensicher verwahrt werden. Bei nicht regensicheren vorgesetzten Außenwandbekleidungen muss der Anschluss hinter dieser an der Wand hochgeführt werden. Bei Vorsatzmauerwerk, Wärmedämmverbundsystemen oder Putzschichten muss die Hinterläufigkeit der Abdichtung vermieden werden. Hierfür sind z. B. z-förmige Feuchtigkeitssperren, eingelassene Überhangstreifen oder Z-Profile geeignet. Wasserbeanspruchte Anschlussenden, die lediglich durch Dichtstofffasen gegen Hinterläufigkeit gesichert sind, sind bei nicht genutzten Dächern der Anwendungskategorie K1 zuzuordnen.

Nicht regensichere Außenwandbekleidungen sind z. B. Bekleidungen mit großformatigen Faserzementtafeln, deren Fugen nicht durch Dichtbänder o. Ä. regensicher ausgebildet werden. In diesen Fällen muss der Anschluss hinter der Bekleidung hochgeführt werden. Vereinfacht kann man sagen, dass der Anschluss so behandelt wird, als wenn keine Bekleidung vorhanden wäre.

Sehr häufig wird die Wasserdurchlässigkeit von Vorsatzmauerwerken/zweischaligem Sichtmauerwerk unterschätzt. Je nach Qualität der Steine/Verblender, des verwendeten Vormauermörtels und der Ausführungsqualität können erhebliche Mengen des anfallenden Niederschlagswassers in Verbindung mit entsprechendem Winddruck und der Regendauer durch das Vorsatzmauerwerk/zweischalige Sichtmauerwerk durchschlagen. Dieses Wasser muss sicher aus der Konstruktion abgeführt werden. Hierzu werden sog. Z-Profile oder Z-Folien an der Innenschale des Mauerwerks befestigt und vertieft an dem Vorsatzmauerwerk wieder herausgeführt. Dabei ist eine Schlaufenbildung, in der sich Wasser ansammeln könnte, zu vermeiden. Die Folie/das Profil wird bis zur Vorderkante des Vorsatzmauerwerks geführt (siehe DIN 1053-1, Bild 10).

Der Planer muss bei der Erstellung des Vorsatzmauerwerks die erforderlichen Anschlusshöhen gemäß der Fachregel und Normen erkennen und berücksichtigen. Der Dachhandwerker muss die Höhen vor Ort nachmessen und ggf. wirksam Bedenken anmelden.

Wärmedämmverbundsysteme sollten oberhalb von Dachanschlüssen enden. Um Wärmebrücken zu vermeiden, sollte hinter den Anschlussbahnen eine entsprechend dimensionierte Wärmedämmung angeordnet werden, die an der Oberkante nach vorn abgeschrägt ist. Die Anschlussbahnen werden über die Wärmedämmung bis an die Innenschale geführt und dort mechanisch befestigt. Das Wärmedämmverbundsystem erhält in diesem Bereich ein Sockelprofil, das einerseits eine Tropfkante darstellt und andererseits die Wärmedämmung des Systems aufnimmt.

Sehr oft werden die Enden von Wandanschlüssen vernachlässigt. Klemmschienen oder Klemmprofile werden nur selten mit einer fachgerechten Eckausbildung senkrecht nach unten geführt. Der Bereich der Keile wird nicht ausreichend dicht geschlossen ausgebildet. Das ist insbesondere dort der Fall, wo tiefer liegende Dachabdichtungen in der Mitte einer Bauteilwand anstoßen und die Abschlüsse der Dachabdichtungen mit Dachrandprofilen ausgebildet werden. Hier werden Dichtstofffasen ohne weitere handwerkliche Maßnahmen eingesetzt. Die Einordnung solcher Ausführungen in die Anwendungskategorie K1 ist nur konsequent und nachvollziehbar.

Überhangstreifen

(4) Die Ausführung des regensicheren Anschlusses am aufgehenden Bauteil mit Überhangstreifen oder vorgefertigten Metallprofilen erfolgt entsprechend den „Fachregeln für Metallarbeiten im Dachdeckerhandwerk". Überhangstreifen und Klemmschienen, die der Witterung ausgesetzt sind, müssen mit korrosionsbeständigen Befestigungsmitteln angebracht werden.

Dazu schreibt die Fachregel für Metallarbeiten im Dachdeckerhandwerk im Abschnitt 5.6 „Aufgehende Teile der Anschlüsse":

„(5) Überhangstreifen (...) überdecken den Anschluss um mindestens 40 mm und werden

- in vorher geschlitzten Fugen eingelassen und abgedichtet,
- in Einhangschienen eingehängt, die ins Mauerwerk oder im Beton eingelassen sind,
- am Mauerwerk/Beton befestigt und an der Oberkante zusätzlich abgedichtet,
- mit eingelegten Dichtungsstreifen angebracht und an der Oberkante zusätzlich abgedichtet oder
- mit zusätzlichen Flachprofilen befestigt und an der oberen Kante abgedichtet.

(6) Eingehängte und eingelassene Überhangstreifen sollen eine Einlasstiefe von mindestens 20 mm und eine Rückkantung aufweisen.

(7) Die Dichtung der Überhangstreifen an aufgehenden Bauteilen erfolgt z. B. mit Mörtel, Bleiwolle, Bleiverguss, Dichtungsstoffen.

(8) Die Befestigung von Überhangstreifen erfolgt im Abstand von maximal 250 mm.“

Korrosionsbeständiges Befestigungsmittel

Die Forderung nach korrosionsbeständigen Befestigungsmitteln ist neu in die Regel aufgenommen worden. Korrosionsgeschützte Stahlschrauben neigen zur Korrosion, weil der Korrosionsschutz am Gewinde oder Schraubenkopf beschädigt ist. Wird die Schraube durch Korrosion erheblich beschädigt, kann ein dauerhafter Schutz gegen Abrutschen nicht gewährleistet werden.

Die Überdeckung des Anschlusses von 40 mm ergibt sich aus den regensicheren Überdeckungen im Fassadenbereich. Die Einlasstiefe ist erforderlich, um der Eindringtiefe von Niederschlagswasser an Putzen oder Mauerwerken entgegenzuwirken.

(5) Flächen, an denen die Dachbahnen des Anschlusses hochgeführt, aufgeklebt oder befestigt werden, müssen eine glatte und ebene Oberfläche aufweisen. Betonflächen im Anschlussbereich dürfen keine Kiesnester, Risse oder abgebrochene Kanten aufweisen. Bei unebenem oder stark strukturiertem Mauerwerk muss der Anschlussbereich mit einer festhaftenden Putzschicht versehen sein.

Dieser Absatz gilt nur bei Ausführungen, bei denen die Anschlussbahnen auf dem Untergrund geklebt oder in anderer Weise befestigt werden sollen. Er gilt nicht bei lose verlegten Anschlüssen.

Wenn die Anschlussbahnen aufgeklebt werden, soll eine vollflächige Haftung erfolgen. Unebenheiten, wie Kiesnester oder stark ausgebildete Strukturen in der Oberfläche, verhindern eine vollflächige Haftung. Bei abgebrochenen Kanten besteht zudem die Gefahr, dass die Bahnen beschädigt werden.

Fuge

(6) Bei senkrechten Fugen im Anschlussbereich, z. B. bei Fugen von Betonfertigteilen oder Bewegungsfugen, muss der Anschluss so ausgebildet werden, dass eine Bewegung über dem Fugenbereich möglich ist. Klemmschienen dürfen über beweglichen Fugen nicht durchlaufen. Die Fugen selbst müssen so ausgebildet sein, z. B. durch Wasserabweiser, dass der Anschlussbereich nicht durch Niederschlagswasser hinterwandert werden kann.

Betonfertigteile, die z. B. als Fassadenbekleidung verwendet werden und die gleichzeitig die Attikakonstruktion darstellen, unterliegen z.T. erheblichen thermischen Bewegungsabläufen. Wird eine Klemmschiene oder ein Klemmprofil über eine senkrecht angeordnete Fuge geführt und auf dem jeweils benachbarten Fertigelement mechanisch befestigt, wird die mechanische Befestigung bei Belastungen auf Zug oder Schub nach kurzer Zeit versagen. Das geschieht auch dann, wenn das Klemmprofil oder die Klemmschiene Langlöcher aufweisen. Beide, Schiene oder Profile, müssen im Bereich von Fugen ebenfalls gestoßen werden.

Die Erfahrung zeigt, dass die Versiegelungsmassen, die sehr häufig bei den Verbindungsstellen von Fertigteilen verwendet werden, mit denen materialunverträglich sind, die der Dachhandwerker verwendet. Aufgeklebte Anschlussbahnen verkleben sich ebenfalls nicht mit dem Material, welches zusätzlich in den überwiegenden Fällen nicht bündig mit der Oberfläche eingebaut ist. Um die Hinterläufigkeit des Anschlusses zu verhindern, müssen zusätzliche Maßnahmen ergriffen werden. Eine sinnvolle Maßnahme sind dabei metallische Abdeckungen, die einseitig befestigt über der senkrechten Fuge angeordnet werden und somit einen regensicheren Übergang darstellen und durch die einseitige Befestigung die Bewegungen der Betonfertigteile überbrücken.

(7) Bei zu erwartenden geringfügigen Bewegungen im Anschlussbereich (z. B. bei Betonfertigteilen, Holzaufkantung o. Ä.) dürfen Anschlussbahnen im Übergangsbereich von der Dachfläche zur Anschlussfläche nicht fest mit dem Untergrund verbunden werden. Gegebenenfalls kann der Einbau von Trennstreifen notwendig sein.

Diese Forderung gilt auch für Dachabdichtungen mit Kunststoffbahnen, deren erforderliche lineare Randbefestigung mit gekanteten Verbundblechen erreicht werden soll. Die Verbundbleche dürfen lediglich auf der Dachabdichtungsseite befestigt werden. Befestigungen, die als als zusätzliche Befestigung am senkrechten Schenkel angeordnet wären, sind unzulässig. Bei Flüssigabdichtungen muss ein Trennstreifen angeordnet werden. Bei Dachabdichtungen mit Bitumenbahnen soll in diesem Bereich ohnehin ein Keil aus Dämmstoff angeordnet werden, über dem die Bahnen nicht verklebt werden. Der Keil mit dem Mindestmaß 50/50 mm reicht als Trennung aus. Gegebenenfalls sollte ein Keil mit den Maßen 100/100 mm verwendet werden.

(8) Dachabdichtungen sind im Anschlussbereich bei Anschlusshöhen von mehr als 0,50 m an der senkrechten Fläche aufzukleben oder mechanisch zu befestigen (Linienbefestigung oder lineare Befestigung).

Befestigung

Bislang galt diese Forderung nur bei einlagigen Dachabdichtungen mit Kunststoff- oder Elastomerbahnen. In der neue Fachregel bezieht sich die Ausführung auf Dachabdichtungen generell, also ohne Einschränkung an die Art der Ausführung.

Es gibt zwei wesentliche Gründe für die Befestigung:

1 Bei breiteren Anschlüssen haben die Bahnen ein zunehmendes Eigengewicht, was zu einer erhöhten Belastung der Bahnen im oberen Randbereich und deren Fixierung führt.

2 Durch Windsog können Pumpbewegungen im Anschlussbereich entstehen, was ebenfalls eine erhöhte und sogar eine unzulässige Belastung der oberen Befestigung zur Folge hätte.

Es gibt Dachkonstruktionen, bei denen Höhenversprünge von 2 m und mehr innerhalb der Dachflächen möglich sind. Diese Bereiche werden ebenfalls mit einer Wärmedämmung und einer Dachabdichtung aus Bitumenbahnen versehen, weil sich das oftmals kostengünstiger als ein Wärmedämmverbundsystem mit all seinen Anschlussbereichen und Übergängen ausführen lässt. Aufgrund der thermischen Belastung durch Sonneneinstrahlung und der daraus folgenden Neigung der Bahnen, auch bei einer Verklebung abzugleiten, sollten Zwischenbefestigungen angeordnet werden, um Belastungen ausschließlich an oberen Enden zu vermeiden. Die Befestigung erfolgt sinnvollerweise mit einer Klemmschiene als Linienbefestigung oder mit Tellerankern, die auf Biegung belastet werden dürfen (Hersteller des Telleranker befragen). Die Bahnen sollten abgesetzt und die Schiene oder Telleranker von der oberen Bahn überdeckt werden.

(9) Bei genutzten Flächen ist die Abdichtung im Anschlussbereich gegen mechanische Beschädigung z. B. mit Schutz- oder Abdeckblechen, Steinplatten oder dergleichen zu schützen.

Dieser Absatz entspricht der Forderung des Absatzes 6 im Abschnitt „3.4 Ausführung der Abdichtung“ und wurde schon im Zusammenhang mit Absatz 11 im Abschnitt „1.4 Gestaltungs- und Planungshinweise“ ausführlich behandelt (siehe Seite 35 ff.).

(10) Bei Dachabdichtungen aus Bitumenbahnen soll der Anschlussbereich mit einer Haftbrücke versehen werden. Anschlüsse aus Bitumenbahnen sind mindestens zweilagig auszuführen. Am Übergang vom Dach zum aufgehenden Bauteil sollte ein Keil, z. B. aus Dämmstoff, angeordnet werden. Die Lagen der Flächenabdichtung sollen im Bereich des Keils bzw. des Übergangs abgesetzt werden. Die Anschlussbahnen werden in die Lagen der Flächenabdichtung eingebunden und an den senkrechten oder schrägen Anschlussflächen bis zur erforderlichen Höhe hochgeführt. Die Verlegung der Anschlussbahnen soll senkrecht zum Anschluss erfolgen; dabei sollten die Anschlussbahnen Rollenbreite nicht überschreiten.

Haftbrücke

Die Forderung nach einer Haftbrücke für die Anschlussbahnen kann nur bei Anschlüssen an Vorsatzmauerwerk oder bei monolitischem Mauerwerk ohne Dämmsysteme sinnvoll gelten. Wird eine Wärmedämmung angeordnet, um Wärmebrücken zu vermeiden, muss zwar eine Dampfsperre bis zur Oberkante der Wärmedämmung angeordnet werden, sie zählt aber nicht als Anschlusslage der Abdichtung und benötigt keine mechanische Befestigung am oberen Bahnenende.

Wesentlich bedeutsamer ist die Forderung nach den mindestens zweilagig ausgebildeten Anschlüssen, die unabhängig von der Anzahl der Abdichtungslagen in der Dachfläche und der geplanten Anwendungskategorie auszuführen sind.

Keil

Auch wenn nur ein Keil eingebaut werden sollte, was im Vergleich zur Vorgängerfassung nur noch eine Empfehlung statt einer bedingten Forderung darstellt, zeigt die Erfahrung, dass ein Keil nicht nur sinnvoll, sondern fachlich die beste Lösung darstellt. Alternativ können selbstverständlich Hohlkehlen mit einem entsprechenden Radius angelegt werden. Wichtig ist es, dass die Bahnen nicht durch einen Knick mit nahezu 90° geführt werden. Die Bahnen müssen in die Lagen der Abdichtung eingebunden werden. Üblicherweise wird dabei die erste Lage der Abdichtung bis an die Oberkante Keil geführt und die erste Lage der Anschlüsse bis an die Unterkante Keil. Bei der zweiten Lage der Abdichtung wird genauso verfahren. Die Bahn des Anschlusses wird dann ca. 10 cm auf die Abdichtung geführt. Ist nur eine

Abb. 24: Fachgerechter Anschluss mit Bahnenbreiten ≤1 m

Abb. 25: Anschluss an Dachrand nicht verklebt

Lage der Abdichtung geplant, wird diese ebenso über die Oberkante Keil geführt. Die erste Lage der Anschlüsse wird etwa bis zur Unterkante Keil geführt, die zweite Lage ca. 10–15 cm auf die Abdichtung der Dachfläche.

Ist kein Keil oder keine Hohlkehle angeordnet, besteht die Gefahr, dass die Bahnen durch Schrumpf aus dem Knick gezogen werden können und hohl liegen oder sich die Nähte lösen.

Darüber hinaus sollen die Bahnen senkrecht zum Anschluss verlegt werden. Die Bahnen können bei dieser Verlegung etwas höher belastet werden (Eigengewicht und Abrutschen durch Erwärmung) und der Schrumpf der Bahnen hat eine erheblich geringere Auswirkung.

In der Praxis ist es erheblich einfacher, eine hohlraumfreie Verklebung der Bahnen untereinander zu erreichen, da die Bahnen u. a. gleichmäßiger erhitzt werden können bzw. Bitumen in Teilbereichen nicht schneller abkühlen kann. Die Forderung kann nur dann richtig umgesetzt werden, wenn die Breite der Anschlussbahnen die einer Rollenbreite nicht überschreitet (Abb. 24 und 25).

Eingeklebtes Blech

4.3.3 Anschlüsse mit eingeklebten Blechen

(1) Bei Anschlüssen mit eingeklebten Blechen entspricht die Dachabdichtung bei nicht genutzten Dächern der Anwendungskategorie K1.

Dieser Hinweis ist neu im Regelwerk. Er besagt, dass unabhängig von der geplanten Anwendungskategorie der Dachfläche das gesamte Dach bei der Verwendung eingeklebter Bleche bei Anschlüssen und Durchdringungen in die Anwendungskategorie K1 eingestuft werden muss.

Das ist nachzuvollziehen, weil es bei dieser Art der Ausführungen gerade bei Abdichtungen mit Bitumenbahnen immer nur zu einer Verklebung und nicht zu einer Verbindung zwischen den verschiedenen Materialien kommt. Verklebungen sind in den überwiegenden Fällen nicht so nachhaltig wie (homogene) Verbindungen. Eine weitere Rolle spielt die thermische Längenänderung der Anschlussbleche im Vergleich zu denen der Abdichtung. Auf diese Problematik wird u. a. im Absatz 2 eingegangen.

(2) Bei Abdichtungen aus Bitumenbahnen muss die verklebte Fläche auf Blechanschlüssen mindestens 120 mm breit sein. Die Einklebefläche muss trocken, frei von Verunreinigungen, fett- und staubfrei sein. Sie sollte mit einem Haftgrund vorgestrichen werden. Die Abdichtung muss vollflächig aufgeklebt und auf dem Flansch zweilagig sein. Sind Scherbewegungen gegenüber der Dachabdichtung nicht vermeidbar, ist am Übergang vom Kleberand zur Dachabdichtung ein mindestens 100 mm breiter, lose verlegter Trennstreifen anzuordnen. Die Abdichtung sollte 10 mm vor der Aufkantung enden. Der Klebeflansch ist mechanisch zu befestigen. Zuschnitte von einzuklebenden Blechen sowie die Bemessung und Anordnung von Dehnungsausgleichern erfolgen nach den „Fachregeln für Metallarbeiten im Dachdeckerhandwerk".

In der Fachregel für Metallarbeiten im Dachdeckerhandwerk wird im Abschnitt „5.5 Anschlüsse an Abdichtungen" u. a. ausgeführt:

„(1) Dachseitige Anschlussbleche an Abdichtungen und deren Verbindungen untereinander müssen wasserdicht ausgeführt werden.

(2) Bei Abdichtungen aus Bitumenbahnen beträgt die Zuschnittsbreite des dachseitigen Blechschenkels mindestens 150 mm."

Verklebte Fläche

Die verklebte Fläche, also die Fläche, die mit dem Blech des Anschlusses tatsächlich verklebt sein muss, muss 120 mm betragen, die Breite des Schenkels des Anschlussblechs muss mindestens 150 mm betragen. Das ist erforderlich, damit die Breite der Verklebung auch dann noch gegeben ist, wenn ein Trennstreifen angeordnet werden muss, der ca. 10 mm auf dem Schenkel aufliegt. Wird dann noch der freie Bereich von 10 mm von der Schenkelbreite abgerechnet, verbleiben maximal tatsächlich 130 mm, die zu einer fachgerechten Verklebung zur Verfügung stehen. In diesem Bereich muss der Anschluss zweilagig ausgeführt werden. Dabei sollte die obere Lage wegen der möglichen Rückstellkräfte des Polymerbitumens und des Schrumpfs der Trägereinlage eine etwas breitere Klebemöglichkeit haben als die der ersten Lage.

Betrachtet man insgesamt die erforderlichen Breiten der Nahtverbindungen von Bitumenbahnen untereinander, so wird deutlich, dass diese bei Anschlüssen mit eingeklebten Blechen nie erreicht werden kann, es sei denn, die dachseitigen Schenkel der Bleche würden erheblich verbreitert, was sich nachteilig auf das thermische Verhalten auswirken würde. Die Konsequenz kann daher nur sein, diese Art von Anschlüssen nur zur Anwendungskategorie K1 zu zählen.

Nicht nagelbarer Untergrund

„(3) Bei nicht nagelbarem Untergrund sind Nagelleisten (Randbohlen) oder andere geeignete Lösungen zur Befestigung erforderlich. Klebeflansche dürfen nicht über Randbohlen überstehen."

Diese Forderung ist dann bedeutsam, wenn die Gefahr besteht, dass die Kante des Klebeflansches durch Belastung oder Befestigung nach oben biegt und die Abdichtung beschädigen kann. Dieser Absatz aus der Fachregel für Metallarbeiten steht ebenso wie der nachfolgende Absatz 4 „Thermische Längenänderungen" im Zusammenhang mit den Scherbewegungen, bei denen Trennstreifen anzuordnen sind. Gemäß Tabelle 6 der Fachregel für Metallarbeiten müssen bei eingeklebten Blechen nach 6 m Länge des Anschlusses

Dehnungsausgleicher angeordnet werden. Dadurch sollen die entstehenden Scherbewegungen und die daraus resultierenden Belastungen für die Klebeverbindung vermindert werden. Bei nicht fachgerechter Ausführung der Montage der Anschlussbleche können zudem unzulässige Verformungen der Bleche auftreten, die durch die Anordnung von Dehnungsausgleichern ebenfalls vermindert werden.

Der Trennstreifen übernimmt zusätzlich die Funktion einer Verbreiterung der belastbaren Flächenverteilung von Kräften bei den Abdichtungsbahnen (siehe auch Abschnitt „1.2.29 Schleppstreifen" in der Fachregel für Abdichtungen).

Der 10 mm breite Raum vor der Kante der Abdichtung zu der Aufkantung ist u. a. wegen der besseren optischen Nahtkontrolle sinnvoll. Würde die Abdichtung vollständig bis an die Aufkantung herangeführt, kann nicht sichergestellt werden, dass herausquellendes Bitumen eine ausreichende Verklebung der Bahnen herstellt.

In der Fachregel für Metallarbeiten im Dachdeckerhandwerk wird weiterhin ausgeführt:

Korrosionsschutzanstrich

„(6) Bei Anschlüssen an Abdichtungen aus bitumenhaltigen Stoffen ist im freibewitterten Übergangsbereich zum Metall ein Korrosionsschutzanstrich anzubringen."

Metalle, insbesondere Titanzink, weniger Kupfer oder verzinntes V 2a, unterliegen der Bitumenkorrosion. Im Bitumen sind schwefelige Verbindungen enthalten, die durch Erwärmung und durch Niederschlagswasser freigesetzt werden und zu schwefeligen Säuren werden. Diese greifen die Metalle an. Bei Titanzink kann das durch eine braun-gelbliche Verfärbung (ähnlich Rost im Anfangsstadium) beobachtet werden. Entfernt man einen Teil des Bitumens, so ist das Metall in den meisten Fällen unterhalb des Bitumens in vollkommen intaktem Zustand. Um die Korrosion zu vermeiden, müssen die Bleche entsprechend geschützt werden. Es gibt Schutzanstriche, die materialverträglich mit dem Metall und dem Bitumen sind.

„(7) Bei Blechlängen über 3,00 m erfolgt eine indirekte (gleitende) Befestigung (siehe Abb. 6). Bei Blechen unter 3,00 m kann die Befestigung direkt erfolgen."

Diese Forderung aus der Fachregel für Metallarbeiten wird der Erfahrung nach in der Praxis tatsächlich in nur wenigen Fällen umgesetzt. Durch die entstehende Überhöhung am Rand des Klebeflansches ist ein Trennstreifen unverzichtbar.

Verbundblech

4.3.4 Anschlüsse mit Verbundblechen

(1) Bei Dachabdichtungen mit Kunststoffbahnen können An- und Abschlüsse auch mit Verbundblechen hergestellt werden. Bei der Ausbildung der Stöße sind die thermischen Längenänderungen zu berücksichtigen. Bei Anschlüssen mit Verbundblechen müssen die Stoßverbindungen mit der Bahnenqualität der Dachfläche ausgeführt werden.

Verbundbleche sind nur einseitig mit der entsprechenden Folie kaschiert. Deshalb müssen bei den Stoßverbindungen zusätzlich Streifen des Materials verwendet werden, das dem der Abdichtung entspricht. Zusätzliche Dehnungsausgleicher brauchen nicht eingebaut zu werden. Allerdings muss der Abstand an den Stößen der Bleche die thermischen Längenänderungen der Bleche berücksichtigen. Dabei soll die Temperatur während des Einbaus berücksichtigt werden, um unzulässige Spannungen in den Bahnen zu vermeiden.

(2) Verbundbleche und Kunststoffbahnen sind nach Abschnitt 2.5.6.3.1 zu verbinden.

Der Abschnitt regelt die verschiedenen Möglichkeiten der Bahnenverbindungen und die erforderlichen Fügebreiten.

3.8.4 Anschlüsse an Türen

4.4 Anschlüsse an Türen

(1) Die Anschlusshöhe soll mindestens 0,15 m über der Oberfläche des Belags, der Kiesschüttung oder der Begrünung betragen. Bei Abdichtungen ohne Beläge, Kiesschüttung oder Begrünung bezieht sich die Anschlusshöhe auf die Abdichtungsoberfläche. Dadurch soll verhindert werden, dass bei Schneematschbildung, Wasserstau durch verstopfte Abläufe, Schlagregen, Winddruck oder bei Vereisung Niederschlagswasser über die Türschwelle eindringt.

Anschlusshöhe

Soll die Anschlusshöhe von 0,15 m über Belag o. Ä. eingehalten werden, müssen bereits in der Planung umfangreiche konstruktive Maßnahmen und Vorgaben berücksichtigt werden. In den überwiegenden Fällen ist die Ebene der Oberkante Rohbetondecke in den Innenräumen und den Dachflächen identisch. In den Innenräumen muss möglicherweise eine Trittschalldämmung, der Estrich und der Belag als weiterer Aufbau beachtet werden, bei der Dachabdichtung die Dampfsperre, die Wärmedämmung, bemessen nach Berechnungen aus der EnEV, Trennlagen und/oder die Dachabdichtungslagen sowie der mögliche Belag und dessen Untergrund, wie Splitt, Kies etc. Die Oberkante des Belags ist in den meisten Fällen deutlich höher als die Oberkante des Belags der Innenräume. Dadurch entsteht u. U. eine Trittstufe auf der Türinnenseite, die als unkomfortabel angesehen wird. Dies gilt insbesondere bei Türen, die nicht ausschließlich zu Wartungs- oder Inspektionszwecken als Zuwegung zu den Dachflächen dienen.

Nicht zu vernachlässigen ist auch anfallendes Spritzwasser bei Dachflächen, die ohne eine Begrünung oder Kiesschüttung ausgebildet sind. Wetterschenkel an Türen schützen die Türschwellen zwar vor Niederschlagswasser von oben, nicht aber vor einer Belastung von unten. Bei Dachabdichtungen mit Kunststoffbahnen ist diese Belastung am höchsten, weil der Wassertropfen beim Auftreffen auf die Oberseite der Abdichtung nicht durch die Rauigkeit der Oberfläche bei Bestreuung oder Kies und Begrünung verteilt wird, sondern fast vollständig wieder abprallt.

(2) Eine Verringerung der Anschlusshöhe ist möglich, wenn, bedingt durch die örtlichen Verhältnisse, zu jeder Zeit ein einwandfreier Wasserablauf im Türbereich sichergestellt ist und die Spritzwasserbelastung minimiert wird. Dies

ist dann der Fall, wenn im unmittelbaren Türbereich z. B. ein wannenförmiger Entwässerungsrost mit unmittelbarem Anschluss an die Entwässerung eingebaut wird. In solchen Fällen soll die Anschlusshöhe jedoch mindestens 0,05 m betragen (oberes Ende der Abdichtung oder von Anschlussblechen unter dem Wetterschenkel/Sockelprofil).

Wasserablauf

Zur Sicherstellung des einwandfreien Wasserablaufs wurden in der Vorgängerfassung ein oder mehrere Terrassenabläufe in der unmittelbaren Nähe der Türen gefordert. In der Praxis haben sich Entwässerungsroste seit geraumer Zeit bewährt. Sie verbinden zwei wesentliche Forderungen:

1 den einwandfreien Wasserablauf und

2 die Minimierung der Spritzwasserbelastung.

Gitterrost

Dies gilt insbesondere dann, wenn ein Gitterrost mit schmalen Stegen und rechteckigen oder würfelförmigen Öffnungen gewählt wird. Die Wanne unterhalb des Rostes darf nur bei solchen Belägen entfallen, bei deren Aufständerung ein Verschließen des Entwässerungsweges nicht möglich ist (z. B. bei der Verlegung des Belags auf Mörtelsäckchen). Wird der Belag auf Splitt oder Kies verlegt, ist immer eine wannenförmige Entwässerungsrinne unterhalb des Rostes erforderlich. Die Verlegung des Rostes auf einem Splitt- oder Kiesbett würde zwar die Spritzwasserbelastung minimieren, der Wasserablauf wäre im Sinne der Fachregel aber nicht einwandfrei und nachhaltig gewährleistet. Verunreinigungen des Splitt- oder Kiesbettes, die im Laufe der Zeit unvermeidbar sind, bremsen den Wasserlauf. Das kann zu einem Rückstau führen.

Die Forderung „im unmittelbaren Türbereich“ ist nur dann erfüllt, wenn die Roste auch tatsächlich direkt vor der Tür angeordnet sind. Wenn die Türen z. B. etwas von der Vorderkante der Wandfläche zurückliegend angeordnet sind, sodass vor der Tür eine Schwelle mit einer Breite von 10 cm oder mehr entsteht und in diesem Bereich eine Fensterbank oder der Platten-/Fliesenbelag bis an die Tür herangeführt ist, so wird die Spritzwasserbelastung nicht ausreichend minimiert. Je breiter ein solcher Bereich ausgebildet wird, desto höher ist zudem die Belastung durch Oberflächenwasser, das zusätzlich durch Winddruck an die Tür getrieben wird.

Die Forderung der Anschlusshöhe bis Unterkante Wetterschenkel oder Sockelprofil ist unzureichend. Viele der verwendeten Türelemente haben auf ihrer Außenseite Entwässerungsöffnungen, die bei den älteren Hebe-/Schiebeelementen oder einfachen Hebeelementen nicht erforderlich waren, da diese durch das Anheben über die Erhöhung in der Schwelle öffneten. Die Hebefunktion ist bei den modernen Türelementen nicht mehr vorgesehen. Die Flügel lassen sich ähnlich wie bei Fenstern durch Drehen eines Hebels öffnen und stoßen beim Schließen an der Schwelle gegen eine außenliegende Gummilippendichtung. Raumseits der Gummilippendichtung ist in der Schwelle eine Entwässerungsrinne angeordnet, die durch die oben beschriebenen Öffnungen entwässert. Bei einem möglichen Rückstau oder bei Belastung durch Schneematsch oder Vereisung würden diese Öffnungen unzulässig verschlossen und Niederschlagswasser kann auf diesem Wege in das Gebäudeinnere eindringen. Sind solche Elemente vorhanden, muss die Anschlusshöhe bis zu deren Unterkante bemessen werden.

Barrierefreier Übergang

(3) Barrierefreie Übergänge erfordern abdichtungstechnische Sonderlösungen, die zwischen Planer, Türhersteller und Ausführendem abzustimmen sind. Die Abdichtung allein kann die Dichtigkeit am Türanschluss nicht sicherstellen.

Deshalb sind zusätzliche Maßnahmen erforderlich, ggf. auch in Kombinationen, z. B.:

- *wannenförmiger Entwässerungsrost ggf. beheizbar mit unmittelbarem Anschluss an die Entwässerung*
- *Gefälle der wasserführenden Ebenen*
- *Schlagregen- und Spritzwasserschutz durch Überdachung*
- *Türrahmen mit Flanschkonstruktion*
- *zusätzliche Abdichtung im Innenraum mit gesonderter Entwässerung.*

Leider werden Forderungen nach barrierefreien Übergängen oftmals erst bei Sanierungen gestellt. Hier kann eigentlich nur eine ausreichend breite Überdachung ein befriedigendes Ergebnis erzielen. Noch besser ist ein Vorbau, bei dem Flugschnee nicht eingetrieben werden kann. Ist das nicht möglich, sollte ein Rost mit ausreichender Breite als weitere Maßnahme angeordnet werden. Eine nachträgliche Gefällegebung wird bei Sanierungen nicht möglich sein.

Entwässerung

Probleme bereiten regelmäßig Konstruktionen, bei denen innen liegend eine Entwässerung angeordnet werden muss. Das ist z. B. bei Drehtüren oder bei Windfängen, hier zwischen der inneren und der äußeren Tür, erforderlich. Dies gilt schon deshalb, weil die Nässe von eingetriebenem Schnee, Schuhwerk, den Rädern von Kinderwagen oder Rollstühlen etc. nachhaltig abgeführt werden muss. Hier sollte der Planer die Beläge vor den Türen so weit über der Abdichtung planen, dass die Anschlusshöhe der Abdichtung auch dann noch ausreichend ist, wenn die Entwässerung des Türinnenraumes durch den Anschluss hindurch nach außen geführt werden muss.

Als wasserführende Ebenen müssen auch Platten- oder Fliesenbeläge bewertet werden. Insofern muss eine ausreichende Gefällegebung nicht nur bei der Abdichtung berücksichtigt werden. Ein Gefälle des begehbaren Belags wird als ausschließliche Maßnahme nicht ausreichen, da das Niederschlagswasser durch Winddruck trotzdem eingeleitet werden kann.

Türrahmen mit Flanschkonstruktion sind zwar dicht an die Anschlüsse zu schließen, beseitigen aber nicht das Problem, dass das Wasser zwischen der Türschwelle und dem Türflügel eindringen kann. Hier wäre auf der Türinnenseite zusätzlich eine Entwässerungsmöglichkeit zu schaffen.

In der Vorgängerfassung der Fachregel war noch eine Option „Dachaufbau mit vollflächig verklebtem Schichtenausbau“ enthalten. Da diese Option in der Praxis nur einen sehr geringen oder gar keinen Vorteil gegenüber anderen Aufbauten hat, wurde sie ersatzlos gestrichen.

Türschwellenanschluss

(4) Der Anschluss an Türschwellen kann durch Hochziehen der Dachabdichtung wie an Wandanschlüssen oder durch das Einbauen von Türanschlussblechen erfolgen. Anschlüsse müssen hinter Rollladenschienen und Deckleisten durchgeführt werden. Rollladenführungen müssen dies konstruktiv ermög-

lichen. Entwässerungsöffnungen von Schlagregenschienen oder Ähnlichem müssen zur Außenseite des Anschlusses entwässern.

Die Praxis zeigt, dass in den meisten Fällen die Hersteller von Tür- oder Fensterelementen, die bodentief angeordnet sind, nur eine Anschlussmöglichkeit der Dachabdichtung an die Elemente vorsehen. Überwiegend werden EPDM-Zuschnittsbahnen verwendet, weil deren geringe Dicke an der Unterseite der Elemente einen relativ problemlosen Einbau mit einer Klemmschiene ermöglicht. Dachabdichtungen aus Bitumenbahnen lassen sich zwar theoretisch gut anschließen, da EPDM bitumenverträglich ist, dennoch haben diese Bahnen den erheblichen Nachteil, mit Kontaktklebern im Nahtbereich verklebt oder aufgeklebt werden zu müssen. Gerade in Laibungsbereichen stellt diese Art der Ausführung den Dachhandwerker vor große Herausforderungen. Bei Sanierungen ist nach dem Rückbau des alten vorhandenen Anschlusses ein Neuanschluss sehr oft nur mit großen Problemen zu erstellen.

Rollladenführung

Durch eine mangelhafte Koordinierung werden beim Einbau der Fenster- oder Türelemente die Rollladenführungen bereits fest mit dem Elementrahmen verbunden. Schon aus Gründen der Gewährleistung sollte der Dachhandwerker den erforderlichen Rückbau der Führungen nicht selber vornehmen, sondern wirksam Bedenken anmelden.

Sind die Rollladenführungen noch nicht montiert und der Dachhandwerker führt einen regelkonformen Anschluss aus, muss leider häufig festgestellt werden, dass die Elemente eine Wiedermontage/Montage der Schienen nicht zulassen, weil die Dicke des Anschlusses nicht konstruktiv berücksichtigt ist.

Gelegentlich werden Wannen aus Metall erstellt, in die die Elemente gestellt werden. Der aufgehende Schenkel solcher Wannen ist auf der Türinnenseite angeordnet und reicht bis zur Oberkante des inneren Fußbodenbelags. Können die Bleche auf der Außenseite nicht gedämmt werden (z. B. möglich bei einem Umkehrdach), so stellen sie eine Wärmebrücke dar, die an den Innenseiten zu erheblichem Tauwasserausfall führen kann. Bei Holzelementen sind Schäden am Rahmen zu erwarten.

Kunststoff-Türkonstruktion

(5) Bei Anschlüssen an Türkonstruktionen aus Kunststoffen sind bei Verwendung von Bitumenwerkstoffen, mit erhitztem Bitumen, mit Flamme oder mit Heißluft Verformungen oder Verfärbungen der Kunststoffteile nicht vermeidbar.

Es werden die Dächer der Anwendungskategorie K1 zugeordnet, deren Anschlüsse mit Anschlussblechen (nicht Verbundblechen) ausgeführt werden. Metallische Anschlüsse haben gerade bei Anschlüssen an Türen oder bodentiefen Fensterelementen erhebliche Vorteile gegenüber denen mit Kunststoffbahnen. Um einen fachgerechten und regelkonformen Anschluss an Tür- oder Fensterelemente aus Kunststoff zu erzielen, der zudem auch noch optischen Ansprüchen genügt, kann letztlich nur noch ein Anschluss mit Flüssigkunststoffen erstellt werden.

(6) Der Abdichtungsanschluss soll am Türrahmen entsprechend Abschnitt 4.3.2 gesichert werden.

Dieser Absatz ist lediglich redaktionell angepasst worden.

Blechanschluss
Verbundblech-anschluss

(7) Anschlüsse mit Blechen und Verbundblechen an Türrahmen müssen in allen Ecken sorgfältig eingepasst und seitlich mindestens 0,12 m in die gerade Wandanschlussfläche fortgeführt werden. Die Nähte müssen entweder dicht gelötet, geschweißt oder systemgerecht gefügt werden.

Tür- oder Fensterelemente liegen gerade im Altbaubereich häufig gegenüber der Vorderkante des Mauerwerks oder des Vorsatzmauerwerks zurück, da ansonsten ein fachgerechter und wärmebrückenminimierter Einbau nicht möglich ist. Bei Dachabdichtungen mit Bitumenbahnen sollen die Anschlüsse an aufgehende Bauteile nach Möglichkeit mit demselben Material hergestellt werden, das auch auf der Dachfläche verwendet wurde. In den Übergängen der Dachabdichtung zum aufgehenden Bauteil soll ein Keil angeordnet werden. Wenn der Anschluss an ein Tür- oder Fensterelement mit Blechen erstellt ist, soll das Blech an der Außenecke der Laibung die Form des Keils übernehmen, also im unteren Bereich als Dreieck ausgebildet werden. Das anschließende Blech muss wegen der erforderlichen Klebebreite bei Bitumenbahnen mindestens 0,12 m seitlich weitergeführt werden. Die Bahnen müssen hier ebenso im Lagenversatz zweilagig aufgeklebt werden.

Liegen die Fenster- oder Türelemente in der Ebene des Außenmauerwerks und das geplante Wärmedämmverbundsystem ist noch nicht angeordnet, muss der metallische Anschluss ebenfalls nach rechts und links weitergeführt werden. Je nach Ausführung ist der Keil in der Formgebung zu berücksichtigen.

Die Ausführung mit dicht gelöteten, geschweißten oder systemgerecht verbundenen Nähten ergibt sich aus der Forderung, wonach Wandanschlüsse bis zu ihrer Oberkante wasserdicht ausgeführt sein müssen.

3.8.5 Anschlüsse an Durchdringungen

4.5 Anschlüsse an Durchdringungen

(1) Durchdringungen sind wie Anschlüsse auszubilden. Sie können mit Klebeflanschen, Anschweißflanschen, Dichtungsmanschetten, Klemmflanschen (Los-Festflansch) oder Flüssigabdichtungen ausgeführt werden. Klebeflansche und Dichtungsmanschetten müssen mindestens 0,12 m breit und ggf. mit Voranstrich versehen sein.

Durchdringung

Gegenüber der Vorgängerfassung wurde der Hinweis auf die DIN 18195-9 im Bezug auf die Flanschkonstruktionen herausgenommen.

Der Hinweis, wonach Durchdringungen wie Anschlüsse auszubilden sind, besagt, dass bei Abdichtungen mit Bitumenbahnen die Anschlüsse an Durchdringungen unabhängig von der geplanten Anwendungskategorie ebenfalls mindestens zweilagig auszuführen sind.

Werden Anschlüsse an Durchdringungen mit eingeklebten Blechen ausgeführt, müssen die dazugehörigen Dachabdichtungen bei nicht genutzten Dächern, wie in Abschnitt „4.3.3 Anschlüsse mit eingeklebten Blechen“ beschrieben, der Anwendungskategorie K1 zugeordnet werden. Die Breite der Klebeflansche oder Dichtungsmanschetten ergibt sich aus der Notwendigkeit der zweilagigen Abdichtung.

(2) Der Abstand von Dachdurchdringungen untereinander und zu anderen Bauteilen, z. B. Wandanschlüssen, Bewegungsfugen oder Dachrändern, soll mindestens 0,30 m betragen, damit die jeweiligen Anschlüsse fachgerecht und dauerhaft hergestellt werden können. Maßgebend ist dabei die äußere Begrenzung des Flansches.

Abstand

Wie in Absatz 7 des Abschnitts „1.4 Gestaltungs- und Planungshinweise“ bereits ausgeführt (siehe Seite 35 ff.), bereiten eng nebeneinander angeordnete Durchdringungen oder Anschlüsse regelmäßig große Probleme bei einer fachgerechten Abdichtung. Die Anordnung von Durchdringungen unterliegt dem Planer. Der ausführende Dachbauhandwerker sollte bei zu eng beieinander angeordneten Durchdringungen Bedenken anmelden und ggf. Ersatzmaßnahmen vorschlagen. Eine solche Maßnahme kann das Zusammenführen mehrerer Durchdringungen mit dem Ziel sein, die Durchdringungen umfassend zu umkleiden. Die Umkleidung sollte mindestens 0,15 m hochgeführt werden (siehe Abschnitt „4.3.1 Anschlusshöhen“, Seite 192 f.). Innerhalb der Bekleidung können die einzelnen Stränge (z. B. bei Dunstrohren) so weit auseinandergezogen werden, dass sie problemlos an der Oberseite der Bekleidung abgedichtet werden können. Die Anschlüsse liegen zudem nicht mehr in der wasserführenden Ebene.

Ist z. B. ein Dunstrohr direkt neben einem Dachablauf so angeordnet, dass sich die jeweiligen Klebeflansche berühren, ist ein fachgerechter Anschluss an beide Durchdringungen nicht ausführbar.

Im Absatz 3 wird ausgeführt, dass die Einklebefläche bei Anschlussflächen und -flanschen frei von Verunreinigungen und trocken sein muss.

Schornstein
Kamin

4.5.1 Schornsteine (Kamine)

An Schornsteinen (Kaminen) erfolgt der Anschluss von Dachabdichtungen sinngemäß wie die Ausbildung von Wandanschlüssen (siehe Abschnitt 4.3).

Je nach Größe des Kaminkopfes (Umfang) sind Anschlüsse mit Bitumenbahnen technisch nur sehr problematisch auszuführen, da die Ausbildung von Außenecken mit Polymerbitumenbahnen mit Polyestervlieseinlage relativ aufwendig ist. Insofern sollte nicht ausschließlich auf den Abschnitt „4.3 Anschlüsse an aufgehende Bauteile“ verwiesen werden, sondern auch auf den Absatz 1 im Abschnitt 4.5.

4.5.2 Aufsetzkränze für Lichtkuppelelemente, Rauchgas- und Wärmeabzugsanlagen

(1) Lichtkuppelelemente bestehen aus einem Aufsetzkranz und darauf getrennt angeordneten Lichtschalen. Einteilige Lichtkuppeln mit Kleberand sind nicht geeignet.

Lichtkuppel

In der Vorgängerfassung war der zweite Satz deutlicher formuliert: „Einteilige Lichtkuppeln mit Kleberand dürfen nicht verwendet werden.“ Rhetorisch betrachtet bedeutet die neue Formulierung, dass derartige Lichtkuppeln zwar nicht geeignet sind, was aber nicht heißt, dass sie nicht eingebaut werden dürfen.

Aus technischer Sicht sind einteilige Lichtkuppeln aufgrund ihrer Labilität und der thermischen Längenänderung nicht nachhaltig dicht anzuschließen.

(2) Die Oberkante des Aufsetzkranzes soll sich mindestens 0,15 m über Oberfläche Belag befinden. Aufsetzkränze müssen auf dem Untergrund nach Herstellerangaben befestigt werden.

Aufsetzkranz

Die Höhe der Oberkante ergibt sich aus den üblichen Anschlusshöhen gemäß Abschnitt „4.3.1 Anschlusshöhen". Bei der Befestigung der Aufsetzkränze werden sehr häufig erhebliche Fehler begangen. In vielen Fällen werden Holzbohlen in Dicke der Wärmedämmung um die Öffnung der Unterkonstruktion aufgebracht. Die anschließende Befestigung der Aufsetzkränze wird mit Dachpappstiften oder Schieferstiften ausgeführt. Das ist nicht ausreichend und schon gar nicht fachgerecht.

Aufsetzkränze sind so konstruiert, dass sie Bereiche haben, in denen die Befestigungsmittel angebracht werden können. Da werden Mindestabstände zu den Außenrändern der Flansche ebenso angegeben wie die Abstände zu den Ecken der Flansche. Je nach Größe des Aufsetzkranzes wird die Anzahl der Befestigungen und deren lichter Abstand untereinander angegeben. Abhängig von der Unterkonstruktion [Holzbohle, Stahlbeton, Porenbeton (Gasbeton), Stahl- und Stahltrapezprofile] werden die zu verwendenden Befestigungsmittel vorgegeben.

Einige Hersteller liefern einen entsprechenden Hinweis zur Befestigung mit den Aufsetzkränzen aus. Bei anderen muss die Befestigungsart für das jeweilige Bauvorhaben erfragt werden.

(3) Bei größeren Aufsetzkränzen besteht zunehmend die Gefahr von Schäden als Folge der temperaturbedingten Bewegungen. Das Nennmaß des Aufsetzkranzes soll deshalb 2,50 m nicht überschreiten.

Die Nenngröße wird an der unteren Innenkante des Aufsetzkranzes gemessen.

(4) Anschlüsse von Dachabdichtungen an Aufsetzkränzen können sowohl durch Eindichten des horizontalen Flansches als auch durch vollständiges Einfassen bis zum oberen Rand hergestellt werden.

Die meisten Hersteller bieten Aufsetzkränze an, an die die Dachabdichtung bis zum oberen Rand geführt werden kann. Diese Art des Anschlusses ist erheblich sicherer als der Anschluss am horizontalen Flansch, auch wenn hierbei die Außenecken schwieriger zu erstellen sind.

(5) Wird ein Anschluss mit Bitumen- und Polymerbitumenbahnen durch Eindichten des Klebeflansches hergestellt, muss dieser mindestens 0,12 m breit sein. In diesem Fall ist der Aufsetzkranz mindestens 0,05 m aus der Abdichtungsebene anzuheben und der Übergang keilförmig auszubilden. Die Einklebefläche muss mit einer Haftbrücke versehen werden. Die Abdichtung muss vollflächig aufgeklebt und auf dem Klebeflansch des Aufsetzkranzes zweilagig (Rückversatz) sein.

Die Fachregel in der Neufassung fasst hier die Absätze 6 und 7 des Abschnitts „5.4.3 Anschlüsse an Durchdringungen" der Vorgängerfassung zusammen. Dabei bezieht sich die Neufassung in diesem Absatz ausschließlich auf Bitumen- oder Polymerbitumenbahnen, was in der Vorgängerfassung nicht deutlich herausgestellt war.

In der alten Fassung der Fachregel wurde im Absatz 6 lediglich empfohlen, den Aufsetzkranz um 0,05 m aus der Abdichtungsebene anzuheben. Nunmehr ist es eine unbedingte Forderung. Die keilförmige Ausbildung des Bohlenrandes kann entweder durch Abschrägen einer Kante oder durch einen vorgelegten Dämmstoffkeil erfolgen.

Rückversatz

Der Rückversatz der Bahnen muss sowohl auf dem Klebeflansch des Aufsetzkranzes als auch eingebunden in der Dachabdichtung vorgenommen werden. Die Einfassung erfolgt immer unter Trennung von der Dachabdichtung und ist mit separaten Zuschnittstreifen der Bahnen der Dachabdichtung auszuführen. Die Zuschnittstreifen sollten Rollenbreite nicht überschreiten und senkrecht zum Klebeflansch geführt werden. Sinnvoll kann die Anordnung eines Schleppstreifens im Kantenbereich des Klebeflansches sein.

Bei der Neufassung der Fachregel wurde der alte Absatz 8 herausgenommen. In ihm wurde beschrieben, wie eine vollständige Einfassung mit Bitumenbahnen auszuführen ist.

(6) Bei Aufsetzkränzen, die direkt auf der Unterkonstruktion befestigt werden und bei denen die Wärmedämmung oberhalb des Klebeflansches an den Aufsetzkranz geführt wird, ist der Anschluss entsprechend Abschnitt 4.3.2 auszuführen.

Auch in diesem Absatz gilt die Regel, dass die Anschlüsse mit separaten Anschlussbahnen ausgeführt werden sollen. Das gilt sowohl bei Abdichtungen mit Bitumenbahnen (im Rückversatz) als auch bei Abdichtungen mit Kunststoffbahnen. Bei Kunststoffbahnen ist eine Trennung ohnehin gegeben, da vor den Aufsetzkränzen der Lichtkuppeln eine Befestigung zur Aufnahme horizontaler Kräfte nach Abschnitt „2.6.1 Maßnahmen zur Aufnahme horizontaler Kräfte“ erforderlich ist. Die mechanische Befestigung am oberen Rand des Aufsetzkranzes ist in den meisten Fällen werkseitig vorhanden. Eine Befestigung mit Klemmschienen oder Klemmprofilen bei nicht werkseitig vorhandenen Klemmvorrichtungen ist ungeeignet, es sei denn, der Hersteller des Aufsetzkranzes gibt die Art der geplanten Befestigung frei.

(7) Bei Dachabdichtungen aus Kunststoff- oder Elastomerbahnen können Aufsetzkränze bis zum oberen Rand eingefasst werden. Der Anschluss an den Aufsetzkranz erfolgt durch Aufkleben mit einem für den jeweiligen Werkstoff geeigneten Kleber oder mit mechanisch befestigten Verbundblechen. Für die Ausbildung der Ecken sollten Formteile verwendet werden.

Kunststoffbahn

Der erste Teil des Absatzes wiederholt im Grunde die Aussagen aus Absatz 4. Erst im weiteren Teil wird die Vorgehensweise bei Anschlüssen mit Kunststoffbahnen beschrieben. Nach den Forderungen des Absatzes muss der Anschluss durch Kleben oder mit Verbundblechen erfolgen. Es gibt zunehmend Aufsetzkränze aus Metall, an deren Außenseite eine angeklebte Mineralfaserdämmplatte angeordnet ist. Am oberen Rand ist eine Klemmvorrichtung vorhanden. Es ist weder bei Kunststoffbahnen noch bei Bitumenbahnen möglich, eine Verklebung mit dem Untergrund, hier der Mineralfaserplatte, zu erreichen.

Die Forderung ist auch dann nicht nachvollziehbar, wenn bei Anschlüssen mit Anschlusshöhen von mehr als 0,50 m eine Verklebung oder mechanische

Befestigung erfolgen soll (siehe Absatz 8 im Abschnitt „4.3.2 Anschlüsse mit Abdichtungen“). Die überwiegende Höhe der Aufsetzkränze mit Klemmvorrichtungen beträgt 0,30 m, liegt also deutlich unter der Höhe von 0,50 m. Fertigteile für die Eckausbildung gibt es für fast alle Kunststoffbahnen.

(8) Kunststoffbahnen können auf systemkonforme Lichtkuppelflansche direkt aufgeschweißt werden.

Auch hier sind separate Anschlussstreifen zu verwenden. Die Befestigung zur Aufnahme horizontaler Kräfte muss auch in diesen Fällen angeordnet werden. Eine solche aufgeschweißte Verbindung hat den Vorteil, homogen zu sein.

Lichtband

(9) Anschlüsse an Lichtbänder werden entsprechend Abschnitt 4.3.2 ausgeführt.

Je nach Hersteller gibt es unterschiedliche Systeme, wie Anschlüsse an die Lichtbandzargen erstellt werden müssen. Grundsätzlich gelten aber die Aussagen wie bei Anschlüssen an aufgehende Bauteile und die Ausführungen des Absatzes 6.

4.5.3 Dunstrohre

Der Anschluss der Dachabdichtung an Dunstrohre erfolgt mit vorgefertigten Formstücken aus Metall, Einbauelementen aus Kunststoff, Anschlussmanschetten oder mit Kunststoff-, Elastomerbahnen oder Flüssigabdichtungen. Die Klebeflansche sind in die Dachabdichtung einzubinden. Das obere Ende von Formstücken muss gegen hinterlaufendes Wasser gesichert sein.

Dunstrohr

Der Normalfall sind Einbauelemente aus Kunststoff, die bei wärmegedämmten Abdichtungen mehrteilig sind, sodass sie auch an die Dampfsperre angeschlossen werden können. Die Klebeflansche müssen bei Abdichtungen aus Bitumenbahnen grundsätzlich mit einer Haftbrücke versehen werden.

Bei Flüssigabdichtungen muss darauf geachtet werden, dass sich das Material mit dem des Dunstrohres dauerhaft verträgt.

Bei der Verwendung von Formstücken darf das aufgehende Teil nicht abrutschen. Bei runden Dunstrohren können korrosionsbeständige Schlauchschellen in Verbindung mit zugelassenen Versiegelungsmassen die Regensicherheit herstellen.

Anschlagpunkt
Absturzsicherung

4.5.4 Anschlagpunkte für Absturzsicherungen, Stützen, Masten und Verankerungen

(1) Anschlagpunkte für Absturzsicherungen, Stützen, Masten und Verankerungen müssen im Untergrund oder in der Dachkonstruktion verankert sein. Durch Windeinwirkung können an Masten starke Bewegungen auftreten. Deshalb müssen diese Anschlüsse beweglich ausgebildet werden.

Insbesondere bei Anschlagpunkten für Absturzsicherungen müssen die Angaben der Hersteller zur Befestigung im Untergrund unbedingt eingehalten werden. Der Anschluss an die Dachabdichtung erfolgt im Normalfall systemkonform und wird ebenfalls vom Hersteller an- oder vorgegeben.

Mast

Bei Masten, die nicht, z. B. durch Abspannungen, in ihrer Lage fixiert sind, müssen zweiteilige Anschlüsse ausgeführt werden. Hier haben sich die in Absatz 2 aufgeführten Rohrhülsen mit Klebeflansch bewährt. Diese können aus Kunststoff (z. B. Dunstrohren ohne oberes Gitter oder Regenhaube) oder Metall in handwerklicher Arbeit erstellt sein. Die Regensicherheit kann durch eine Manschette als Regenhaube hergestellt werden.

Sind in dem Mast Kabel geführt, ist zu beachten, dass diese bei der Eintrittstelle als Bogen nach unten geführt werden und eine Gummidichtung oder Vergleichbares vorhanden ist, da andernfalls Niederschlagswasser eindringen kann.

Werden Manschetten aus gummiartigen Stoffen verwendet, muss sichergestellt sein, dass diese nachhaltig UV-beständig sind und nicht durch Ermüdungserscheinungen im belasteten Bereich reißen. Gleiches gilt für Ausführungen mit Flüssigkunststoffen.

(2) Anschlüsse können mit

- *Rohrhülsen mit Klebeflansch,*
- *Manschetten oder*
- *Flüssigabdichtungen*

ausgebildet werden. Die Einfassungen sollen mindestens 0,15 m über Oberfläche Belag hochgeführt werden und am oberen Ende gegen hinterlaufendes Wasser gesichert werden. Klebeflansche müssen in Dichtungsebene angeordnet sein und nach jeder Seite ca. 0,12 m breite Klebeflächen aufweisen.

Die Anschlusshöhen und die Breite des Klebeflansches ergeben sich aus den bereits bekannten Forderungen anderer Regelteile.

3.8.6 Dachrandabschlüsse

Dachrandabschluss

4.6 Dachrandabschlüsse

(1) An Dachkanten von Dachabdichtungen ist, ausgenommen im Bereich von Dachrinnen, ein Randabschluss erforderlich. Geeignet sind:

- *Randaufkantungen mit Dachrandabdeckungen*
- *Randaufkantungen mit Dachrandabschlussprofilen*
- *Dachrandabschlussprofile.*

Randaufkantung

Randaufkantungen mit Dachrandabdeckungen sind im Grunde Attiken, auf deren Oberkante eine sog. Mauerabdeckung angeordnet ist. Die Abdichtung ist dabei bis zur Vorderkante des Mauerwerks/der Erhöhung geführt.

Randaufkantungen mit Dachrandabschlussprofilen sind z. B. Holzbohlen am Dachrand und ein auf der Vorderseite angeordnetes Dachrandabschlussprofil.

Dabei ist die Holzbohle erforderlich, um die in Absatz 2 geforderten Höhen der Abdichtung zu erreichen.

Ausschließlich angeordnete Dachrandabschlussprofile müssen die erforderliche Höhe eigenständig erreichen.

Höhe der Abdichtung

(2) Die Höhe der Abdichtung an Dachrandabschlüssen soll

- *bei Dachneigungen bis 5° mindestens 0,10 m,*
- *bei Dachneigungen über 5° mindestens 0,05 m*

über Oberfläche Belag betragen.

In der Neufassung sind die Prozentangaben der Dachneigung herausgenommen worden.

Wichtig ist die Aussage, dass die Höhe der Abdichtung, nicht die des Dachrandabschlusses, 0,10 m bzw. 0,05 m über der Oberkante des Belags maßgeblich ist. Bis zur erforderlichen Höhe muss der Dachrand wasserdicht ausgebildet werden.

Durch die Erhöhung an den Dachrändern soll verhindert werden, dass Niederschlagswasser insbesondere durch Winddruck über die Dachränder geleitet wird und an den Fassaden der Bauteile zu Verunreinigungen oder zu Schäden führt. Die geringere Höhe bei Dachneigungen von über 5° ist ausreichend, weil das anfallende Wasser aufgrund der Neigung schneller in Richtung Traufe geführt wird. Die Höhe wird umlaufend angenommen.

Gefälle

(3) Dachrandabdeckungen sollen ein Gefälle zur Dachseite aufweisen.

In der Vorgängerfassung wurde beschrieben, dass Dachrandabschlüsse ein Gefälle zur Dachseite aufweisen müssen. Die Änderung auf Dachrandabdeckungen ist technisch betrachtet richtiger, da ein Dachrandabschluss auch ein Dachrandabschlussprofil sein kann, welches aber keine ausgeprägte Oberkantenfläche hat, die ein Gefälle erfordert. Allerdings ist aus einer unbedingten Forderung eine bedingte Forderung geworden. An der Notwendigkeit des Gefälles ändert das aber nichts.

(4) Die Abdichtungsbahnen des Anschlusses sollen bei Dachrandaufkantungen bis zur Außenkante geführt, verklebt oder mechanisch befestigt werden.

Attika

Sehr häufig werden Dachränder mit niedrigen Attiken ausgebildet. Auf den Außenseiten wird oftmals ein Wärmedämmverbundsystem angeordnet. Die Bahnen des Anschlusses können nicht ohne Zusatzmaßnahmen bis zu der Vorderkante des Wärmedämmverbundsystems geführt und dort verklebt oder befestigt werden. In Absprache mit dem Ersteller des Wärmedämmverbundsystems wird dessen Höhe über der Oberkante der Attika festgelegt. Sie ergibt sich u. a. aus der Höhe der Wärmedämmung auf der Attikakrone und des notwendigen Untergrunds/der notwendigen Unterkonstruktion für die Dachrandabdeckung. Wird die Dachrandabdeckung mit Vorstoßblechen oder Halterungen befestigt, kann z. B. eine zugelassene Bausperrholzplatte, deren Breite von der Vorderkante des Wärmedämmverbundsystems bis an die Innenkante (Außenkante der senkrechten Wärmedämmung auf der Dachseite) der Attika reicht, als Unterkonstruktion für die Vorstoßbleche oder Halterungen dienen.

(5) Abmessungen und Ausführung von Dachrandabdeckungen und Abschlussprofilen sind in der „Fachregel für Metallarbeiten im Dachdeckerhandwerk“ geregelt.

Abdeckung

Diese Fachregel führt im Abschnitt 6.6 dieselben Forderungen wie die Fachregel für Abdichtungen auf. Sie verweist auf das Kapitel 8.1. Dort wird Folgendes ausgeführt:

„8.1 Allgemeines

Abdeckungen werden angewendet als

- Mauerabdeckungen,
- Attikaabdeckungen,
- Dachrandabdeckungen,
- Gesimsabdeckungen.

Zur Anwendung kommen vorgefertigte oder handwerklich hergestellte Profile. Abdeckungen sollen ein ausreichendes Gefälle zur Dachseite aufweisen. Es wird empfohlen, die dachabgewandte Seite mit einer Aufkantung zu versehen. Die Überstände ergeben sich aus Abschnitt 6.3.1. Die Abdeckungen erhalten an den Enden Kopfstücke oder Maueranschlussstücke. Verunreinigungen durch abtropfendes Wasser sind nicht gänzlich zu vermeiden.“

Dieser Abschnitt 6.3.1 besagt Folgendes:

Ortgangausbildung

„6.3.1 Ortgangausbildungen bei Deckungen

(1) Detaillösungen am Ortgang aus Metall bestehen dachseitig aus einem seitlichen Metallanschluss (siehe Abschnitt 5.3.1). Die Ortgangausbildung kann mehrteilig, mit Abkantung oder mit Auf- und Abkantung ausgeführt werden (siehe Abb. 16).

(2) Die Metalldicke der handwerklich gekanteten Ausführung ist der Tabelle 2 zu entnehmen. Die Befestigung erfolgt nach Kapitel 3.4. Werden selbsttragende industriell vorgefertigte Strangprofile verwendet, soll die Mindestdicke 1,5 mm betragen.“

Bemessung

Für die Bemessung von Dachrandabdeckungen ist ausschließlich die Abb. 16 von Bedeutung, auf die im Absatz 1 des Abschnitts 6.3.1 verwiesen wird.

In der Abbildung ist eine Tabelle enthalten, in der die Abstände der Tropfkante zur Fassade sowie die Höhen der Überdeckungen über die Fassade, bei einer Ausführung mit oder ohne Aufkantung, angegeben sind.

Der Mindestabstand Tropfkante/Fassade muss bei einer

- Gebäudehöhe < 8,0 m = 20 mm,
- Gebäudehöhe 8,0–20,0 m = 30 mm,
- Gebäudehöhe > 20,0 m = 40 mm

betragen.

Bei Dachrandabdeckungen aus Kupfer ist der Abstand grundsätzlich auf 50 mm zu erhöhen.

Die Mindesthöhe des vorderen senkrechten Schenkels, der die Fassade überdeckt, beträgt bei einer

- Gebäudehöhe < 8,0 m = 50 mm,
- Gebäudehöhe 8,0–20,0 m = 80 mm,
- Gebäudehöhe > 20,0 m = 100 mm.

Die Höhe einer möglichen Aufkantung soll mindestens 25 mm erreichen.

(6) Dachrandabschlussprofile und Dachrandabdeckungen einschließlich ihrer Teile und Befestigungen müssen den zu erwartenden Beanspruchungen aus Windbelastung standhalten.

Standsicherheit

Dazu führt die Fachregel für Metallarbeiten im Dachdeckerhandwerk aus:

„(1) Bei selbsttragenden Profilen ist der statische Nachweis der Standsicherheit durch den Hersteller zu erbringen. Die Befestigung erfolgt indirekt verdeckt mit mindestens korrosionsgeschützten Befestigungsmitteln. Der erforderliche Abstand für den Bewegungsausgleich ist Tabelle 6 zu entnehmen. Geeignet sind Bewegungsausgleicher mit oder ohne Abdeckstreifen."

Selbsttragendes Profil

Selbsttragende Profile oder Abdeckungen sind solche, die auf Halterungen mit entsprechendem Abstand untereinander verlegt werden. Der Nachweis der Standsicherheit im Sinne der DIN 1055-4 (Windlasten) der gesamten Konstruktion ist durch den Hersteller zu erbringen. Dabei ist die Befestigung der Halterungen auf der Unterkonstruktion und die Verbindung Halter zur Abdeckung selber maßgebend. Den Nachweis der Befestigung der Unterkonstruktion am Bauköper, z. B. der Bausperrholzplatte auf der Attikakrone, kann ebenfalls durch den Hersteller erbracht werden. Der Nachweis ist verantwortlich durch den Dachhandwerker zu führen.

In der Fachregel für Metallarbeiten sind die Verbindungen der Bleche untereinander bei selbsttragenden Abdeckungsblechen nicht konkret beschrieben. Die meisten Hersteller von Dachrandabdeckungen bieten systemkonforme Verbindungen an. Diese werden meistens unterhalb der Kopfstöße in die vordere und hintere Rückkantung der Dachrandabdeckung eingelegt. Die nebenliegende Dachrandabdeckung wird anschließend eingeschoben. Der „Verbinder" sollte an einem der Bleche fixiert werden, um ein Verkanten zu verhindern. Er sollte an der Oberseite (Kontaktseite zu den Dachrandabdeckungen) parallel zu den Kopfstößen Riffelungen aufweisen, um einen kapillaren Wassereintrag in die Verbindung zu verhindern. Wird der „Verbinder" wie beschrieben nur an einer der nebeneinander angeordneten Dachrandabdeckungen fixiert, kann die lose Verbindung an der anderen Dachrandabdeckung als Dehnungsausgleich dienen. Während der Montage müssen die Witterungsverhältnisse, insbesondere die Temperaturen der Abkantungen, bei der Ausführung der Stoßverbindungen berücksichtigt werden.

Nicht selbsttragende Abdeckung

„(2) Nicht selbsttragende Abdeckungen werden auf flächiger Unterkonstruktion verlegt. Auf Mauerwerk oder Beton wird die Verwendung einer Trennschicht (siehe Kapitel 2.6) empfohlen. Die Metalldicke ist der Tabelle 2 zu entnehmen. Die Befestigung erfolgt indirekt durch korrosionsgeschützte Hafte, Vorstoßbleche, Haftstreifen u. a. mit geeigneten Schrauben/Nägeln/Stiften auf der Unterkonstruktion. In Ausnahmefällen kann bei Kleinflächen eine direkte Befestigung (siehe Abschnitt 3.4.1) erfolgen. Der Abstand der Hafte, Anzahl und Art der Befestigung richten sich nach dem Bauteil, der Gebäudehöhe und den Windlastannahmen. Auf geeignetem Untergrund sind auch Klebebefestigungen möglich. Die Nahtverbindungen erfolgen werkstoffgerecht nach Kapitel 3.2. Geeignet sind (Abb. 3, 4, 9 und 10): (...).“

Die flächige Unterkonstruktion kann z. B. eine Bausperrholzplatte sein. Ist die Oberfläche von Beton oder Mauerwerk ausreichend eben, kann die Abdeckung direkt aufgelegt werden. Um eine Korrosion z. B. bei Titanzink zu verhindern, muss eine Trennschicht vorgesehen werden.

Indirekte Befestigung

Wichtig ist der Hinweis der indirekten Befestigung. Sehr häufig werden Abdeckungen direkt mit z. B. Spengelerschrauben oder mit Schrauben und Hauerbuckeln auf der Unterkonstruktion befestigt. Eine solche Befestigung ist nur in Ausnahmefällen bei Kleinflächen oder geringer Länge der Abdeckung zugelassen. Bei langen Abdeckungen würden die thermischen Längenänderungen der Bleche zum Ausreißen der Befestigungsmittel aus der Unterkonstruktion oder den Blechen führen.

Thermische Längenänderung

(7) Dachrandabschlussprofile müssen so konstruiert sein und montiert werden, dass sich die thermischen Längenänderungen der Profile nicht nachteilig auf die Abdichtung auswirken können.

Dachrandabschlussprofile werden überwiegend als Aluminium-Strangprofile hergestellt. Diese unterliegen hohen thermischen Längenänderungen. Insbesondere im Stoßfugenbereich der Profile werden dabei große Kräfte freigesetzt, die von den Bahnen einer Dachabdichtung nicht sicher aufgenommen und abgeleitet werden können. In Absatz 8 wird ausgeführt, dass Dachrandabschlussprofile, die direkt in die Dachabdichtung eingeklebt werden, nicht geeignet sind, weil die an den Stoßstellen auftretenden temperaturbedingten Bewegungen zu Rissen in der Dachabdichtung führen können (sog. einteilige Dachrandprofile).

Neben sehr aufwendigen Profiltypen, die mit Halterungen montiert werden und bei denen die Anschlussbahnen unterhalb der Profilabkantung eingeklemmt werden, gibt es Strangprofile, bei denen die Anschlussbahnen hochgeführt und mit Klemmstücken an der Rückseite des Profils regensicher fixiert werden. Die Fixierung ist so ausgelegt, dass die Anschlussbahnen nicht senkrecht zum Profil herausgezogen werden können. Die Profile können in Längsrichtung die thermischen Bewegungen ohne Schaden an den Anschlussbahnen anzurichten ausführen.

3.8.7 Bewegungsfugen

Bewegungsfuge

4.7 Bewegungsfugen

(1) An Bewegungsfugen dürfen sich Bewegungen aus Gebäudeteilen nicht so auswirken, dass die Funktionsfähigkeit einzelner Schichten beeinträchtigt wird. Dazu muss die Ausführung der Bewegungsfugen auf die jeweilige Art der Dachabdichtung sowie auf die Art, Richtung, Größe und Häufigkeit der zu erwartenden Bewegungen abgestimmt sein. Es wird unterschieden zwischen Fugen des Typs I und II.

Die Fachregel für Abdichtungen passt sich hier der DIN 18531-3 „Bemessung, Verarbeitung der Stoffe, Ausführung der Dachabdichtungen“ (nicht genutzte Dächer) an. Sie muss zusätzlich bei genutzten Dachflächen die Forderungen aus der DIN 18195-8 „Abdichtungen über Bewegungsfugen“ berücksichtigen.

Bewegungsfugen bei Abdichtungen mit Bitumenbahnen werden anders ausgeführt, als es bei Abdichtungen mit Kunststoff- oder Elastomerbahnen der Fall ist. Weiterhin muss zwischen verklebten Aufbauten und lose verlegten Aufbauten unterschieden werden. Der Planer muss die Richtungen, Größen und die Häufigkeiten der zu erwartenden Bewegungen angeben. Der Planer und/oder der Dachbauhandwerker legen gemeinsam den jeweiligen Fugentyp fest.

Ist eine Sanierung im Bestand ohne externe Planung angestrebt, so muss der Dachbauhandwerker im Zweifel den Fugentyp unter Mithilfe eines Statikers bestimmen.

Neu in die Fachregel aufgenommen wurde die Unterteilung in zwei verschiedene Fugentypen: Fugentyp I und Fugentyp II.

(2) Bewegungsfugen sollen auch im Bereich der Dampfsperre entsprechend berücksichtigt und ausgeführt werden.

Da Bewegungsfugen auch in Bereichen ausgeführt werden müssen, in denen die Luftdichtheit gemäß der DIN 4108 und der EnEV erforderlich ist, muss die Dampfsperre unbeschädigt über die Fuge geführt werden. In der Fuge selber sind häufig lediglich weiche Dämmstoffe angeordnet, die die Luftdichtheit nicht erbringen können. Die Dampfsperrbahnen ihrerseits sind nicht in der Lage, Spannungen dauerhaft aufzunehmen und abzuleiten, da deren Metallbandeinlage bei sich wiederholenden dauernden Bewegungen ermüden und brechen. Je nach anstehendem Fugentyp sind besondere Maßnahmen zu ergreifen.

Fugentyp I

4.7.1 Fugentyp I

(1) Fugentyp I sind Fugen für langsam ablaufende und einmalige oder selten wiederholte Bewegungen, z. B. Setzungsbewegungen, Schwindverkürzungen oder Längenänderungen durch jahreszeitliche Temperaturschwankungen (Dehnungen) in oberseitig wärmegedämmten Dachflächen. Dabei sollten die Bewegungen der Fugenflanken sowohl für Einzelbewegungen als auch für kombinierte Bewegungen folgende Maße nicht überschreiten:

- *5 mm bei verklebten Abdichtungen aus Bitumen-, Kunststoff- oder Elastomerbahnen sowie bei Flüssigabdichtungen*
- *10 mm bei lose verlegten Abdichtungen aus Kunststoff-, Elastomer- und Bitumenbahnen.*

Bei Überschreitung dieser Maße ist die Abdichtung über der Fuge nach Fugentyp II auszuführen.

Bewegungsfuge

Eine klassische Fuge nach Typ I ist die zu erstellende Bewegungsfuge zwischen einem Altbau und einem daran anschließenden Neubau. Steht dieser im Übergangsbereich auf eigenen Fundamenten, so sind Setzungen, die nach kurzer Zeit abgeschlossen sein werden, üblich und in der Statik berücksichtigt. Diese Bewegungen sind als einmalig und langsam anzusehen.

Bewegungen geschehen nicht nur horizontal, wie es bei thermischen Längenänderungen der Fall ist. Horizontale Kräfte entstehen nicht nur senkrecht zum Fugenverlauf, sie können auch parallel/quer dazu auftreten (Scherkräfte). Vertikale Kräfte entstehen u. a. durch Setzungen. Hier können sich nach der Setzung Höhenunterschiede in den Dachflächen ergeben.

In den meisten Fällen werden Kombinationen aus den verschiedenen Kräfteentwicklungen auf die Bewegungsfugen einwirken.

Dass bei verklebten Abdichtungsaufbauten geringere Bewegungen erlaubt sind, ist verständlich, denn die entstehenden Kräfte müssen von den jeweiligen Abdichtungen in schmalen Bereichen aufgenommen und sicher abgeleitet werden. Bei lose verlegten Abdichtungen werden die Kräfte überwiegend unabhängig von der Abdichtung selber abgebaut.

Überschreiten die geplanten Bewegungen die oben genannten Maße schon in der Planungsphase, muss die Abdichtung oberhalb der Bewegungsfuge entsprechend dem Fugentyp II einschließlich der notwendigen Maßnahmen ausgeführt werden. Die Vorgaben der Bewegungen werden vom Planer erstellt.

(2) Über der Fuge des Typs I kann die Abdichtung vereinfacht in ebener Ausführung durchlaufen. Die Abdichtung ist über der Fuge erforderlichenfalls durch geeignete Maßnahmen, z. B. durch Stützbleche, so zu unterlegen, dass ein Einsinken in den Fugenspalt verhindert wird. (...)

Stützbleche können durchaus auch unterhalb der Dampfsperre erforderlich werden.

Ebene Ausführung

Wesentlich ist die Aussage, dass die Abdichtung oberhalb der Fugen in ebener Ausführung durchlaufen kann. In der Vorgängerfassung wurde im Abschnitt „5.6 Bewegungsfugen“ Absatz 2 gefordert: „Bei Bewegungsfugen im verklebten Dachaufbau soll die Abdichtung aus der wasserführenden Ebene herausgehoben und möglichst zu Hochpunkten der Dachfläche ausgebildet werden, z. B. durch Anhebung auf Dämmstoffkeilen oder durch Aufkantungen.“

Dadurch wurde bei Bewegungsfugen grundsätzlich eine aufwendigere Entwässerung der sich daraus ergebenen Einzeldachflächen erforderlich. Bei Abdichtungen oberhalb des Fugentyps I ist eine Erhöhung der Abdichtung im Fugenbereich nunmehr nicht mehr erforderlich.

(...) Bei Abdichtungen aus verklebten Bitumenbahnen, Kunststoff- oder Elastomerbahnen sowie Flüssigabdichtungen sind Schleppstreifen von mindestens 0,20 m Breite unter der Abdichtung anzuordnen.

Bei lose verlegten Kunststoff- oder Elastomerbahnen und Bitumenbahnen kann die Dachabdichtung über Fugen mit Bewegungen bis 10 mm über den Fugen durchgezogen werden, wenn die Bahnen im Fugenbereich unterstützt sind.

Schleppstreifen

Der Schleppstreifen soll zur vollständigen Trennung der Abdichtung vom Untergrund im Fugenbereich dienen, um die anfallenden Kräfte großflächiger zu verteilen. Damit er nicht durch den Bewegungsablauf verrutschen kann, sollte er einseitig fixiert werden. Der Schleppstreifen sollte deshalb auch aus einem relativ biegesteifen Material bestehen. Sollen Metallzuschnitte als Schleppstreifen eingesetzt werden, dürfen deren Kanten die Schichten des Dachaufbaus nicht schädigen.

Oftmals werden in die Bewegungsfugen weiche Mineralfaserdämmstoffe eingestellt. Diese sind nicht in der Lage, das Gewicht der Abdichtung bzw. des möglicherweise vorhandenen schweren Oberflächenschutzes zu tragen. In diesen Fällen muss die Abdichtung im Bereich der Bewegungsfuge unterstützt werden, um ein Einsinken zu verhindern.

Fugentyp II

4.7.2 Fugentyp II

(1) Fugentyp II sind Fugen für schnell ablaufende oder häufig wiederholte Bewegungen, beispielsweise Längenänderungen durch tageszeitliche Temperaturschwankungen, z. B. bei oberseitig ungedämmten Dachflächen.

Schnell ablaufende und sich wiederholende Bewegungen kommen u. a. auch dort vor, wo Kranbahnen im Gebäudeinneren angeordnet sind (z. B. bei Stahl- oder Betonfertigteilwerken). Durch das Anfahren oder Abstoppen der Kranbühnen werden die Bewegungen in die Gebäudekonstruktion geleitet. Dort setzen sie sich in der gesamten Konstruktion fort.

Bei Dachflächen mit Stahltrapezprofilen, bei denen die Wärmedämmung die erforderliche Mindestdicke zum „Tragen" der Abdichtung nicht überschreitet, kann es durch tageszeitlich bedingte Temperaturschwankungen ebenfalls zu wiederholten Bewegungen im Bereich der Bewegungsfugen kommen.

Bei genutzten Dachflächen können diese Bewegungen durch wechselnde Lasten, z. B. durch geplante Biegungen, entstehen.

Fugenbewegung

(2) Die Art der Ausführung ist unter Berücksichtigung der Größe und Häufigkeit der Fugenbewegungen im Einzelfall festzulegen, z. B. durch

- *Unterbrechen der Flächenabdichtung und schlaufenartige Anordnung geeigneter Abdichtungsstoffe,*
- *Anordnung von Fugenbändern mit Einklebeflansch (mit allgemeinem bauaufsichtlichem Prüfzeugnis),*
- *vorgefertigte Fugenkonstruktionen mit integrierten Kunststoff- oder Elastomer-Dichtungsprofilen (mit allgemeinem bauaufsichtlichem Prüfzeugnis),*
- *Los- und Festflanschkonstruktionen und Einbau von Fugenbändern.*

Die Größe und Häufigkeit der Fugenbewegungen sind vom Planer vorzugeben. Danach kann entschieden werden, welche der oben aufgeführten Maßnahmen getroffen werden müssen. Bei der Art der Ausbildung muss zusätzlich berücksichtigt werden, ob die Abdichtung häufiger begangen werden muss, z. B. zu Wartungszwecken einschließlich des Transports von Maschinenteilen zu auf der Dachfläche angeordneten Maschinen (Aufzugsmotore, Klimaanlagen). In solchen Fällen kann eine schlaufenartige Anordnung von

Abdichtungsstoffen unzureichend sein, da Beschädigungen durch unsachgemäßen Transport nicht grundsätzlich ausgeschlossen werden können.

(3) Fugenausbildungen mit schlaufenartiger Anordnung der Abdichtung können aus der Abdichtungsebene herausgehoben werden, z. B. durch Anordnung von Dämmstoffkeilen oder durch Aufkantungen. Teilflächen von Dächern, die durch Heraushebungen getrennt werden, sind unabhängig voneinander zu entwässern.

Herausheben

Dieser Absatz ist die Änderung des Absatzes 2 aus dem Abschnitt „5.6 Bewegungsfugen“ aus der Vorgängerfassung. Dort wurde das Herausheben von Bewegungsfugen grundsätzlich bedingt gefordert. Die Neufassung bietet das Herausheben nunmehr nur noch als eine von mehreren Möglichkeiten an.

Das Herausheben der Fugen aus der Abdichtungsebene hat gerade bei Dachflächen mit Auflast oder extensiven Begrünungen den Vorteil, dass die Fugen zu Wartungszwecken frei zugänglich, einsehbar und bei Wartungs- oder Inspektionsarbeiten an den extensiven Begrünungen oder anderen zu wartenden Gegenständen deutlich erkennbar sind.

Je nach Lage der Fugen muss das Entwässerungskonzept geplant und ausgeführt werden (siehe auch Abschnitt „2.3.5 Dachentwässerung“, Seite 77 ff.).

Fugenverlauf

(4) Die Fugen sollen nicht durch Bauwerksecken führen und nicht in einer Kehle oder Kante verlaufen. Ihr Abstand zu parallel verlaufenden Kehlen oder Kanten muss im Regelfall mindestens 0,50 m betragen. Ist dieses Maß nicht einzuhalten, muss die Fuge mit einer Hilfskonstruktion verlagert oder eine Sonderkonstruktion eingesetzt werden.

In der DIN 18531-3 wird zusätzlich zu den oben genannten Ausführungen der Fachregel für Abdichtungen ausgeführt, dass bei Fugen des Fugentyps II der Schnittwinkel von Fugen untereinander und der mit Kehlen oder Kanten nicht wesentlich geringer als 90° sein sollte. Solche Schnittwinkel sind in den überwiegenden Fällen bei der Abdichtung der Bewegungsfugen handwerklich vor Ort zu erstellen. Fugenbänder müssen einschließlich der Los- und Festflansche dauerhaft wasserdicht angesetzt werden wie Formteile. Bei nahezu rechtwinkligen Ausbildungen der Schnittwinkel ist die Ausführung von Schnittpunkten bei Bewegungsfugen mit einem erheblich geringeren Risiko verbunden.

In Kehlen fallen bei Niederschlägen die größten Mengen Wasser an. Da die Fugenausbildungen extremen Belastungen unterliegen, sollen sie nicht in diesen Bereichen angeordnet werden.

Würde an einer Fuge im Bereich einer Kehle ein Schaden auftreten, wären die Folgen ungleich weitreichender, als wenn eine Bewegungsfuge an einem Hochpunkt der Dachfläche ausgebildet wäre.

Verlagerung

Eine Verlagerung von Bewegungsfugen erfordert einen hohen technischen Aufwand. Eine Lösung kann es z. B. sein, bereits die Dampfsperre vom Untergrund des zu trennenden Bauteils vollständig zu trennen. Diese wird ggf. auf einer Gleitschicht angeordnet, die z. B. bis zu einem aufgehenden Bauteil reicht. Die nachfolgende Wärmedämmung und Abdichtung werden weiter normal auf der Dampfsperre verlegt. Der Anschluss an das aufgehende Bau-

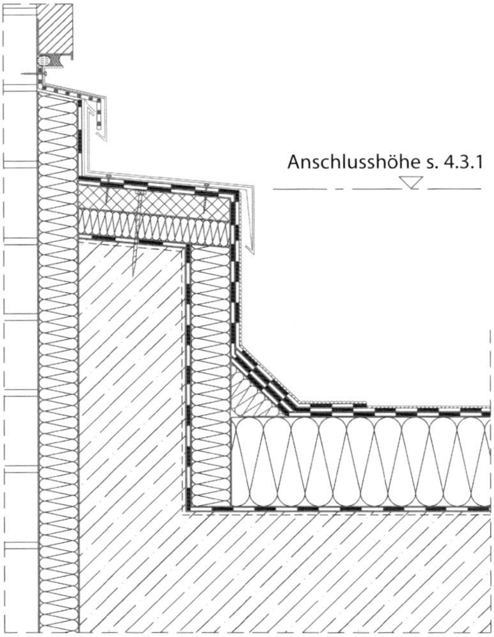

Abb. 26: Beweglicher Wandanschluss mit Betonaufkantung

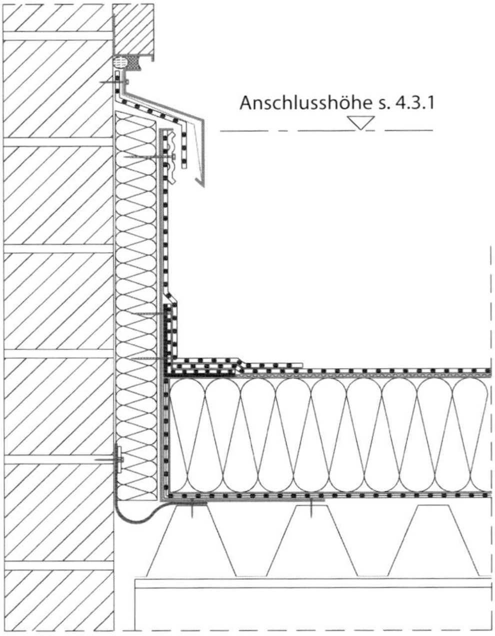

Abb. 27: Beweglicher Wandanschluss mit Hilfskonstruktion

teil wird dann in der Art ausgeführt, dass er die Bewegungen aufnehmen kann (siehe hierzu z. B. Abb. 26 und 27). Eine Gleitschicht könnte z. B. eine Abkantung aus verzinkten Stahlblechen sein, wie in Abb. 27 als beweglicher Anschluss dargestellt. Die Abkantung würde einseitig am Untergrund befestigt, auf dem der überwiegende Teil der Abdichtung angeordnet ist (Abb. 26 und 27).

Hinweis

Bewegungsfugen sind sensible Bauteile mit hohem Schadenspotenzial, das sich sowohl während der Ausführungen als auch nach der Fertigstellung nicht ändert. Bewegungsfugen sollten deshalb regelmäßig in kurzen Zeitabständen inspiziert und gewartet werden. Schon geringfügige Schäden haben weitreichende Folgen für die Dichtigkeit der Abdichtung und des zu schützenden Gebäudes. Sind bei Inspektionen geringfügige Schäden, z. B. an den Fugenbändern durch Ermüdung, erkennbar, sollten diese unverzüglich so weit wie möglich ausgetauscht und/oder ersetzt werden. Versiegelungsmassen zur Abdichtung sind zur Aufnahme von Lasten aus Bewegungsfugen ungeeignet.

3.8.8 Dachentwässerung

Dachentwässerung

4.8.1 Dachabläufe/Notab- und Notüberläufe

(1) Fabrikmäßig vorgefertigte Dachabläufe müssen DIN EN 1253 „Abläufe für Gebäude" entsprechen (Bemessung der Dachabläufe und Notüberläufe siehe Abschnitt 2.3.5).

Dachablauf

In der Norm werden z. B. die Anforderungen an Dachabläufe, wie deren Temperaturbeständigkeit, Innendurchmesser und Einbaustellen etc., beschrieben.

Grundkörper

(2) Die Grundkörper sind in der Unterkonstruktion zu befestigen.

Bislang war in der Fachregel formuliert, dass Dachabläufe und Notüberläufe in der Unterkonstruktion zu befestigen sind. Die Formulierung führte häufiger zu Irritationen, weil bei dem Begriff „Dachabläufe" angenommen wurde, dass die Aufsatzelemente (auch „Aufstockelemente" genannt) damit ebenso gemeint sind und somit auch in der Unterkonstruktion befestigt werden müssten. Schäden, die durch eine fehlende lineare Befestigung im Bereich von Dachabläufen, insbesondere bei PVC-P-Bahnen, in Form von herausgerissenen oder verkanteten Aufsatzelementen auftraten, schienen diese Meinung zu bestätigen.

Die Neufassung der Fachregel stellt nun klar, dass ausschließlich die Grundkörper in der Unterkonstruktion zu befestigen sind.

Problematisch kann das bei Druckentwässerungssystemen werden (siehe hierzu Ausführungen zu Absatz 3 im Abschnitt „2.3.5 Dachentwässerung", Seite 79 f.).

Die DIN 18531-3 fordert im Abschnitt „8.5 Dachentwässerungen", dass Dachabläufe und Notüberläufe so einzubauen sind, dass sie sich durch Relativbewegungen zwischen Dachuntergrund und Dachabdichtung nicht so weit schräg stellen oder verschieben dürfen, dass eine Beeinträchtigung der Entwässerungsfunktion entsteht. Relativbewegungen sind solche, bei denen unterschiedliche Bewegungsrichtungen zwischen Dachabdichtung und Untergrund vorhanden sind oder bei denen zwei unterschiedlich stark ausgeprägte Bewegungen in gleicher Richtung vorliegen.

Flansch

(3) Flansche in der Abdichtungsebene sollen in der Unterlage eingelassen werden.

Diese Forderung wird leider sehr häufig ignoriert. Die Flansche haben ohne z. B. eine aufvulkanisierte Anschlussbahn eine Dicke von ca. 5 mm und je nach Art der Anschlussbahn bis zu 5 mm mehr. Werden die Flansche nicht in die Unterlage (z. B. Wärmedämmung) eingelassen, bleibt eine nicht unerhebliche Menge Wasser vor dem Dachablauf stehen, was zu Verunreinigungen auf der Abdichtung führt.

Probleme kann es bei Wärmedämmungen geben, bei denen die Kaschierung dazu dient, Treibmittelausdunstungen zu verhindern, wie es bei PUR- oder PIR-Dämmstoffen evtl. notwendig ist. Die Kaschierung müsste beim Einlassen des Flansches entfernt werden. Das enthaltene und für die Dämmwerte notwendige Treibmittel zum Aufschäumen könnte in diesen Bereichen großflächiger und schneller entweichen.

Gänzlich unmöglich wird es bei Dämmstoffen, bei denen ein Vakuum innerhalb der Platten für eine entsprechende Wärmeleitgruppe sorgen muss.

Bei Unterkonstruktionen aus Bausperrholz, Span- oder OSB-Platten darf die Tragfähigkeit der Platten nicht so weit eingeschränkt werden, dass die Mindestanforderungen nicht mehr erfüllt werden.

Für eine Abdichtung gemäß der Anwendungskategorie K2 sollte die bedingte Forderung „sollen" in die unbedingte Forderung „muss" geändert werden.

(4) Der Anschluss kann mit Los- und Festflansch, Klebeflanschen, integrierten Anschlussbahnen oder Flüssigabdichtungen ausgeführt werden. Die Anschlussbahnen müssen auf die Dachabdichtung abgestimmt sein.

Anschlussbahn

Bei Druckentwässerungen sind Los- und Festflanschanschlüsse üblich. Bei der überwiegenden Anzahl der Dachabläufe sind die Anschlussbahnen bereits integriert. Auch wenn es theoretisch möglich ist, Bitumenbahnen an bestimmte Kunststoff- oder Elastomerbahnen, z. B. EPDM, anzuschließen, sollte dennoch darauf verzichtet werden und eine Anschlussbahn aus Bitumen gewählt werden. Bei Kunststoff- und Elastomerbahnen muss die Anschlussbahn in jedem Fall auf die Bahnen der Abdichtung abgestimmt sein. Bei Sanierungen sind ggf. spezielle Sanierungsabläufe mit einer passenden Anschlussbahn zu verwenden.

(5) Die Dampfsperre ist in der Regel an den Grundkörper des zweiteiligen Dachablaufs, Notab- und Notüberlaufs anzuschließen.

Diese Forderung ergibt sich aus der Notwendigkeit der Luftdichtheit der Gebäudehülle bzw. der Luftdichtheit gegenüber einem Dachaufbau mit einer Wärmedämmung.

(6) Abläufe sollen durch Kies-/Laubfangkörbe vor Verstopfung geschützt werden. Die Entwässerungselemente sind so abzudecken, dass ein Zusetzen des Ablaufs sicher vermieden wird. Dachabläufe müssen zu Wartungszwecken frei zugänglich sein und sind regelmäßig zu warten.

Laubfangkorb

Abläufe werden nur dann vor Verstopfung geschützt, wenn die Laubfangkörbe richtig eingebaut und regelmäßig gewartet und/oder gereinigt werden. Sehr häufig kann beobachtet werden, dass Laubfangkörbe mit dem Sieb nach unten in die Abläufe gesteckt werden. Dadurch verstopfen die Laubfangkörbe erheblich schneller, denn es reicht schon sehr wenig Laub im Herbst, um eine dichtende Schicht zu erhalten.

Probleme kann es auch in den Fällen geben, in denen die Bestreuung der Abdichtung keine ausreichende Haftung an der Bahnenoberseite hat und durch Niederschlagswasser in Richtung der Abläufe transportiert wird.

Bei extensiven Dachbegrünungen müssen spezielle Abdeckungen für die Dachabläufe angeordnet werden. Diese sollen verhindern, dass sich die Dachabläufe durch Schwebteile zusetzen oder durch abgestorbene Pflanzen verstopft werden. Sie dienen gleichzeitig als Revisionsöffnungen zu Wartungszwecken.

Tipp

Der Satz „Dachabläufe (...) sind regelmäßig zu warten" drückt eine unbedingte Forderung aus. Der Dachhandwerker sollte den Bauherrn nachweislich darauf hinweisen. Entsprechende Wartungsverträge sollten durch den Dachhandwerker angeboten werden.

Verstopfen Dachabläufe und es kommt zum Schaden, z. B. zu einem Einsturz durch die hohe Belastung nicht ablaufender Wassermassen, und der Bauherr kann keine Wartungsarbeiten nachweisen, kann er seinen Versicherungsschutz wegen Fahrlässigkeit verlieren.

Die Reinigungs- und Wartungspflicht gilt ebenso für alle Notab- und Notüberläufe.

(7) Bei Terrassenflächen sind über Dachabläufen, Notab- und Notüberläufen herausnehmbare Gitterroste anzuordnen. Rahmen für Gitterroste, die im Terrassenbelag fest eingebunden sind, dürfen die Eigenbeweglichkeit des Terrassenbelags gegenüber dem Ablauf nicht beeinträchtigen.

Gitterrost

Gemäß Absatz 4 im Abschnitt „3.2.1 Gefälle und Entwässerung" der Fachregel für Abdichtungen müssen die Dachabläufe die Nutzfläche und die Abdichtung entwässern. Aus optischen Gründen werden oftmals Roste in den Platten- oder Fliesenbelag eingelassen. Diese Beläge unterliegen Schub- und thermischen Belastungen. Ist der Rost passgenau im Belag eingelassen und mit dem Ablauf starr verbunden, kann es z. B. bei thermischen Änderungen des Belags zu unzulässigen Spannungen im Übergang vom Rost zum Ablauf kommen.

Es wird empfohlen, systemgerechte Elemente des Dachablauf-Herstellers für den jeweiligen Einsatzzweck zu verwenden.

Traufausbildung

4.8.2 Traufausbildung bei Dachrinnen

(1) Erfolgt die Entwässerung von Dachflächen über vorgehängte Rinnen, so ist als Übergang ein Traufblech anzuordnen. Dieses kann eingeklebt oder als Stützblech überklebt werden. Eingeklebte Traufbleche sind bei nicht genutzten Dachflächen nur in der Anwendungskategorie K1 zulässig.

Traufblech

Die Fachregel fordert grundsätzlich die Anordnung eines Traufblechs. Sie gibt die Möglichkeit vor, dass dieses überklebt werden kann. Das Blech übernimmt dann die Funktion eines Stützblechs. Ausführungen ohne ein Traufblech mit der Funktion eines Stützblechs sind nicht zugelassen. Die Erfahrung zeigt aber, dass bei Polymerbitumenbahnen mit Elastomeranteilen (PYE) und Polyestervlies (PV) die Rückstellkräfte bei Erwärmung so hoch sind, dass sich die Bahnen bei einer Überklebung um nur ca. 50 mm auf den senkrechten Schenkel des Traufblechs wieder vom Traufblech lösen und aufstellen. Das kann dazu führen, dass der Querschnitt der Dachrinne in der Einlaufbreite unzulässig geschmälert und Niederschlagswasser dann über die Vorderkante der Dachrinne geleitet wird.

Neu ist der Zusatz, wonach eingeklebte Traufbleche der Anwendungskategorie K1 zugeordnet werden müssen. Das führt dazu, dass die gesamte Dachfläche der Anwendungskategorie K1 zugeordnet werden muss.

Traufstreifen

(2) Zur Befestigung der Traufstreifen können Randbohlen oder wärmegedämmte Profile verwendet werden. Diese sollen 10 mm niedriger als die vorhandene Dämmschicht sein und an der Dachseite mindestens 20 mm über den Rand des Traufstreifens vorstehen. Auf die hintere Traufblechkante ist bei verklebter Abdichtung ein Trennstreifen aufzulegen. Auf diesen kann verzichtet werden, wenn ein ausreichend breiter unverklebter Bereich eingehalten wird.

Bislang hat die Regel keine konkreten Angaben über den erforderlichen Höhenunterschied zwischen der Oberkante des Profils oder der Holzbohle zur Oberkante der Dämmschicht gemacht. Nunmehr werden 10 mm als Maß angegeben. Damit soll sichergestellt werden, dass Überhöhungen den Wasserablauf nicht behindern. Überhöhungen können entstehen, wenn z. B. die Rinnenhalter nicht in die Holzbohle eingelassen werden, sondern der Zwischenraum aufgefüttert wird, wie es im Absatz 4 als Möglichkeit vorgegeben ist.

Hinweis

Werden extrem harte Dämmstoffe verwendet, kann die Abdichtung im Übergangsbereich zwischen Wärmedämmung und Holzbohle unzulässig abgeknickt werden und an scharfen Kanten Schaden nehmen. In diesen Fällen sollte die Kante der Wärmedämmung abgeschrägt werden.

Der Trennstreifen soll wie bei allen eingeklebten Blechen Schäden an der Abdichtung verhindern, die insbesondere bei thermischen Längenänderungen entstehen können. Ausreichend unverklebte Bereiche ergeben sich z. B. bei nicht verklebten Dachaufbauten bei Dämmstoffen aus Mineralfasern.

(3) Bei Nagelung der Traufbleche auf der Unterkonstruktion soll diese versetzt in höchstens 50 mm Abstand erfolgen. Traufbleche aus Verbundblechen sind mit Schrauben im Versatz zu befestigen.

Befestigung

Die Fachregel unterscheidet erstmalig zwischen Traufblechen aus den üblichen Metallen wie Titanzink, Kupfer oder verzinntem V 2a und Verbundblechen. Während die üblichen Bleche mit einer Nagelung fixiert werden dürfen, müssen Verbundbleche geschraubt werden. Einen Abstand zwischen den Schrauben gibt die Regel zwar nicht an, aber die Abstände der Nagelung haben sich bewährt und sollten eingehalten werden. Die Befestigung im Versatz dient der besseren Lagestabilität der Bleche u. a. bei thermischen Längenänderungen.

Hinweis

Gemäß Tabelle 6 der Fachregel für Metallarbeiten müssen bei eingeklebten Traufblechen Dehnungsausgleicher in einem maximalen Abstand von 6 m angeordnet werden.

Rinnenhalter

(4) Rinnenhalter sollen eingelassen oder die Zwischenräume aufgefüttert werden.

Bei Dachabdichtungen, die ohne Wärmedämmschicht direkt auf einer Holzschalung ausgeführt werden, müssen die Rinnenhalter eingelassen werden. Auffütterungen würden zu unzulässigen Behinderungen im Wasserablauf führen.

(5) Bei Dachabdichtungen mit Bitumenbahnen und bitumenhaltigen Kunststoffbahnen (z. B. ECB) sind bei Rinnen aus verzinktem Stahl und Zink Maßnahmen zum Korrosionsschutz der Entwässerungsteile erforderlich.

(Siehe auch Absatz 2 im Abschnitt „4.3.3 Anschlüsse mit eingeklebten Blechen“ und „Fachregel für Metallarbeiten im Dachdeckerhandwerk“, Abschnitt 5.5 (6).)

Gegenüber der Vorgängerfassung wurde bei den Bitumenbahnen der Hinweis auf APP-Bahnen nicht mehr aufgenommen. Grundsätzlich sind bei allen Abdichtungen mit Bitumenbahnen Maßnahmen gegen die Bitumenkorrosion erforderlich.

3.8.9 Brandschutzmaßnahmen für An- und Abschlüsse bei großflächigen Dächern nach DIN 18234

Brandschutz

Die Inhalte des Abschnitts „4.9.1 Allgemeines“ wurden bereits in den Absätzen 16 und 17 im Abschnitt „1.4 Gestaltungs- und Planungshinweise“ behandelt (siehe Seite 35 ff.).

Absatz 1 beschreibt im Wesentlichen, dass An- und Abschlüsse bei großflächigen Dächern im Sinne der DIN 18234 so ausgebildet werden müssen, dass eine Brandweiterleitung in den Dachaufbau und/oder auf die Oberfläche verhindert werden muss. Die Eignung des gesamten Aufbaus einschließlich der An- und Abschlüsse kann durch eine Brandprüfung nachgewiesen werden. Werden Konstruktionen nach DIN 18234-4 ausgeführt, gelten diese auch ohne Nachprüfung als geeignet.

Der Absatz 2 weist daraufhin, dass bei profilierten flächigen Baustoffen und belüfteten Konstruktionen die An- und Abschlüsse an aufgehenden Bauteilen und um Durchdringungen mit nicht brennbaren Materialien abgeschottet werden müssen. Die Abschottung muss in Profilrichtung eine Länge von mindestens 0,12 m haben. Sie ist in einer Linie direkt neben der Durchdringung anzuordnen. In der Breite muss die Abschottung bis zum jeweils ersten nicht angeschnittenen Obergurt ausgeführt werden. Die Höhe der Abschottung darf nicht geringer als die Höhe z. B. der Obergurte sein. Es kann sinnvoll sein, die Untergurte (Tiefsicken) neben dem ersten nicht angeschnittenen Obergurt vollständig bis zu den Außenrändern der übrigen Abschottungen aufzufüllen. Als Material sind z. B. Mineralwolle, Schaumglas oder Schüttungen aus zementgebundenen expandierten Materialien geeignet.

Kleine Durchdringung

4.9.2 Kleine Durchdringungen

(1) Dachabläufe, Rohrdurchführungen und Stützen mit Maßen bis 0,30 m × 0,30 m bzw. einem Durchmesser bis 0,30 m gelten als kleine Durchdringung.

(2) Hierbei sind außer den Profilfüllern folgende Maßnahmen anzuordnen:

- *Um die Durchdringung herum ist bei Unterkonstruktionen aus Stahltrapezprofilen die Wärmedämmung in einer Fläche von mindestens 1,00 m × 1,00 m aus nicht brennbaren Baustoffen wie Mineralwolle mit einem Schmelzpunkt von mindestens 1.000 °C, Schaumglas oder expandierten mineralischen Baustoffen (mit allgemeinem bauaufsichtlichem Prüfzeugnis) auszuführen. Dabei sollte die Durchdringung möglichst mittig in dieser Fläche angeordnet sein. Andere Baustoffe benötigen einen Nachweis durch eine Brandprüfung nach DIN 18234-3.*

Mineralfaserdämmstoff

Im Volksmund werden Mineralfasern häufig mit dem Begriff „Glaswolle“ gleichgesetzt bzw. verwechselt. Ein wesentlicher Unterschied ist aber der Schmelzpunkt der Glaswolle von ca. 750 °C. Mineralfaserdämmstoffe haben hingegen Schmelzpunkte ab 1.000 °C oder darüber. Glaswolle darf in der oben beschriebenen Ausführung nicht verwendet werden. Im Zweifel sollte der Hersteller des Dämmstoffes nach dem Schmelzpunkt befragt werden.

Durch die mittige Anordnung sollen die Durchdringungen möglichst gleichmäßig von allen Seiten eingefasst werden, um der Gefahr zu entgegnen, dass Brände auf einer Seite aufgrund zu geringen Ausmaßes der Maßnahme weitergeleitet werden.

Thermoplastisches Bauprodukt

- *Bei thermoplastischen Bauprodukten in der Durchdringung (z. B. Abläufe oder Abwasserleitungen aus z. B. PVC, PE) ist die durch das im Brandfall zu erwartende Wegschmelzen frei werdende Öffnung durch ein selbstständig schließendes System (z. B. Feuerschutzklappe) zu verschließen.*

Bei Dachflächen, die den Anforderungen der DIN 18234 unterliegen, sollte grundsätzlich auf brenn- oder schmelzbare Materialien im Bereich von Durchdringungen verzichtet werden. Abwasserleitungen wie auch Dachabläufe gibt es auch ausschließlich aus Metall. Werden diese aus bauphysikalischen Gründen, wie z. B. zur Vermeidung von Tauwasserausfall an den Rohren, mit einer Wärmedämmung und einer zusätzlichen Bekleidung ummantelt, so sollten die dafür verwendeten Materialien ebenfalls als nicht brennbar ausgeführt werden.

Bei Einsatz solcher Systeme ist zu beachten, dass auch die Profilhohlräume zur Rauminnenseite im Bereich des Haltebleches mit Profilfüllern ausgefüllt sind.

Werden also Feuerschutzklappen auf der Rauminnenseite der Stahltrapezprofile angeordnet, müssen die auf der Unterseite der Profile vorhandenen Hohlräume (die Unterseite der Obergurte) mit nicht brennbaren Materialien geschlossen werden. Der Umfang der Maßnahme sollte dem der Maßnahme oberhalb der Stahltrapezprofile nicht unterschreiten.

Mittlere Durchdringung

4.9.3 Mittlere Durchdringungen

(1) Lichtkuppeln, Rauchgas- und Wärmeabzugsanlagen und sonstige Durchdringungen mit Maßen bis 3,00 m × 3,00 m bzw. einem Durchmesser bis 3,00 m gelten als mittlere Durchdringungen.

(2) Aufsetzkränze müssen eine Mindesthöhe von 0,25 m über Oberkante Dachabdichtung haben.

Oberkante

Einmalig in der Fachregel wird hier von einer Höhe über der Oberkante der Dachabdichtung gesprochen. Es muss beachtet werden, dass sich diese Höhe ausschließlich auf die Mindesthöhe aus Brandschutzgründen bezieht. Die erforderliche Mindesthöhe im Bezug auf die geforderten Anschlusshöhen aus den übrigen Teilen der Fachregel bleibt davon unberührt. Das ist insbesondere dann von Bedeutung, wenn Kiesschüttungen oder extensive Dachbegrünungen den Abstand von der Oberkante des Oberflächenschutzes zu der Oberkante des Aufsetzkranzes verringern.

(3) Die Wärmedämmung des Daches ist bei einer Unterkonstruktion aus Stahltrapezprofilen in einem Streifen mit einer Breite von mindestens 0,50 m umlaufend um die Durchdringungsstelle aus Stoffen wie Mineralwolle mit einem Schmelzpunkt von mindestens 1.000 °C, Schaumglas oder expandierten mineralischen Baustoffen (mit allgemeinem bauaufsichtlichem Prüfzeugnis) auszuführen. Andere Baustoffe erfordern einen Nachweis durch eine Brandprüfung nach DIN 18234-3.

Grundsätzlich sind die Anforderungen mit denen der kleinen Durchdringungen identisch. Wesentlich ist aber, dass der umlaufende Streifen eine Breite von mindestens 0,50 m haben muss. Bei Stahltrapezprofilen müssen somit u. U. zwei vollständige Tiefsickenbereiche in Längsrichtung neben den Aufsetzkränzen aufgefüllt werden.

Aufsetzkranz

(4) Mittlere Durchdringungen werden in der Regel mit Aufsetzkränzen ausgebildet.

(5) Bei Anschluss mit Dachabdichtungen kann diese je nach System sowohl im unteren Bereich auf dem Klebeflansch als auch durch Hochführen bis zum oberen Rand des Aufsetzkranzes angeschlossen werden. Wird die Abdichtung hochgeführt, ist aus brandschutztechnischen Gründen die Anordnung einer mindestens 80 mm breiten Schiene oder eines Abdeckbleches am oberen Ende der Abdichtung erforderlich. Andernfalls ist um die Durchdringungsstelle herum auf der Dachoberfläche ein schwerer Oberflächenschutz, z. B. Kies 16/32 mit mindestens 0,05 m Dicke und einer Streifenbreite von mindestens 0,50 m, aufzubringen. Der Kiesstreifen kann entfallen, wenn die Dachabdichtung der Klassifizierung B roof (t3) nach DIN EN 13501-5 entspricht.

In der DIN 18234-3 wird im Abschnitt 4.3 Folgendes beschrieben:

„Bei Aufsetzkränzen sollten Dachabdichtungen aus brandschutztechnischen Gründen vorzugsweise im unteren Bereich (Klebeflansch) angeschlossen werden."

Der Grund hierfür liegt darin, dass die Lichtkuppelschalen im Brandfall eher schmelzen oder brennen und dadurch eine Öffnung in der Dachfläche entsteht. Wenn die Bahnen bis zur Oberkante des Aufsetzkranzes hochgeführt werden, kann der Brand von oben nach unten weitergeleitet werden. Um diese Gefahr zu minimieren, muss die mindestens 80 mm breite Schiene vorhanden sein. Ist eine schmalere oder gar keine Schiene vorhanden, muss alternativ ein Kiesstreifen angeordnet werden. Die Norm und die Fachregel geben dafür zwar keine Breite vor, sie sollte jedoch nicht kleiner als die der Maßnahme unterhalb der Abdichtung sein, also > 0,50 m umlaufend.

Der Kiesstreifen kann dann entfallen, wenn der Dachaufbau im Sinne der DIN 4102 als „harte Bedachung" eingestuft werden kann.

Große Durchdringung

4.9.4 Große Durchdringungen

(1) Lichtbänder mit einer Seitenlänge > 3,00 m bzw. einem Durchmesser > 3,00 m gelten als große Durchdringung.

(2) Werden große Durchdringungen mit Innenwandungen aus Stahlblech und eingestellter Wärmedämmung aus Mineralwolle mit einem Schmelzpunkt von mindestens 1.000 °C oder Schaumglas direkt auf das Flächentragwerk aufgesetzt, sind mit Ausnahme von Profilfüllern keine weiteren zusätzlichen Maßnahmen erforderlich. Diese Formstücke sind bei diesem Detail grundsätzlich nur quer zur Profilrichtung, unter Einbeziehung der angeschnittenen Profilhohlräume, bis zum ersten nicht angeschnittenen Obergurt einzubringen.

Lichtband

Lichtbänder werden üblicherweise selbsttragend hergestellt. Dazu werden die Zargen aus statischen Gründen aus Stahlblechen hergestellt. Außenseitig werden dann die beschriebenen Mineralfaserplatten angeordnet. Da die Zargen der Lichtbänder bis auf sehr seltene Ausnahmen direkt auf dem tragenden Untergrund aufgesetzt werden, müssen mit Ausnahme der Profilfüller bei belüfteten Konstruktionen keine weiteren Maßnahmen getroffen werden.

Bei Unterkonstruktionen aus Stahltrapezprofilen gelten die Ausführungen des Absatzes 3 in Abschnitt „4.9.3 Mittleren Durchdringungen".

(4) Um die Durchdringungsstelle herum ist auf der Dachoberfläche ein schwerer Oberflächenschutz, z. B. Kies 16/32 mit mindestens 0,05 m Dicke und einer Streifenbreite von mindestens 0,50 m, aufzubringen, wenn

- *im Dachdurchdringungs- oder Aufkantungsbereich Holz- oder Holzwerkstoffe eingesetzt werden,*
- *die Dachabdichtung hochgeführt wird,*
- *die Außenkanten von thermoplastischen Lichtbändern seitlich über die Abdichtung auskragen.*

Kiesstreifen

Der Kiesstreifen ist bereits dann anzuordnen, wenn eine der drei Bedingungen erfüllt ist. Da die überwiegende Anzahl von Lichtbändern mit Stahlzaren ausgebildet ist, werden bei diesen die Anschlüsse der Dachabdichtungen im Normalfall bis zum oberen Rand hochgeführt und dort anschlossen. Eine 80 mm breite Schiene zum Einklemmen der Bahnen wird zwar vorhanden sein, reicht jedoch nicht aus, um den Anforderungen bei großen Durchdringungen gerecht zu werden.

Bei großflächigen Dächern im Sinne der DIN 18234 muss man davon ausgehen, dass der Kiesstreifen in den überwiegenden Fällen unabhängig von den beiden weiteren Bedingungen angeordnet werden muss.

Es bleibt dem Hersteller oder dem Planer überlassen, mit dem jeweils zuständigen Brandschutzbeauftragten des Kreises oder der Kommune ein Alternativkonzept (z. B. metallische Abkantungen) auszuarbeiten, wenn statische Gründe das erforderlich machen. Die Vereinbarungen müssen schriftlich fixiert und mit dem Bauherrn abgestimmt werden. Gegebenenfalls ist die Versicherung einzubinden, um den Versicherungsschutz nicht zu gefährden.

Aufgehendes Bauteil

4.9.5 An- und Abschluss zu einem aufgehenden Bauteil

(1) Bei beweglichen Anschlüssen ist die senkrechte Bewegungsfuge zum aufgehenden Bauteil in einem Streifen aus nicht brennbaren Baustoffen wie Mineralwolle mit einem Schmelzpunkt von mindestens 1.000 °C in Höhe des gesamten Anschlusses zu schließen. Die Mindestdicke des Dämmstoffstreifens soll 40 mm betragen. Wird diese Mindestdicke nicht eingehalten, ist die Wärmedämmung der Dachfläche unabhängig von der Profilrichtung mit einer Streifenbreite von mindestens 0,50 m aus den vorgenannten Stoffen vorzusehen.

Die Ausführung der An- und Abschlüsse erfolgt, wie es im Absatz 8 des Abschnitts „2.3.3.5 Stahltrapezprofile" bereits beschrieben wurde (siehe Seite 74 f.). Bei großflächigen Dächern im Sinne der DIN 18234 darf der Dämmstreifen den Schmelzpunkt erst bei > 1.000 °C erreichen.

(2) Bei profilierten aufgehenden Bauteilen sind die Profilhohlräume zur Rauminnenseite in der Ebene der Höhe des Daches zu schließen. Die Profilhohlräume können mit Profilfüllern aus nichtbrennbaren Baustoffen wie Mineralwolle mit einem Schmelzpunkt von mindestens 1.000 °C, Schaumglas oder expandierten mineralischen Baustoffen (mit allgemeinem bauaufsichtlichem Prüfzeugnis) abgeschottet werden. Bei aufgehenden profilierten Bauteilen aus im Brandfall schmelzenden Baustoffen (z. B. Aluminium) ist zusätzlich ein streifenförmiger Oberflächenschutz aus Kies 16/32 mit mindestens 0,05 m Dicke mit einer Streifenbreite vom mindestens 0,50 m entlang des Randanschlusses anzuordnen.

Wird der Anschluss z. B. an eine Fassade ausgeführt, die mit Stahltrapezprofilen bekleidet ist, sind die Hohlräume der Bekleidung in der Ebene des Dachaufbaus in dessen Höhe (Dicke) mit den nicht brennbaren Stoffen zu schließen.

Besteht die Bekleidung aus Aluminiumtrapezprofilen, so ist zusätzlich der Kiesstreifen anzuordnen.

Hinweis

Die DIN 18234-3 beschreibt in Abschnitt 4.1 ergänzend zur Fachregel, dass nicht nur der Eintritt von Flammen im Bereich der Anschlussstellen von Durchdringungen bei profilierten flächigen Baustoffen und zweischaligen Dächern verhindert werden muss. Es muss vielmehr auch das Eindringen von Gasen verhindert werden. In der Konsequenz müss(t)e diese Art der Ausführungen zumindest über einen bestimmten Zeitraum luftdicht durchgeführt werden, damit brennbare Gase nicht in die Konstruktion eindringen können. Die verwendeten Profilfüller müssen deshalb für das jeweilige Stahltrapezprofil geeignet sein. Die Breite bzw. die Länge des Profilfüllers ist für die Verzögerung des Eindringens mit entscheidend.

Schüttfüllungen aus expandierten mineralischen Baustoffen dürfen nach dem Einbau nicht schrumpfen. Werden z. B. zementgebundene Schüttungen verwendet, sind die aufgefüllten Bereiche vor dem endgültigen Abbinden (Erhärten) nicht zu betreten, um unzulässige Verformungen zu vermeiden, die nach der Montage der Dampfsperre nicht mehr einzusehen sind.

Derartige Schüttungen werden weiterhin keine luftdichte Verbindungen mit dem nachfolgendem Dachaufbau eingehen.

3.9 Pflege und Wartung

3.9.1 Allgemeines

5.1 Allgemeines

Pflege
Wartung

(1) Zur Erhaltung von Dachabdichtungen sind Pflege- und Wartungsmaßnahmen erforderlich. Die rechtzeitige Durchführung dieser Maßnahmen setzt eine regelmäßige Überprüfung der Dachabdichtung voraus. Die ist im Rahmen einer Begehung und Besichtigung durch einen Fachkundigen durchzuführen. Der Umfang der Maßnahmen ist abhängig von der Alterungsbeständigkeit der Dachabdichtung, die im Wesentlichen durch deren Qualität

und die Art des Oberflächenschutzes bestimmt wird. Es wird empfohlen, dazu einen entsprechenden Inspektions- und/oder Wartungsvertrag abzuschließen. Die Pflege von Dachbegrünungen ist nach der FLL-Dachbegrünungsrichtlinie regelmäßig durchzuführen.

Reinigung

Zur Pflege und Wartung gehört selbstverständlich das Reinigen der Dachabläufe oder bei Dachflächen mit Attiken von Schmutzablagerungen vorwiegend im Eckbereich, die durch Verwirbelungen entstanden sind.

Die Erfahrung zeigt, dass in Neubaugebieten unabhängig davon, ob es Wohngebiete oder Industriegebiete sind, Reinigungsarbeiten weit weniger häufig vorgenommen werden müssen als in Gebieten, in denen ein großer und hoher Baumbestand vorhanden ist. Bei Dachabdichtungen mit einer Bestreuung auf der oberen Lage sollte eine Reinigung oder Überprüfung der Dachabläufe ca. zwei bis drei Monate nach Fertigstellung und danach im Abstand von ca. sechs Monaten erfolgen, da lose Partikel der Bestreuung mit dem Niederschlagswasser in Richtung der Dachabläufe geschwemmt werden und sich dort absetzen können.

Abdichtungen mit Kiesschüttungen als Oberflächenschutz müssen regelmäßig von ungeplantem Bewuchs befreit werden. Die Anforderungen können sich dort erhöhen, wo eine intensive Landwirtschaft betrieben wird und Pflanzensamen durch Vögel auf die Dachflächen gebracht werden.

Dachbegrünung
Dachbegrünungsrichtlinie

Bei Dachbegrünungen wird in der Dachbegrünungsrichtlinie im Abschnitt 13.4 ausgeführt, dass die technischen Einrichtungen bei Arbeitsgängen der Unterhaltungs- und Entwicklungspflege ebenfalls zu warten sind. Dabei ist insbesondere zu beachten, dass die Funktionsfähigkeit der Dachabläufe und der in Kontrollschächten untergebrachten technischen Einrichtungen für die Be- und Entwässerung überprüft wird.

Verunreinigungen und Ablagerungen in Kontrollschächten, an Versenkregnern sowie bei Dachabläufen und Entwässerungsrinnen müssen beseitigt werden.

Die Standfestigkeit von Einfassungen, Oberflächenbefestigungen und sonstigen Bauteilen muss überwacht werden.

Bei stark geneigten Dachflächen müssen die Einrichtungen zur Schubsicherung kontrolliert werden.

Einlagerungen, die die Funktion beeinträchtigen können, z. B. bei Kiesstreifen, an An- und Abschlüssen sowie bei Kiesschüttungen an technischen Einrichtungen, müssen in mehrjährigen Abständen entfernt werden.

(2) Das Hauptziel von Instandsetzungen ist grundsätzlich die Wiederherstellung einer den anerkannten Regeln der Technik entsprechenden Dachabdichtung. Die dazu erforderlichen Arbeiten müssen auf den vorhandenen Zustand des Daches und die ermittelten Mängel und Schäden abgestimmt werden.

Beispiel

Bei einem älteren Industriedach sind Undichtheiten festgestellt worden. Die Wärmedämmung besteht aus einer Korkschicht mit einer Dicke von 60 mm. Der Kork ist im Bereich der Undichtheiten vollkommen durchnässt und zerbröselt.

Hier kann und darf als Instandsetzungsmaßnahme nicht nur die Undichtheit mit dem Aufbringen einer Lage Polymerbitumen-Schweißbahn beseitigt werden. Der Austausch der durchfeuchteten Wärmedämmung ist ebenfalls vorzunehmen. Die Abdichtung ist in dem betroffenen Bereich mindestens zweilagig wiederherzustellen.

Wertverbesserung

(3) Wertverbessernde Zielsetzungen, wie die Erhöhung des Qualitätsniveaus und der Wirtschaftlichkeit, die Verbesserung des Wärme- und Schallschutzes oder die Berücksichtigung ökologischer Gesichtspunkte (z. B. extensive Dachbegrünung), sind vor Beginn der Voruntersuchungen festzulegen.

Ob es wirtschaftlich sinnvolle Möglichkeiten gibt, eine oder mehrere tatsächlich wertverbessernde Maßnahmen bei Dachflächen im Bestand durchzuführen, kann nur durch intensive Voruntersuchungen und Beurteilung der vorhandenen Dachflächen festgestellt werden.

Die Untersuchungen und Beurteilungen müssen sehr sorgfältig durchgeführt werden. Sinnvollerweise werden in verschiedenen Bereichen der Dachflächen Probeöffnungen vorgenommen. Bei nachträglich geplanten Dachbegrünungen muss der Schichtenaufbau den technischen und bauphysikalischen Anforderungen genügen.

Kurzfristige Reststandzeit

(4) Soll das Ziel der Instandsetzungen lediglich eine auf kurzfristige Reststandzeit des Gebäudes oder Daches abgestimmte Reparatur sein, so ist dies ausdrücklich zu vereinbaren. Dann können ggf. die Voruntersuchungen eingeschränkt werden oder ganz entfallen.

Beispiel

Die Dachflächen eines Industriebetriebs waren bereits seit Jahren undicht. Die Räumlichkeiten unterhalb wurden nicht oder nur selten genutzt. Durch Änderungen des Betriebsablaufs sollten die Räumlichkeiten in Zukunft als Lagerraum für feuchtigkeitsempfindliche Materialien genutzt werden. Die Dauer der Nutzung wurde seitens der Geschäftsführung mit maximal vier Jahren angegeben, da danach der Gebäudebestand vollständig erneuert werden sollte.

Die trotzdem eingeleiteten Voruntersuchungen ergaben, dass sämtliche Dachflächen vollkommen durchnässt waren. Das Mauerwerk an aufgehenden Bauteilen war nicht mehr geeignet, bei Anschlüssen eine dauerhafte Dichtheit zu erreichen. Die Dachrandabschlüsse und Teile der Unterkonstruktion waren unwiederbringlich zerstört. Eine große Anzahl von Durchdringungen und Überleitungen wie Rohre und Kabel wurde über die Dachflächen geführt.

Es wurde vereinbart, dass die Dachflächen von groben Verunreinigungen befreit werden. Als Maßnahme sollte eine einfache Polymerbitumen-Schweißbahn PYE-PV 200 S5 mit oberseitiger Bestreuung mittels punktweiser Befestigung aufgebracht werden. Die punktweise Befestigung durch Aufschweißen sollte sicherstellen, dass zunehmender Dampfdruck unterhalb der neuen Oberlage entspannen kann.

Planer und Ausführende legten in ihren Vereinbarungen mit dem Bauherrn u. a. fest, dass

- das nachträgliche Aufbringen einer oberen Lage mit der genannten Bahnenqualität in diesem Fall nicht den anerkannten Regeln der Technik entspricht,
- eine Blasenbildung in der oberen Lage nicht ausgeschlossen werden kann,
- die An- und Abschlussausbildungen nicht den anerkannten Regeln der Technik entsprechen,
- es auch nach der Fertigstellung der Arbeiten vorübergehend zum Abtropfen von Feuchtigkeit im Gebäudeinneren kommen kann, da die Restfeuchte durch Temperaturauswirkungen ihre Konsistenz in Gasform ändern und nach dem Abkühlen erneut in größeren Mengen und gesammelt als Tauwasser ausfallen kann.

Aufgrund der Ausrichtung und Größe der Dachflächen wurde dem Bauherrn später durch eine externe Stelle geraten, die neue Abdichtung wirtschaftlich sinnvoll zur Produktion von Strom zu nutzen. Die hohen Rückvergütungen des Energieversorgers bei der Einspeisung in das öffentliche Netz würden die Mehrkosten schnell amortisieren.

Einer solchen Maßnahme konnte man im vorliegenden Fall nicht zustimmen. Rückfragen an den Hersteller ergaben, dass dieser über den Zustand der vorhandenen Dachflächen nicht bzw. nicht ausreichend informiert war. Aufgrund der allein im vorhandenen Aufbau enthaltenen Feuchtigkeit wären nach kurzer Zeit die Verbindungsstecker der einzelnen Photovoltaikmodule in den Bahnen korrodiert, womit die Funktionsfähigkeit nicht mehr vorhanden gewesen wäre.

3.9.2 Voruntersuchungen

5.2 Voruntersuchungen

Voruntersuchung

(1) Vor Instandsetzungen und Dacherneuerungen sind Bestandsaufnahmen und Zustandsfeststellungen durchzuführen. Beim Vorliegen von Schäden sind Ursachenermittlungen durchzuführen. Art und Umfang der Voruntersuchungen sind abzustimmen auf z. B. die Art und den Aussagewert vorliegender Dokumente, das Schadensbild des Altdaches und die Ziele und die Art der geplanten Maßnahmen. Die Ergebnisse der Bestandsaufnahme sind zu protokollieren.

Wesentlich ist die Ursachenermittlung bei vorliegenden Schäden. Erst wenn die Ursache für z. B. einen Feuchtigkeitseintritt gefunden wurde, kann über die Art einer Sanierung, Instandsetzung oder Erneuerung entschieden werden.

Bauphysikalische Ursachen müssen anders gelöst werden als eine einfache Undichtheit in der Abdichtung.

Wie bereits beschrieben, sind umfangreiche Untersuchungen mit Probeöffnungen unerlässlich. Die Ergebnisse sollten nicht nur protokollarisch festgehalten, sondern zudem den Betroffenen umfangreich erläutert werden. Das betrifft insbesondere die Konsequenzen, die sich aus den Untersuchungen ergeben. Die Lage der Probeöffnungen sollten zumindest in einer Skizze angegeben bzw. eingemessen werden.

Tragfähigkeit Dachtragwerk

(2) Dabei können z. B. folgende Untersuchungen erforderlich werden:

- *Bei einer geplanten wesentlichen Erhöhung der Dachlasten sowie bei Schadensbildern, die Schädigungen des Dachtragwerks vermuten lassen, ist die Tragfähigkeit der Dachkonstruktion zu überprüfen und der Zustand des Tragwerks zu untersuchen.*

Planer wie Dachbauhandwerker, die als Planer der Sanierung oder Instandsetzung tätig sind, sollten Sonderfachleute zurate ziehen. Nur ein Statiker kann die Tragfähigkeit des Dachtragwerks beurteilen. Ein Fachmann, dessen Berufsbild dem der Tragkonstruktion entspricht (z. B. öffentlich bestellte und vereidigte Sachverständige des Zimmererhandwerks, Stahlbaus, Stahl- und Betonbaus etc.), kann den Zustand des Tragwerks sicher beurteilen.

Eine geplante Erhöhung der Dachlast kann z. B. die Anordnung einer extensiven Dachbegrünung oder einer Kiesschüttung sein. Die dadurch entstehenden dauerhaften zusätzlichen Lasten können zu unzulässigen Verformungen der Konstruktion führen.

Bauphysikalische Untersuchung

- *Bei Nutzungsänderungen, die eine erhöhte Temperatur- und Feuchtebelastung erwarten lassen, und beim Einbau von Schichten, die die bauphysikalische Situation verändern, ist das Dach bauphysikalisch zu untersuchen.*

Anerkannte Methoden zur Berechnung z. B. von Tauwasserausfall sind das Glaserdiagramm sowie Berechnungen nach Wufi (Wärme und Feuchte instationär, Fraunhofer Institut für Bauphysik).

Berechnungen nach dem Glaserverfahren sind stationär, d. h., es werden z. B. keine lokalen Klimadaten oder die Sorption von Materialien berücksichtigt, was bei Berechnungen nach Wufi getan wird.

Berechnungen nach Glaser sollten als Mindestmaßnahme grundsätzlich immer, also bei jeder Veränderung des Dachaufbaus, vorgenommen werden.

- *Sollen die vorhandenen Dachschichten auf dem Dach verbleiben, so ist zu untersuchen, ob sie weiterhin funktionsfähig sind oder sich zumindest im Schichtenpaket nicht schädigend auswirken werden und ob sie untereinander und mit der Tragunterkonstruktion lagesicher verbunden sind.*

Kork

Wie bereits in Abschnitt 2.4.4 Wärmedämmstoffe ausgeführt, kann Kork als Wärmedämmstoff bei Durchnässung seine feste Konsistenz verlieren. Seine dämmende Wirkung geht mit dem Verlust der Konsistenz ebenso verloren wie seine Tragfähigkeit. Bei verklebten Dachaufbauten verliert der Kork weiterhin seine eigene Haltekraft, dadurch hätten die von Durchnässung betroffenen Bereiche keine ausreichende Windsogsicherung. Kork ist ein organisches Produkt, welches bei ständiger Durchfeuchtung fault/zersetzt wird. Angrenzende Bauteile aus ebenfalls organischen Stoffen können dadurch in Mitleidenschaft gezogen werden.

Bei stark abgewitterten Oberflächen der Oberlagen oder nassen Trägereinlagen in den Bahnen kann die Klebefähigkeit innerhalb der Bahn zwischen den Bitumenschichten und der Trägereinlage für das Aufbringen einer Sanierungsbahn nicht ausreichend sein.

In solchen Fällen kann nur der vollständige Rückbau der betroffenen Bereiche vorgenommen werden.

Durchfeuchtung

– *Lässt das Schadensbild eine Durchfeuchtung der vorhandenen Dämmschichten erwarten, so ist der Durchfeuchtungsgrad stichprobenartig zu untersuchen, soweit die Dämmschichten nicht entfernt werden sollen.*

Verbleibende Feuchtigkeit in einem Schichtenaufbau, der saniert werden soll, ist eines der umstrittensten Themen bei Sanierungen überhaupt. Standardisiert kann lediglich Folgendes festgestellt werden:

1 Sind nur Teilbereiche der Dachfläche durchfeuchtet, so wird sich nach Abstellen der Ursache die Feuchtigkeit im Laufe der Zeit gleichmäßig im Schichtenpaket verteilen. Je größer dabei das Volumen ist, in dem sich die Feuchtigkeit verteilen kann, desto geringer werden die Wärmeverluste durch die Feuchtigkeit ausfallen.

2 Maßnahmen, wie Entlüfter, die in die Abdichtung eingebunden werden, erreichen einen sehr geringen Abtrocknungsgrad überwiegend bis ca. 1 m im Umkreis des Entlüfters. Bei vollflächig verklebten Abdichtungen ist der Wirkungskreis geringer und der Zeitraum der Abtrocknung verlängert sich erheblich.

3 Bei Dachabdichtungen aus Bitumenbahnen wird enthaltende Feuchtigkeit, insbesondere bei mehrlagigen Abdichtungen, nicht durch Diffusion entweichen, da deren Sperrwerte dafür zu hoch sind.

4 Sind oberhalb der zu sanierenden Dachflächen extensive Dachbegrünungen geplant, wird eine Diffusion wie bei den Bitumenbahnen nicht mehr oder lediglich sehr geringfügig stattfinden.

Stichprobenartige Untersuchung

Um auch nur annähernd verlässliche Berechnungsgrundlagen zu erhalten, müssen die durchnässten Bereiche exakt ermittelt und vermessen werden. Weiterhin muss festgestellt werden, wie viel Feuchtigkeit tatsächlich vorhanden ist. Hier sind Probeöffnungen vorzunehmen. Die entnommenen Dämmstoffteile sollten diffusionsdicht verpackt und z. B. bei einer Materialprüfanstalt untersucht werden. Die tatsächlich enthaltene Menge Feuchtigkeit kann anschließend auf das Gesamtvolumen des vorhandenen Schichtenaufbaus umgelegt werden. Erst dann kann beurteilt werden, ob ein Austrocknen überhaupt möglich ist oder nicht.

Materialverträglichkeit

– *Sollen neue Dachbahnen auf bestehende Dachbahnen unmittelbar verlegt oder verklebt werden, so ist die Verträglichkeit zur vorhandenen Unterlage zu untersuchen.*

Ein klassisches Beispiel hierfür sind PVC-P-weich-Bahnen oberhalb einer Abdichtung aus Bitumenbahnen.

Probleme kann es z. B. auch bei sehr alten Dachaufbauten mit Kieseinbettmassen geben (sog. Kiespressdächer). Die Einbettmassen wurden zähflüssig auf die Abdichtung aufgebracht. Darin wurde Perlkies als Oberflächenschutz eingestreut. Soll zwecks einer Sanierung eine Bitumen-Schweißbahn aufgebracht werden, muss zunächst der Kies mechanisch entfernt werden. Die Einbettmassen enthalten Lösungsmittel, die diffundieren wollen und dabei das Bitumen der neuen Bahnen angreifen (anlösen). Die Klebkraft wird dadurch erheblich herabgesetzt bzw. aufgehoben.

- *Die Überprüfung der Gefälle- und Entwässerungssituation.*
- *Sind Schäden am Altdach auf die Konzeption der An- und Abschlüsse zurückzuführen oder wird durch die geplanten Maßnahmen der Aufbau des Daches erhöht, so sind die Anschlussausbildungen im Detail auf ihre weitere Eignung zu prüfen.*

Die Forderungen aus der EnEV führen nahezu immer dazu, dass sich bei Sanierungen oder Instandsetzungen die gesamte Aufbauhöhe des Dachaufbaus durch die neu bzw. zusätzlich anzuordnende Wärmedämmschicht erhöht. Insofern müssen in diesen Fällen die An- und Abschlussausbildungen ohnehin erneuert werden. Sind dabei die erforderlichen Anschlusshöhen aus den Abschnitten „4.3 Anschlüsse an aufgehende Bauteile", „4.4 Anschlüsse an Türen", „4.5 Anschlüsse an Durchdringungen" sowie „4.6 Dachrandabschlüsse" nicht mehr einzuhalten, sind zusätzliche Maßnahmen zu ergreifen.

3.9.3 Inspektion

Inspektion

5.3 Inspektion

(1) Die Inspektion ist die Feststellung des Zustands der Dachabdichtung nach Augenschein, einschließlich der An- und Abschlüsse sowie der Durchdringungen. Inspektionen sollten alle 3 bis 4 Jahre, bei älteren Dächern in kürzeren Zeitabständen erfolgen.

Bei Dachflächen der Anwendungskategorie K1, z. B. mit eingeklebten Blechen oder mit einem hohen Anteil an Versiegelungsmassen im Anschlussbereich oder bei Durchdringungen, sollten die Inspektionsintervalle verkürzt werden (siehe auch Kapitel „3.9.4 Wartung" Seite 236 f.).

(2) Die Ergebnisse der Inspektion sind schriftlich zu dokumentieren. Das Protokoll soll Angaben zu den festgestellten Schäden, ggf. zu erforderlichen weiter gehenden Untersuchungen und zur Art und Dringlichkeit von notwendigen Maßnahmen enthalten.

Dokumentation

Der Erhalt der Dokumentation sollte vom Bauherrn oder Auftraggeber schriftlich quittiert werden.

Schäden, die erkannt wurden, sind zu beschreiben, z. B. in der Art und Anzahl sowie der Lage/dem Ort, an dem sie erkannt wurden. Eine weiter gehende Untersuchung ist z. B. dann erforderlich, wenn zu vermuten ist, dass Niederschlagswasser in den Aufbau der Dachabdichtung eingedrungen ist. Je nach zu vermutender Menge von eingedrungenem Niederschlagswasser und je nach Nutzung des Gebäudes können sehr kurzfristig weitere Maßnahmen, wie eine umfangreiche Reparatur, erforderlich werden.

3.9.4 Wartung

Wartung

In den Bereich „Wartung" fällt gemäß Abschnitt 5.4. (1) u. a. die Beseitigung von Verschmutzungen oder Laub sowie unerwünschtem Pflanzenwachstum. Grundsätzlich sind die Dachabläufe zu inspizieren und ggf. zu reinigen. Verwehungen des Kieses als schwerem Oberflächenschutz können vorwiegend in den Randbereichen auftreten. Diese Bereiche müssen wieder funktionstüchtig hergestellt werden, insbesondere dann, wenn die Kiesschicht als UV-Schutz und zur Windsogsicherung notwendig sind. Sind Be- und/oder Entlüftungsöffnungen vorhanden, z. B. bei einer zweischaligen belüfteten Dachkonstruktion, so sind diese Öffnungen freizuhalten bzw. zu reinigen.

Die Art und der Umfang der Arbeiten sind in einem Wartungsvertrag festzulegen.

Tipp

Es wird empfohlen, ähnlich wie bei einer Inspektion eine schriftliche Dokumentation der Wartungsarbeiten vorzunehmen und evtl. vom Bauherrn oder Auftraggeber quittieren zu lassen.

Häufigkeit

(2) Die Häufigkeit von Wartungsmaßnahmen ist abhängig von der Dachneigung, den jeweiligen thermischen, mechanischen, chemischen, biologischen und sonstigen Umwelteinwirkungen als Beanspruchung der Dachabdichtung und der damit zusammenhängenden Alterung. Wartungen sollten ein- bis zweimal jährlich erfolgen.

Selbstverständlich sind die oben aufgeführten Wartungsarbeiten sinnvoll und erforderlich. Dieses sollte bei Dachabdichtungen der Anwendungskategorie K1 immer berücksichtigt werden.

Dachabdichtungen, die als Anwendungskategorie K2 geplant und ausgeführt sind, benötigen nach Abschnitt 2.2. (3) sowie nach DIN 18531-1, Abschnitt 6.2 eigentlich einen geringeren Inspektions- und/oder Wartungsaufwand:

(3) Anwendungskategorie K2 (Höherwertige Dachkonstruktion)

Bei Dachabdichtungen, die der Anwendungskategorie K2 entsprechen, sind eine höhere Zuverlässigkeit, eine längere Nutzungsdauer und/oder ein geringerer Instandhaltungsaufwand zu erwarten.

(Flachdachrichtlinie Abschnitt „2.2 Anwendungskategorien für Dachabdichtungen")

„Neben der Standardausführung der Anwendungskategorie K1 wird eine höherwertige Ausführung der Anwendungskategorie K2 definiert. Bei ihr ist eine erhöhte Zuverlässigkeit, eine längere Nutzungsdauer und/oder ein geringerer Instandhaltungsaufwand zu erwarten."

(DIN 18531-1 Abschnitt „6.2.1 Allgemeines")

Insbesondere bei schwer zugänglichen Dachflächen soll der Aufwand insgesamt durch die Qualität der Anwendungskategorie K2 verringert werden. Eben aus diesem Grund werden ja die erhöhten Anforderungen an Material, Gefälle, Entwässerungselemente und Ausführung gestellt. Wenn nun der Wartungsaufwand bei einem Dach nach Anwendungskategorie K2 schon mit ein- bis zweimal jährlich als notwendig angegeben wird, so müsste im

Umkehrschluss das Wartungsintervall bei Dachabdichtungen der Anwendungskategorie K1 etwa zwei bis drei Monate betragen, da dort die Abstände geringer sein müssten.

Tipp

Es wird empfohlen, den Bauherrn über die in der Norm und der Fachregel angegebenen Zeiträume zu unterrichten und mit ihm ggf. größere Abstände für Wartungsarbeiten bei Dachabdichtungen der Anwendungskategorie K2 zu vereinbaren. Dabei ist es wichtig, sich der juristischen Bedeutung der Änderung oder Abweichung der dort gegebenen Empfehlungen bewusst zu sein. Eine Empfehlung, die durch den Dachbauhandwerker als Ausführenden und ggf. Planer gegeben wird, kann u. U. als Planungshaftung im Schadensfall ausgelegt werden, wenn der Bauherr nicht nachweislich über die möglichen Risiken aufgeklärt worden ist.

Bei Abdichtungen mit Flüssigkunststoffen sollten die recht kurzen Wartungsintervalle schon deshalb eingehalten werden, um die zu erwartende wirtschaftliche Nutzungsdauer von 25 Jahren (W3) überhaupt zu erreichen.

3.9.5 Instandsetzung

5.5.1 Allgemeines

Instandsetzung

(1) Instandsetzungsarbeiten werden erforderlich, wenn in Teilbereichen Schäden vorliegen, welche die Funktionsfähigkeit der Dach- und Flächenabdichtung und der Funktionsschichten des Dachaufbaus einschränken.

Hierzu gehören z. B.

- *Ergänzung oder Erneuerung von Wärmedämmung,*
- *Ausbesserung von Schadstellen in der Abdichtung,*
- *Ergänzung oder Erneuerung von Teilen des Oberflächenschutzes,*
- *Befestigung und Verfugung von An- und Abschlüssen,*
- *Ergänzung oder Erneuerung des Korrosionsschutzes an Metallteilen und Verwahrungen,*
- *Reparatur oder Austausch von Einbauteilen.*

Erneuerung

(2) Ist die Funktionsfähigkeit der Dachabdichtung z. B. durch fortgeschrittene Alterung, unterlassene Wartung oder Beschädigungen nicht mehr gegeben, ist die Dachabdichtung zu erneuern. Dies setzt eine weiter gehende stichpunktartige Überprüfung auch der darunterliegenden Schichten voraus. Im Rahmen dieser Überprüfung ist festzustellen, ob die eventuell unter der Dachabdichtung liegenden Funktionsschichten, wie z. B. die Wärmedämmschicht und die Dampfsperre, noch funktionsfähig sind. Gegebenenfalls sind schadhafte Teile dieser Schichten zu erneuern.

Überprüfung

Die Überprüfung der Dampfsperre wird dabei nur mit recht großem Aufwand möglich sein, insbesondere wenn es sich um einen verklebten Dachaufbau handelt. Hier sollte mindestens eine stichpunktartige Überprüfung an bekannten Schwachpunkten, wie dem Anschluss an Durchdringungen (z. B. Lichtkuppeln, Dunstrohre, Dachabläufe) oder Bewegungsfugen, erfolgen. Erfahrungsgemäß sind Schäden in der Fläche seltener, es sei denn, die Unterkonstruktion unterliegt trotz einer Wärmedämmung erheblichen thermischen Längenänderungen oder Schwingungen, die sich nachteilig auf die Dampfsperre auswirken können. Schwinden und Quellen bei Unterkonstruktionen aus Holz- oder Holzwerkstoffen müssen ebenso berücksichtigt werden.

Bei vielen Dachabdichtungen mit Untergrund aus Stahltrapezprofilen wurden PE-Folien als Dampfsperre ausgeführt, die die Funktion als Luftdichtheitsschicht übernimmt. Hier können schon geringe Mengen eingedrungenen Niederschlagswassers, das auf die Folie gelangt ist, zum Verseifen des Klebers der Klebebänder und zum Öffnen der Nahtverbindungen führen. Ebenso häufig wurden die Anschlüsse an Dachränder, aufgehende Bauteile, Durchdringungen etc. nicht fachgerecht ausgeführt. Bei Dachabdichtungen dieser Ausführungsart sind sehr genaue und aufwendige Kontrollen erforderlich.

Hinweis

Zur Überprüfung der Luftdichtheit gemäß DIN 4108 oder der EnEV kann ein Blower-Door-Test durchgeführt werden. Dabei ist nicht die Luftwechselrate (n50) maßgeblich, sondern es sind mögliche Leckagen aufzuspüren. Sinnvoll kann der Einsatz mit Theaternebel sein, um mögliche Undichtheiten visuell darzustellen.

Fehlstelle

(3) Wenn Fehlstellen in der Wärmedämmung entstanden sind, ist eine Ergänzung erforderlich.

Solche Fehlstellen sind überwiegend bei schwingungsanfälligen Dachkonstruktionen in Verbindung mit expandiertem Polystyrol (EPS) zu beobachten. Die Fehlstellen befinden sich meistens im Bereich der Dachränder und können ohne große Probleme behoben werden.

Sind Ergänzungen in Fugenbereichen (z. B. schmale Fugen mit einer Breite von ca. 2 cm bei Durchdringungen) erforderlich, so kann u. U. ein Bauschaum mit einer definierten Wärmeleitgruppe eingesetzt werden.

Blase

(4) Einzelne Blasen in der Dachabdichtung sind aufzuschneiden, zu trocknen und abzudichten.

Die vollständige Abtrocknung ist zu beachten, da andernfalls durch noch vorhandene Restfeuchte eine erneute Blasenbildung entstehen kann.

Spannungsriss

(5) Spannungsrisse in der Dachabdichtung werden vor dem Überkleben mit einem lose verlegten oder einseitig fixierten Trennstreifen abgedeckt, der die Übertragung von Spannungen auf die neue/n Abdichtungslage/n verhindern soll.

Sind Spannungsrisse in der Dachabdichtung vorhanden, so muss zunächst die Ursache ermittelt werden. Weiterhin muss überprüft werden, ob die Rissbildung auch in der Dampfsperre vorhanden ist und dadurch die Luftdichtheit nicht mehr gegeben ist.

Ist der Fehler dadurch entstanden, dass der vorhandene Dachaufbau konstruktiv falsch ausgeführt wurde, sollte eine vollständige Trennung erfolgen. Dies z. B. bei einer Wärmedämmschicht aus extrudiertem Polystyrol (XPS), die keine vollständige Trennung zur Abdichtung aufweist.

Systemgerechter Abdichtungsstoff

(6) Beschädigungen werden durch Aufbringen von Bahnen oder flüssig aufzubringenden Abdichtungen beseitigt, die der Dachabdichtung entsprechen. Es sind systemgerechte Abdichtungs- und Hilfsstoffe zu verwenden.

Bei Dachabdichtungen mit Kunststoffbahnen kann es immer dann Probleme geben, wenn keinerlei Unterlagen oder Kennzeichnungen der Bahnen vorhanden sind. Werden hier Instandsetzungsarbeiten durchgeführt, bei denen an bestehende Abdichtungen angeschlossen werden muss, kann es zu Schwierigkeiten bei der Nahtverbindung kommen. Da es eine Vielzahl von verschiedenen Bahnen und Qualitäten gibt, wäre eine dauerhafte Kennzeichnung der Bahnen auf der Oberseite wünschenswert. Einige Hersteller haben die Bahnen z. B. mit Firmenlogos in der Oberfläche sichtbar gekennzeichnet.

Bitumenbahn

5.5.2 Instandsetzung von Dachabdichtungen aus Bitumenbahnen

(1) Wenn die Schichten der Dachabdichtung noch funktionsfähig sind, kann die Abdichtung z. B. durch vollflächiges Aufkleben einer Polymerbitumenbahn verbessert werden.

Achtung, Falle: Wird die Dachabdichtung ausschließlich durch die Anordnung einer weiteren Lage der Dachabdichtung wieder vollumfänglich funktionsfähig, so können zusätzliche Dämm-Maßnahmen gemäß EnEV erforderlich werden.

Das ist insbesondere dann der Fall, wenn die neue Lage der Abdichtung für sich als alleinige Abdichtung gelten kann.

Es ist immer ein vollflächiges Aufkleben erforderlich. Ziel muss es sein, die vorhandene Dachabdichtung zu verbessern, weil z. B. der alte Oberflächenschutz aus Bestreuung nahezu vollständig abgewittert war.

(2) Bei Dachabdichtungen, die ganz oder teilweise aus Dach- oder Dachdichtungsbahnen mit Trägereinlagen aus Rohfilzpappe bestehen oder starke Blasenbildung aufweisen, muss auch bei Vorbehandlung des Untergrunds mit einer erneuten Blasenbildung gerechnet werden. Der Einbau einer Dampfdruckausgleichsschicht oder Wärmedämmschicht zwischen der schadhaften und der neu aufzubringenden Dachabdichtung ist deshalb notwendig.

Blasenbildung

Dachbahnen mit Rohfilzpappe als Trägereinlage können erhebliche Mengen Wasser speichern. Die Diffusion nach außen ist durch den Deckanstrich mit Heißbitumen meistens nur sehr eingeschränkt möglich. Selbst bei einem vermeintlich vollflächigen Aufschweißen der nachfolgenden Bahn, bei der das Bitumen wie gefordert gleichmäßig verteilt vor der Rolle verläuft, sind Blasenbildungen nicht vermeidbar. Bei Erwärmung baut die Feuchtigkeit in der Trägereinlage einen erheblichen Druck auf, der zum Ablösen des Bitumens führen kann, was an einer erneuten Blasenbildung sichtbar wird. In diesen Fällen wird wegen des zu verbessernden Wärmeschutzes nach EnEV überwiegend eine neue und den Anforderungen der EnEV entsprechende Wärmedämmschicht anzuordnen sein. Die Anordnung lediglich einer Dampfdruckausgleichsschicht wird nur in den Fällen zulässig sein, in denen an den Wärmeschutz seitens der EnEV keine Anforderungen gestellt werden.

(3) Eine zusätzliche Wärmedämmschicht verbessert den Wärmeschutz des Gebäudes.

Die Anordnung einer zusätzlichen Dämmschicht ist immer dann gegeben, wenn bei Instandsetzungen neue Bahnen als Abdichtung aufgebracht werden, die eigenständig eine neue Abdichtung darstellen. Das ist regelmäßig bei Abdichtungen aus Kunststoff- oder Elastomerbahnen der Fall.

Untergrund-vorbereitung

(4) Zur Vorbereitung des Untergrunds sind größere Wellen, Blasen oder Falten aufzuschneiden und nicht verklebte Teile sind zu entfernen. Grobe Verkrustungen sind abzustoßen und Schmutzablagerungen zu entfernen. Auf die Unterlage für die neu aufzubringende Dachabdichtung ist eine Haftbrücke aufzubringen, wenn eine Verklebung vorgesehen ist.

Die Dachabdichtung muss wie oben beschrieben vollflächig aufgeklebt werden, andernfalls ist in den überwiegenden Fällen (Vorgabe durch EnEV) eine zusätzliche Wärmedämmschicht vorzusehen. In diesen Fällen ist die neue Dachabdichtung nach Abschnitt „2.5.6.2 Dachabdichtungen aus Bitumenbahnen" auszuführen.

Eine vollflächige Verklebung im Sinne der Fachregel kann nur dann erreicht werden, wenn die Wellen, Blasen oder Falten vollständig abgestoßen werden. Vollständig bedeutet, dass gelöstes Material bis zu der ersten wirksamen Verklebung mit dem Untergrund entfernt wird. Dadurch wird zusätzlich vermieden, dass in Hohlstellen Feuchtigkeit verbleibt, was zu einer erneuten Blasenbildung führt.

Soll zusätzlich eine Wärmedämmung angeordnet werden, weil gesetzliche Vorgaben oder Verordnungen (EnEV) dieses fordern, wird durch das vollständige Abstoßen der Wellen, Blasen oder Falten eine ebene Unterlage geschaffen. Die Wärmedämmung liegt deutlich besser auf und eine Verklebung ist effektiver.

5.5.3 Instandsetzung von Dachabdichtungen aus Kunststoff- und Elastomerbahnen

(1) Bei Erneuerung einer schadhaft gewordenen Dachabdichtung aus Kunststoff- oder Elastomerbahnen kann es erforderlich sein, die schadhafte Dachabdichtung zu entfernen.

Das Entfernen der alten vorhandenen Dachabdichtung sollte grundsätzlich vorgenommen werden, da ohnehin in den überwiegenden Fällen, die den Anforderungen der EnEV unterliegen, eine zusätzliche Wärmedämmschicht angeordnet werden muss. Verbleiben die alten Bahnen unterhalb der neuen Schichten, können sich unkontrollierbare Veränderungen u. U. nachteilig auf den Schichtenaufbau auswirken.

Im Absatz 2 erfolgt wiederum der Hinweis, nach dem eine zusätzliche Wärmedämmschicht den Wärmeschutz des Gebäudes verbessert.

Neue Dachabdichtung

(3) Die neue Dachabdichtung ist nach Abschnitt 2.5.6.3 und folgende auszuführen.

5.5.4 Instandsetzung von Dachabdichtungen mit Flüssigabdichtungen

Dachabdichtungen aus Flüssigabdichtungen können nach entsprechender Vorbereitung systemgerecht überarbeitet werden. Die neue Dachabdichtung ist nach Abschnitt 2.5.6.4 und folgende auszuführen.

Welche Vorbereitungen zur Überarbeitung erforderlich sind, sollte mit dem Hersteller der Einzelkomponenten abgestimmt werden.

3.9.6 Dacherneuerung

Dacherneuerung

5.6 Dacherneuerung

Ist die Funktionsfähigkeit eines Dachaufbaus insgesamt nicht mehr gewährleistet, ist dieser abzutragen und zu erneuern.

Wie bereits beschrieben, wird die Funktionsfähigkeit dann erheblich beeinträchtigt, wenn große Mengen Niederschlagswasser in den Dachaufbau eingedrungen sind. Die Abwägung zwischen „ist noch instandsetzungsfähig" und „wirtschaftlicher und/oder technischer Totalschaden" muss sehr überlegt getroffen werden. Liegt keine oder eine erheblich eingeschränkte/beschädigte Luftdichtheitsschicht vor, ist eine Instandsetzung mit sehr großer Wahrscheinlichkeit fachlich nicht einwandfrei darstellbar. In solchen Fällen ist eine vollständige Dacherneuerung unumgänglich.

Auch wenn möglicherweise Schadstoffe im Dachaufbau vorhanden sind, sollte eine vollständige Dacherneuerung unter Berücksichtigung der dann erforderlichen Sicherheitsmaßnahmen vorgenommen werden.

Schlusswort

Insgesamt ist die neue Fachregel für Abdichtungen ein erheblich umfangreicheres Werk als die Vorgängerfassung geworden.

Durch die notwendige deutliche Annäherung an die DIN 18531 und die DIN 18195 sind Wiederholungen fast gleichlautender Regelteile wohl nicht vermeidbar gewesen.

Die teilweise etwas unübersichtlichen Strukturen der Normen mit ihren Normenteilen führen dazu, dass die Fachregel Teile dieser Struktur übernehmen musste. Bei der Nutzung der neuen Flachdachrichtlinie muss insbesondere darauf geachtet werden, dass inhaltlich dasselbe Thema behandelnde Regelwerksteile, z. B. Dampfsperre, in mehreren Abschnitten aufgeführt sind/sein können. Oftmals sind es nur kleinere Ergänzungen, deren Bedeutung weitreichende Konsequenzen haben kann.

Weiterführende Angaben in den Normen finden sich in der Fachregel z. T. nicht wieder. Da aber die Normen ebenfalls Gültigkeit haben, ist deren Beachtung erforderlich.

Die Unterscheidung von Abdichtungen in zwei Anwendungskategorien ist der DIN 18531 entnommen. Die Auswirkungen, Umsetzung und die Akzeptanz dieser Unterscheidung durch die Planer, Bauherrn und Dachbauhandwerker werden sich erst in den kommenden Jahren zeigen.

Es ist z. B. nur bedingt verständlich, dass Dachabdichtungen, bei denen eingeklebte Bleche Verwendung finden, automatisch in die Anwendungskategorie K1 eingestuft werden. Bei Anschlüssen der Dachabdichtung, z. B. an Türelementen, bei denen lediglich ein Zuschnittstreifen aus einer EPDM-Folie die Anschlussmöglichkeit darstellt, wird hingegen keine Einschränkung vorgenommen, obwohl in Fachkreisen bekannt ist, dass die Verbindung von Bitumenbahnen und dieser Folie theoretisch zwar machbar ist, aber mit größeren Risiken als mit einem Anschluss aus Metall verbunden ist.

Aus Sicht des Autoren stellt die bei genutzten Dachflächen nunmehr erforderliche Ausführung nach DIN 18195 ein weitreichendes Problem dar. So werden z. B. in der Norm und in der Flachdachrichtlinie unterschiedliche Werkstoffe vorgesehen (z. B. Flüssigkunststoffe).

Die Norm ist zudem deutlich schlechter zu lesen und nachzuvollziehen als die alte Fachregel 09/03. Allein der Bereich der Ausführung von Abdichtungen genutzter Dachflächen an Bewegungsfugen, insbesondere die Frage, welche Maße in den Bewegungen erlaubt sind, ist nicht mehr allgemeinverständlich gehalten.

Stichwortverzeichnis

A

Abdeckband 123
Abdeckblech 43
Abdeckung 213 f
Abdichtung
- Anschluss 193
- Ausführung 176
- einlagig 119, 126, 140
- genutzte Dächer 168
- Höhe 212
- Produkte 86
- zweilagig 177
Abdichtungslage 17
Abdichtungsrand 186
Abdichtungsstoff 172
Abreißfestigkeit 154
Abschluss 74, 113, 228
Abschottung 17, 65
Absturzsicherung 44, 210
Adhäsivkleber 145
Anschlagpunkt 210
Anschlusshöhe 40
Anschluss 40, 74, 113, 118, 194, 196, 202, 206, 228
- beweglicher 183
- starrer 183
Anschlussbahn 222
Anschlusshöhe 192, 197, 202
Anwendungskategorie 17, 39, 58, 63, 108, 120
Anwendungstyp 87
Arbeitsfuge 176
Asphaltmastix 174
Attika 148, 212
Aufkantung 41
Auflager 74
Auflast 18, 34, 106, 151
Aufsetzkranz 208, 226 f.
Ausführung
- höherwertig 39
Ausführungsvariante 39
Ausgleichsschicht 18, 27, 121
Aushärtung 134
Außenwandbekleidung 194
Auszugswert 81

B

Barrierefreier Übergang 204
Bauaufsichtliche Zulassung 82
Bauphysik 44
Bauphysikalische Untersuchung 233
Bauregelliste 89
Bauteil, aufgehend 192
Beanspruchung 49, 56
- biologische 56
- chemische 56
- mechanische 50
- thermische 53
Beanspruchungsart 167
Beanspruchungsklasse 18, 57, 110
Befestigung 118, 145, 197, 224
- indirekte 215
- lineare 142
- mechanische 51, 107, 117, 141, 143, 152, 156 f.
- nahtunabhängige 157
- punktweise 163
- unterseitige 158
Befestigungselemente 164
Befestigungsmittel 159, 162, 196
Befestigungssystem 85
Begriff 17
Begriffsdefinition 12 ff.
Begrünungsaufbau 137
Belüfteter Dachraum 31
Bemessung 113, 213
Bemessungslast 163 f.
Berechnung 150
Berechnungsverfahren 151
Beschädigung
- mechanische 43
Besondere Leistung 36
Bestandsaufnahme 232
Beton 93
Betonfertigteil 68
Bewegungsfuge 18, 42, 215 f., 219
Bitumenbahn 87, 155, 173, 177, 239
Blasenbildung 239
Blech
- eingeklebt 199
Blechanschluss 206
Blechdicke 72
Böengeschwindigkeitsdruck 149
Brandlast 46
Brand-Parallelerscheinung 45
Brandschutz 45 f., 225
Brandschutzanforderung 139
Brandschutzkonzept 47
Brandverhalten 83
Brandweiterleitung 48
Bürstenstreichverfahren 115

C

CE-Kennzeichen 83
Dachabdichtung 18, 49, 87, 108
- Anwendungskategorie 57
- Ausführung 33
- einlagig 113, 117
- mehrlagig 117, 144
- mit Bitumenbahn 110, 156
- Oberfläche 75

D

Dachablauf 78 f., 109, 221
- einteiliger 80
Dachaufbau 19, 37, 39, 172
Dachbegrünung 19, 44, 77, 137, 230
- intensive 16
Dachdetail 182
Dachentwässerung 77, 79, 106, 220
Dächer und Flächen
- genutzte 22, 24
Dacherneuerung 19, 241
Dacherneuerung 241
Dachflächeneinteilung 150
Dachform 148
Dachhaut 20
Dachkonstruktion 38, 64, 98
- mit Stahltrapezprofil 98
- gefällelos 79
Dachneigung 61, 129, 148
Dachrandabschluss 211

Dachrandabschlussprofil 215
Dachschalung 68
Dachtragwerk 233
Dämmplatte 161
Dämmschicht 170
Dämmstoff 82, 102, 170
- weich 85
Dampfdruckausgleich 111
Dampfdruckausgleichsschicht 20, 32, 107
Dampfsperrbahn 99
Dampfsperre 20, 29, 66 f., 75, 80, 94
- Anschluss 95
- brennbar 47
Dichtnaht 122
Dichtungsband 122
Diffusion 28
diffusionsoffen 105
DIN 1055 72, 81,145 ff., 153, 159
DIN 18195 9, 16, 167, 172, 175, 178, 185, 191
DIN 18234 47
DIN 18531 9, 59, 126, 128, 153, 164, 183, 221, 236
DIN 1986 77
DIN 4108 103
DIN EN 12056 77
DIN EN 1253 77
DIN EN 13948 169
Dränschicht 172
Druckbelastbarkeit 84
Druckentwässerung 80
Dunstrohr 210
Durchbiegung 70 f., 73
Durchdringung 21, 40, 184, 206, 225 ff.
Durchfeuchtung 234
Durchwurzelung 91
Durchwurzelungsschutz 178
Durchwurzelungsschutzlage 138
Durchwurzelungssicherheit 168

E

Ebenheitstoleranz 62
Edelstahlstift 164
Eigenschaftsklasse 21, 109, 160
Eignungsnachweis 89
Einbauteil 21
Einlage 132
Einstanzen 189
Einzelnachweis 81
Elastomerbahn 179
Energieeinsparverordnung 108
Entwässerung 169, 203, 216
Extensivbegrünung 22

F

Fallleitung 78
Fassadenbekleidung 43
Fehlbohrung 97
Festflanschverankerung 189
Feuchte 50
Feuchtigkeit 107
Fläche
- verklebt 200
Flämmverfahren 179
Flansch 221
Flüssigabdichtung 90, 125 f., 133, 174, 181
Flüssigkunststoff 134, 181, 184
Formstein 136
Freie Zugänglichkeit 42
Fuge 68, 102, 196
Fugenbewegung 218
Fugensatz 103
Fugentyp I 216 ff.
Fugenverlauf 219

G

Gebäudehöhe 148
Gefälle 61 f., 143, 170, 212
Gefälledämmung 105, 109
Geländekategorie 147
Geltungsbereich 15
Genutzte Dächer 15
Genutzte Dächer und Flächen 167 ff.
Geschwindigkeitsdruck 149
Gestaltungshinweis 35
Gewährleistung 128
Gewindebolzen 189
Gießverfahren 114
Gitterrost 203, 223
Glasverfahren 100

H

Haftbrücke 22, 27, 93, 198
Haftung
- vollflächig 130
Hagelschlag 52
Harte Bedachung 46
Harter Dämmstoff 51
Heißvulkanisieren 124
Heizkeilschweißen 124
Herstellervorschrift 9
Hochfrequenzschweißen 124
Holzbauteil 29
Holzbohle 103
Holzschalung 157
Holzschutzmaßnahme 70
Holzwerkstoffplatte 51
Horizontale Kräfte 140, 217
Hot Bonding 124

I

Innendruck 148
Inspektion 22, 60, 235
Instandhaltung 23
Instandsetzung 23, 237 ff.
Instandsetzungsmaßnahme 231
Intensivbegrünung 22

K

Kaltbitumen 153
Kaltselbstklebebahn 116
Kaltselbstklebung 154
Kamin 207
Kaschierung 23, 112
Keil 198
Kies 92, 152
Kiesschüttung 76, 135 f.
Kiesstreifen 139, 228
Klappdämmbahn 104, 156
Klassifizierung 45
Klebemasse 114
Kleben 153
Klemmkonstruktion 185
Klemmprofil 186 ff.
Klemmschiene 185, 194, 209
Klettverschluss 158
Klimazone 127
Konstruktionsart 26
Konstruktive Maßnahme 42
Kontaktklebstoff 124
Konvektion 28
Konvektionswärmeverlust 67
Kork 82, 233
Korrosionsschutz 163, 201
Kunststoff- und Elastomerbahn 119 ff., 126
- Produktmerkmale 89
Kunststoffbahn 99, 158, 179 ff., 209
Kupferstift 166

L

Lagesicherung 138
Längenänderung
- thermische 215
Längsnahtverbindung 119
Lasteinzugsfläche 148
Laubfangkorb 222
Leistungsstufe 127
Lichtband 210, 227

Lichtkuppel 207
Linienbefestigung 142, 158
Los-Festflanschkonstruktion 188, 191
Luftdichtheit 23, 67, 80
Luftdichtheitsschicht 28, 75, 97

M

Mast 211
Materialverträglichkeit 234
Metallbandeinlage 99
Mindestanforderung 126
Mindestdicke 85
Mindestflügelbreite 118, 122
Mindesthöhe
– 0,50 m 41
Mindestnenndicke 120
Mineralfaser 30
Mineralfaserdämmstoff 161, 225
Modale Hilfsverben 11ff.

N

Nagelreihenabstand 160
Nagelung 143, 160
Naht
– gegenläufig 118
Nahtbereich 114
Nahtüberdeckung 190
Nahtverbindung 118, 122
Nicht genutzte Dächer 49, 61
Niederschlagswasser 76, 106
Notablauf 78
Notüberlauf 220
Nutzlast 130
Nutzungsdauer 58 ff., 127

O

Oberflächenschutz 24, 34, 76, 91 ff., 135
– schwerer 77
Oberflächentemperatur 130 f.
Obergurt 72
Oberkante 226
Ortbeton 68
Ortgangausbildung 213

P

Pflege 229
Pfützenbildung 63, 79
Phenolharzschaum 162
Planungshinweis 35
Plattenbelag 136, 152
PMMA 134
Polymerbitumen 115
Polymerbitumenbahn 173, 177
Polystyrol 30, 101, 104
– expandiertes 101
– Extruderschaum 105
Polyurethan 101
Porenbeton 100
Produktdatenblatt 83
Punktbelastung 52
PUR-Abdichtung 90, 134

Q

Qualititätsdach 9
Quellschweißen 123
Quernaht 99, 111

R

Randaufkantung 211
Randbefestigung 141
Randholz 166
Randkonstruktion 166
Rasengitterstein 136
Regensicherheit 194
Reinigung 230
Rinnenhalter 224
Rissabdichtung 169
Rolladenführung 205
Rolldämmbahn 103
Rückversatz 209

S

Schaumglas 65
Schaumglasplatte 101
Scherkraft 217
Schichtenaufbau 65 f.
Schichtenfolge 37
Schleppstreifen 24
Schmelzverfahren 115
Schornstein 207
Schrägschnitt 117
Schubfeld 73
Schutzblech 43
Schutzlage 121
Schutzlage 24, 34, 91, 135 f., 175, 180
Schutzmaßnahme 25, 43, 176
Schutzschicht 25, 34, 175
Schweißbahn,
– plastomer 116
Schweißen 115
Schwinderscheinung 85
Schwindriss 169
Selbstklebebahn 122
Selbsttragendes Profil 214
Shedfläche 146
Sicherung 44
Sicherungsmaßnahme 81, 140
Spannungsriss 238
Spanplatte 69
Stahltrapezprofil 51, 67, 70
– Tragkraft 73
Standarddach 9
Standsicherheit 214
Stützblech 217
Stützkonstruktion 144
Systemkleber 122, 154

T

Taupunkttemperatur 131
Tauwasser 29
Tauwasserfall 132
Temperaturschwankung 76
Thermische Längenänderung 74
Trägerlage 132
Tragkonstruktion 38
Trapezprofil 72 ff.
– Mindestdicke 86
Traufausbildung 223
Traufblech 223
Traufstreifen 223
Trenn- und Ausgleichsschicht 94
Trennlage 27, 32, 132
Trennschicht 27, 69, 107, 121, 133
Trennlage 26
Tür 202 ff.
Türkonstruktion 205
Türschwellenanschluss 204

U

Überdeckung 26
– Nahtverbindung 117
Überhangstreifen 195
Überlappung 26, 122
Umkehrdach 26, 139
Unterdruckentwässerung 79
Untergrund 26, 131, 200
Untergrundvorbehandlung 130
Unterkonstruktion 66, 100
– aus Porenbeton 100
Unterlage 26 f.
UP 134
U-Wert 30
Ü-Zeichen 83

V

Vegetationssubstrat 152
Verbundblech 201
Verfärbung 171

Verklebung 114, 145
- hohlraumfreie 112
- lose 111
- teilflächig 116
Verlegeanleitung 9
Verlegerichtung 156
Verlegetechnik 101
Verstärkungsblech 73
Vertikale Kraft 146, 217
Verunreinigung 125
VOB 35
Vollflächige Verklebung 111
Vollholzschalung 69

W

Wärmebrücke 103
Wärmedämmstoff 30, 32, 170
Wärmedämmung 30, 100 f., 109, 112
Wärmedämmverbundsystem 43
Wärmeschutz 43
Warmgasschweißen 123
Wartung 26, 229, 236
Wartung und Pflege 41
Wasserablauf 203
Wasserableitung 171
Wasser-Anstauhöhe 16
Wasserdampf 38
Wasserunterläufigkeit 64
Werkstoff 172
Werkstoffverträglichkeit 184
Windlast 146, 159
Windsogsicherung 44, 81, 146
Windzone 147, 149
Witterungsverhältnis 35
Wurzelschutz 34
Wurzelwachstum 55

Z

Zementestrich 68

Bildnachweis

DEUTSCHE ROCKWOOL Mineralwoll GmbH & Co. OHG, Gladbeck
Abb. 2
SFS intec GmbH, Oberursel
Abb. 19 bis 21
Zentralverband des Deutschen Dachdeckerhandwerks
– Fachverband für Dach-, Wand und Abdichtungstechnik – e.V., Köln
Abb. 7 bis 9, 11, 26 und 27